거실의 사자

국립중앙도서관 출판예정도서목록(CIP)

거실의 사자: 고양이는 어떻게 인간을 길들이고 세계를 정복했을까
애비게일 터커 지음; 이다희 옮김.
— 서울: 마티, 2018
384p.; 127×188mm

원표제: Lion in the living room :
how house cats tamed us and took over the world
원저자명: Abigail Tucker
영어 원작을 한국어로 번역

ISBN 979-11-86000-56-4 (03490)

고양이[猫]
527.47-KDC6
636.8-DDC23
CIP2018000561

거실의 사자

고양이는 어떻게 인간을 길들이고
세계를 정복했을까

애비게일 터커 지음
이다희 옮김

엄마에게

"그건 어쩔 수 없어,"
고양이가 말했다.
"여긴 모두 미쳤어."

―『이상한 나라의 앨리스』(1865)

차례

서문 9

1 사자의 무덤 25
2 인간을 간택한 고양이 51
3 고양이는 아무것도 안 함 77
4 새 애호가들의 외로운 싸움 101
5 고양이 로비스트 141
6 톡소플라스마 조종 가설 179
7 고양이를 미치게 하는 것 211
8 사자와 토이거와 라이코이 253
9 고양이 목숨은 '좋아요' 개수만큼 293

감사의 말 331
옮긴이의 글 333
주 336
찾아보기 373

서문

2012년 여름 데니즈 마틴과 남편 밥은 에식스주의 어느 시골에서 캠핑을 하고 있었다.[1] 런던에서 동쪽으로 약 80킬로미터 떨어진 곳으로, 아기자기한 휴양 도시 클랙턴온시에서 멀지 않은 위치였다. 캠프장에 막 석양이 내려앉기 시작할 무렵 캠프파이어 연기 사이로 예상치 못한 무언가가 데니즈의 눈에 띄었다. 52세의 공장 노동자 데니즈는 좀 더 자세히 관찰하기 위해 망원경을 끄집어냈다.

"저게 뭔 거 같아?"

데니즈가 남편에게 물었다. 남편도 몇백 미터 떨어진 들판에서 빈둥거리고 있는 누르스름한 짐승을 응시했다.

"저거 사자인데."

남편 밥이 말했다.

두 사람은 한동안 짐승을 바라보았고 짐승도 부부를 바라보는 것 같았다. 짐승은 귀를 쫑긋거리는 듯하더니 이내 털을 핥기 시작했고, 이내 산울타리를 따라 어슬렁거리며 움직였다. 두 사람의 반응은 차분하다 못해 달관한 듯 보였다. ("야생에서 그런 장면을 보기는 쉽지 않죠." 데니즈는 이후 『데일리 메일』과의 인터뷰에서 이렇게 이야기했다.)

캠프장에 있던 다른 사람들의 반응은 그렇게 침착하지 못했다.

"맙소사, 저거 사자야."

이웃이 데니즈의 망원경을 들고 살피면서 혼잣말을 했다.

"빌어먹을, 사자잖아!"

또 다른 사람은 이렇게 외치며 자기 캠프 차량으로 줄행랑을 쳤다고 한다.

"양 두 마리"만 한 크기라고 소문난 이 고양잇과 동물은 곧 밤의 어둠 속으로 사라졌고 공포가 확산되었다. 경찰 저격수가 시골 들판으로 모여들었다. 사육사들도 마취총으로 무장하고 나타났다. 하늘에는 열추적 장치를 갖춘 헬리콥터가 떠올랐다. 캠프장 이용객은 대피했고 언론에서는 이 커다란 사냥감의 수색 작전을 기록하러 왔다. 영국 트위터에는 "에식스 사자" 소식이 폭발적으로 퍼져나갔다.

그렇지만 아무도 사자의 흔적을 찾을 수 없었다.

에식스 사자는 고양잇과 유령 짐승(Phantom Cat)이라고 말할 수 있다.[2] 미확인 동물학의 어휘를 빌리자면 ABC, 즉 별종 큰고양이(Alien Big Cat)에 속한다. 형제뻘인 여러 정체 모를 짐승들, 즉 트로우브리지의 야수, 헬링버리 퓨마와 같이 이들은 고양이계의 UFO이다. 기이하게도 영국, 오스트레일리아, 뉴질랜드처럼 과거 영연방에 속했던 지역, 큰고양이가 더 이상 자연적으로 서식하지 않거나 원래부터 서식하지 않았던 지역에서 특히 자주 출현한다.

유령 짐승 가운데 몇몇은 고의적인 조작[3]이거나 이국적인 동물을 전시하는 시설에서 탈출한 진짜 큰고양이로 드러났다. 그러나 많은 경우, 이처럼 자유롭게 돌아다니는 퓨마나 표범은 알고 보면 훨씬 친숙한 존재, 그러니까 일반 고양이로 밝혀지곤 한다. 무시무시한 친척들과 크기만 다를 뿐 아주 많이 닮아서 오해를 받는 것이다.

에식스 사자도 마찬가지였다. 테디 베어라는 이름의 우람한 오렌지색 애완고양이일 가능성이 매우 높았다. 사자 사냥 당시 휴가 중이었던 테디의 주인들은 저녁 뉴스를 보는 순간 테디를 의심했다.

"저 동네에 커다랗고 불그스름한 건 테디밖에 없거든요."

주인은 신문 인터뷰에서 이렇게 말했다. 이리하여 희극 같은 사자 사냥 소동이 끝났다.

그럼에도 캠핑객들은 바보가 아니라 놀라운 혜안을 가진 사람들일지 모른다. 진짜 사자들은 사실 더 이상 두려움의 대상이 아니고 우리 대부분은 불쌍한 사자들을 동정하는 데까지 이르렀다. (야생동물 사냥을 즐기던 미네소타주의 한 치과 의사가 짐바브웨의 사자 세실을 죽인 사건이 국제적인 규탄을 받은 사실을 기억해보자.) 한때 정글을 지배했던 사자는 이제 퇴물 신세이며 아무것도 지배하지 않는다. 아프리카의 보호구역 몇 군데와 인도의 숲 단 한 곳에 총 2만 마리가 우리의 보존 기금과 자비에 기대어 겨우 버티고 있다.[4] 사자의 서식지는 매년 줄어들고 생물학자들은 사자가 이번 세기말에 사라져버릴 것을 우려한다.

한편 사자의 개구쟁이 꼬마 사촌은 한때 진화론적으로 엑스트라에 불과한 취급을 받았다면 이제 자연 속에서 만만치 않은 세력을 형성하고 있다. 전 세계 고양이 개체 수는 6억 마리에서 계속 늘고 있으며[5] 미국에서 하루에 태어나는 고양이 수는 야생의 사자 전체보다 많다.[6] 뉴욕시에서 매년 봄 태어나는 새끼 고양이의 수만 해도 야생 호랑이의 수와 맞먹는다.[7] 이미 전 세계적으로 고양이는, 우리의 애정을 놓고 경쟁하는 가장 큰 라이벌인 개보다 무려 세 배나 많고 앞으로 더 우세를 보일 것이다.[8] 미국의 애완고양이 숫자는 1986년과 2006년 사이 50퍼센트 증가했고[9] 오늘날 1억 마리에 가까워지고 있다.[10]

고양이 개체 수 증가는 전 세계 공통의 현상이다.[11] 브라질의 애완고양이 개체 수만 해도 매년 100만 마리씩 늘어나고 있다. 그러나 많은 나라의 경우, 주인 있는 고양이의 숫자는 급성장하는 길고양이 집단에 비하면 무시해도 좋을 정도이다. 오스트레일리아의 야생고양이 숫자는 1800만으로 애완고양이의 여섯 배에 달한다.[12]

야생이든 길이 들었든, 집에 살든 자유롭게 나다니든, 고양이는 점점 자연과 문화를, 콘크리트 정글과 그 너머 진짜 정글을 점령해가고 있다. 도시와 대륙, 심지어 사이버공간까지 장악했다. 여러 의미에서 고양이들은 우리를 지배하고 있다.

피어오르는 캠프파이어 연기 사이로 데니즈 마틴은 진실을 보았을지 모른다. 바로 고양이가 새로이 짐승의 왕으로 등극했다는 사실을 말이다.

~

우리 사회가 온라인과 오프라인 모두에서 고양이에 열광하는 것은 분명하다. 스타 고양이는 영화 계약을 맺고 좋은 일에 기부도 하며 할리우드의 신인 배우들을 트위터 팔로워로 거느린다. 스타 고양이를 쏙 빼닮은 인형이 노드스트롬백화점의 선반을 채우는가 하면 고양이가 직접 홍보하는 자체 패션 라인, 아이스커피 음료도 있다. 이런 고양이의 사진이 인터넷을 도배한다. 심지어 고양이가 주인이나 다름없는 캣카페도 등장했다. 사람들이 온갖 다양한 고양이들 사이에서 차를 마시고자 돈을 지불하는 이 기이한 공간은 뉴욕과 로스앤젤레스를 비롯한 세계 여러 도시에 생겨나고 있다.

그런데 몹시 엉뚱하게 느껴지는 이 모든 상황은 훨씬 더 흥미로운 사실에 대해 생각할 틈을 주지 않는다. 우리는 고양이에 대한 집착을 인정하면서도 사실 고양이가 어떤 동물이며 어떻게 우리와 함께 살게 되었는지, 왜 집 안팎에서 이토록 엄청난 위력을 발휘하는지 거의 모르고 있다.

우리가 이 곤란한 관계에서 얼마나 얻는 게 없는지를 생각해보면 이야기는 더욱 흥미진진해진다. 인간은 가축과 매정한 거래를 하는 데 익숙하다. 우리는 우리에게 의존하는 짐승들이 우리 말에 복종하거나 짐을 끌거나 심지어 순순히 도살장으로 향하기를 기대한다. 그러나 고양이는 신문을 가져오지도 않고 맛있는 알을 낳지도 않으며 우리를 태워주지도 않는다. 인간이 어떤 짐승을, 한 마리도 아니고 수억 마리를 곁에 둘 때는 대개 그 이유가 명백하다. 물론 우리는 고양이를 좋아하고 심지어 사랑한다. 그렇지만 왜? 고양이들에게 무슨 비결이 있기에?

특히 혼란스러운 점은 인간이 아끼는 바로 이 동물이 지구상의 가장 유해한 100대 외래 침입종에 속한다는 사실이다.[13] 고양이는 생태계의 다양성을 파괴하고 심지어 몇몇 동물을 멸종에 이르게 했다는 비난을 받는다. 오스트레일리아의 과학자들은 최근 자국 대륙의 포유류를 위협하는 주범으로 지구온난화나 서식지 감소보다 길고양이를 먼저 꼽았다.[14] 백상아리와 데스애더가 득실거리는 이 나라에서 환경부 장관이 "야수"로 지목한 대상은 고양이였다.[15] 어리둥절한 동물 애호가들은 고양이에게 캔에 든 연어를 생크림과 함께 떠먹여 줘야 할지, 영영 매정하게 대해야 할지 결정을 내리지 못하고 있다.

이 같은 우유부단함은 미국 법에서도 발견된다. 어떤 주에는 '반려동물 신탁' 제도가 있어 고양이가 합법적으로 수백만 달러의 유산을 상속받을 수 있는 반면,[16] 다른 지역에서는 집 바깥에 사는 고양이를 '유해 동물'로 분류한다. 뉴욕시는 최근 새끼 길고양이 두 마리를 구하기 위해 방대한 지하철 노선의 상당 구간을 폐쇄했지만,[17] 미국 전체를 보면 매년 건강한 새끼 고양이와 나 큰 고양이 수백만 마리가 주기적으로 안락사를 당한다.[18] 고양이에 관한 한 온갖 모순이 만연하다.

인간과 고양이의 혼란스러운 관계는 고양이가 끊임없이 흑마술과 연관되는 현상을 설명해준다. 고양이가 마녀의 '심부름꾼'(familiar)이라는 생각은 고양이가 친밀한 동시에 신비로우리만큼 영리한 존재라는 인상을 주면서 사람 손에 길들여진 고양이를 아주 그럴듯하게 규정한다. 불가사의하고 때로는 우리를 홀리기까지 하는 고양이의 힘을 마력으로 보는 관점은 충분히 타당할 수도 있다. 그 사실을 입증하듯 중세에 시작된 이 공포증의 최신판은 고양이가 퍼뜨리는 흔한 질병, 인간 뇌 조직에 들끓으며 우리의 생각과 행동에 부정적인 영향을 준다고 하는 톡소플라스마병에 대한 논의에서 종종 표면화된다.[19]

그것은 나 역시 고양이에 홀린 것 아닐까 하는 두려움이다.

~

고백하건대 나는 아주 오래전부터 고양이에 넋을 잃은 사람이었다. 나는 고양이를 키우기만 한 것이 아니다. 누군가 고양이 수염이 그려진 브리치즈 접시와 오븐 장갑 세트를 발견한다면 내 생각이 날 법한 삶을 살아왔다. 고양이 담요와 거기 어울리는 베개로 집을 장식하는 것은 물론, 휴가를 다녀온 뒤에는 지중해 근방에서 찍은 온갖 고양이 사진들로 앨범을 채우곤 한다. 한때 세계 최대의 품종 고양이 숍으로 소문이 났던 패뷸러스 필라인[20]으로부터 족보가 있는 고양이도 사보았고 보호소나 길에서 새끼 고양이를 데리고 온 적도 있다. 그리고 이런 행동 때문에 일상에서도 직장에서도 위험을 감수했다. 최근에야 알았지만 알레르기가 심한 내 친구의 엄마는 내가 걸어오는 걸 보면 길을 건넌다. 잡지 기사 취재를 위해 유명한 프레리 들쥐 연구 시설을 방문했을 때 한 연구자는 말없이 내 스웨터에서 고양이 털을 떼기 시작했는데, 고양이 냄새에 들쥐들이 겁을 먹어 연구의 질이 떨어질까 우려했기 때문이다. 집에 깔 카펫을 고를 때도 나는 고양이의 토사물이 티가 나지 않을 만한 색상으로 선택의 범위를 좁힌다.

존재 자체가 고양이 덕분이라고 말할 수 있는 사람은 많지 않지만 나는 그럴 수 있다. 부모님은 첫 고양이를 '훈련'시키기 전에는 아이를 갖지 않겠다고 다짐했다. (그 고양이는 결국 코르크 마개를 쫓아다니는 데 성공했고 부모님은 그걸로 훈련이 됐다고 치기로 했다.) 우리 가족은 줄곧 고양이만 키웠다. 내 동생은 어느 개 애호가의 욕실에 갇혀 겁에 질린 러시안블루를 구조하기 위해 650킬로미터 떨어진 동네에 간 적도 있다. 차로 장거리 여행을 할 때 엄마는 키우는 줄무늬 고양이를 어깨에 털목도리처럼 두르고 깜짝 놀란 요금소 직원들을 쌩 지나쳐 가는 것으로 유명하다.

그동안 고양이가 내 삶의 워낙 큰 부분을 차지했기 때문에 나는 이 작은 최상위 육식동물을 키우는 행위가 얼마나 별난지 의식해본 적이 거의 없다. 물론 아이를 낳고 나니 달랐다. 내 자식들의 무자비한 요구들을 마주하고 보니 나와 종이 다른 짐승의 입맛을 맞춰주고 배변 뒤치다꺼리를 하는 데 헌신하는 행위가 좀 우스울 뿐만 아니라 약간 정신 나간 것처럼 느껴졌다. 나는 전에 없던 의심스러운 눈으로 우리 고양이들을 관찰했다. 이 작고 교활한 짐승들은 도대체 어떻게 나에게 이토록 단단히 매달리게 된 걸까? 나는 왜 그토록 오랫동안 이 고양이들을 내 아이처럼 대한 걸까?

이런 의심이 어른거리는 와중에 나는 고양이를 어린아이들의 시각으로 보는 경험을 했다. 두 딸이 처음으로 한 말은 "고양이"였다. 애들은 고양이를 주제로 한 옷, 장난감, 책, 생일 파티를 원한다고 졸라댔다. 막 걸음마를 시작한 아이들에게 이 작고 평범한 애완동물은 거의 사자와 같은 크기였고, 고양이와 함께 하는 생활은 좀 더 넓은 세상을 향한 호기심을 유발하는 듯했다.

"아슬란을 데리고 다니는 루시같이 되고 싶어."

딸이 『나니아 연대기』를 좀 읽는가 싶더니 창문을 통해 이웃집 고양이를 보며 말했다.

"하느님은 호랑이도 사랑해?"

딸들은 잠자리에 누워 고양이 봉제 인형을 껴안고 이렇게 묻기도 했다.

그래서 나는 이 동물에 대해, 그리고 무엇이 인간과 고양이 간의 이 신비로운 관계를 가능하게 만드는지에 대해 좀 더 연구하고 싶었다. 마침 나는 신문과 잡지에 동물 관련 기사를 집필하는 일을 직업으로 삼고 있었다. 그리고 붉은늑대에서 해파리까지 다양한 생물들에 대한 진실을 좇아, 인간이 지배하는 세상에서 그것들이 독립적인 개체로 살아가는 방식을 이해하기 위해 그야말로 지구 끝까지 가본 사람이었다. 그러나 때때로 최고의 이야기는 발치에 있는 법이다.

그리고 내 발치에는 언제나, 이 책의 영감이 된 밝은 주황색 고양이 치토스가 있다.

치토스는 지금 내가 키우고 있는 고양이로 뉴욕주 북부의 이동주택 단지에서 데려왔다. 치토스의 아빠는 아마 거기서 너구리와 싸웠을 것이다. 치토스는 아침을 먹기 전에 이미 9킬로그램이나 나간다. 치토스의 범상치 않은 몸집은 거실로 들어온 배관공의 넋을 빼앗고 발길을 멈추게 하며, 케이블 설치 기사는 친구들에게 보여준다고 핸드폰으로 연신 사진을 찍어댄다. 재방문을 거부한 펫시터도 제법 있었는데 치토스가 음식에 눈이 멀어 뱃살을 흔들며 펫시터를 추격했기 때문이다. 치토스의 비범한 몸집 때문에 집 안은 이상한 나라의 앨리스 같은 분위기가 된다. 내가 작아진 건지 고양이가 커진 건지 끊임없이 혼란에 빠지는 것이다.

침대 발치에 웅크린 이 초대형 크루아상이 생태계를 뒤엎을 능력이 있는 종에 속한다는 사실은 믿기 힘들다. 그러나 생물학적으로 봤을 때 응석받이 실내 고양이는 산전수전 다 겪은 오스트레일리아의 길고양이나 도심 골목의 고양이와 다른 점이 없다. 주인이 있든 없든 순종이든 잡종이든, 헛간에 살든 여러 층으로 이루어진 호화로운 고양이 호텔에 살든 고양이는 다 같은 동물이다. 인간을 한 번도 본 적이 없다고 해도 마찬가지다. 가축화 과정은 고양이의 유전자와 습성을 영영 바꾸어버렸다. 집 안에 사는 고양이들은 집 밖의 고양이들과 주기적으로 짝짓기 함으로써 서로를 지켜주고 밀어준다. 집에서 태어난 고양이라도 길에서 살게 될 수 있으며 그 반대의 경우도 있다. 상황이 다르고 부르는 이름이 다를 뿐이다.

치토스가 제 밥그릇과 멀리 떨어져서는 먹고살 수 없을 것처럼 보여도, 지금 당장 밥을 내놓으라고 생떼를 쓰는 치토스의 고집은 중요한 진실을 가리킨다. 고양이는 지배력이 강한 동물이라는 사실이다. 고양이가 가장 똑똑한 짐승이기 때문이 아니다. 고양이는 가장 강한 동물도 아니다. 가까운 친척인 재규어나 호랑이에 비하면 특히 그렇다. 크기가 작을뿐더러, 다른 고양잇과 동물들을 멸종으로 몰아가고 있는 신체 구조와 단백질 위주의 부담스러운 식이 요구량은 고양이에게도 짐이 된다.

그러나 고양이는 적응력이 매우 뛰어나다. 어디에서든 살 수 있고, 단백질을 충분히 섭취해야 하기는 해도 움직이는 것이라면 펠리컨에서 귀뚜라미까지 거의 무엇이든 먹을 수 있으며[21] 움직이지 않는 것, 가령 핫도그 같은 것도 먹는다. (반대로 위기에 처한 고양잇과 동물 중에는 친칠라과의 희귀종만 사냥하도록 진화한 종도 있다.[22]) 고양이는 수면 일정과 사회 활동도 조절할 수 있다. 그리고 미친 듯 번식할 수 있다.

고양이의 자연사를 파헤칠수록 고양이를 점점 더 열광적인 눈으로 새삼 우러러보지 않기가 힘들었다. 생물학자, 생태학자를 비롯한 수십 명의 연구자들을 인터뷰한 뒤 나는 그들 또한, 때로는 자신도 모르게, 고양이를 우러러보고 있다는 느낌을 받았다. 이것은 다소 예상 밖이었는데 근래 들어 고양이 애호가들과 과학 분야 종사자들 간의 골이 더욱 깊어졌기 때문이다. 과학자들이 흔히 고양이를 생태계의 골칫거리로 여기는 집단들의 편에 서 있기 때문만은 아니다. 또한 임상과학 분야에서도 고양이의 미묘함과 신비로움의 핵심을 조롱하고 있는 것처럼 보인다. 고양이의 매력에 홀린 사람들로서는 고양이의 신기한 야간 시력이 "유리한 아미노산 치환" 덕분이라는 연구 결과[23]를 (따분하기도 하지만) 못마땅하게 받아들일 수 있다.

그러나 고양이에 관한 가장 유려하고 독창적인 표현들 또한 바로 논문에서 나온다. 고양이는 "기회주의적이고 알쏭달쏭하며 고독한 사냥꾼",[24] "원조받는 포식자",[25] "번성하는 사랑스러운 모리배"[26]이다. 그리고 내가 이 책을 위해 조사를 벌이며 인터뷰한 과학자들 가운데 대다수는 아닐지라도 다수가 고양이를 키우고 있었다. 연구 분야가 위기에 처한 하와이 동물상이든, 뇌에 서식하는 고양이 기생충이든, 갉아 먹힌 고대 인간 조상의 유골이든 상관없었다.

따지고 보면 그다지 놀랄 일이 아니다. 고양이가 가진 적응력의 가장 중대한 부분이자 고양이의 힘의 가장 큰 원천은 우리 인간과의 관계에서 항행할 수 있는 능력이다. 때때로 이것은 고양이들이 세계적 추세에 편승한다는 의미, 즉 우리가 세상에 가한 변화를 자기들에게 절대적으로 유리하게 이용한다는 의미이기도 하다. 예를 들어 도시화는 고양이의 앞날에 호재로 작용했다. 지구의 인구 가운데 절반 이상이 현재 도시에 살고 있다.[27] 아담하고 관리가 쉽다고 알려진 고양이는 비좁은 도시 생활에 개보다 더 적합해 보이는 까닭에 우리는 고양이를 더 많이 애완동물로 사들이고 있다. 애완고양이의 숫자가 증가한다는 것은 길고양이의 숫자가 증가한다는 뜻이기도 하다. 좁은 공간에서도 인간을 견딜 수 있게 하는 유전자는 길고양이에게도 있으므로, 길고양이는 시끄럽고 스트레스 심한 도심에 숨어 사는 다른 동물들에 비해 유리한 위치에 있다.

인간과의 관계를 유지하는 과정에서 고양이가 단지 묻어가는 것만은 아니다. 과감하게 주도권을 발휘하기도 하며 실은 처음부터 그래왔다. 고양이는 가축화를 스스로 '선택'했다고 말할 수 있는 희귀한 가축이며 우연적으로 얻은 보기 좋은 외모와 차분한 습성을 겸비한 덕에 오늘날 우리의 집, 킹사이즈 침대, 그리고 상상력을 지배한다. 고양이가 인터넷을 휩쓴 것은 현재 진행 중인 세계 정복 과정에서 가장 최근의 승리일 뿐 그 끝은 보이지 않는다. 개를 새 식구로 들이려는 사람들은 나가서 직접 찾아봐야 하지만 애완고양이는 어느 날 밤 그냥 뒷문에 나타나 제 발로 쓱 들어올 가능성이 통계적으로 꽤 높다.[28]

〰

인간이 지배하는 세상에서 고양이의 생존 게임은 놀랍고도 독특하지만 그 이야기에는 보편적인 함의가 있다. 일개의 작고 무해해 보이는 인간의 행위, 즉 야생의 작은 고양잇과 동물과 친해지고 부뚜막을 내어주고 결국 마음까지 내어주는 행위가 마다가스카르의 숲속에서부터 조현병 병동으로, 나아가 인터넷 게시판으로 이어지는 지구적인 연쇄반응을 초래할 수 있다는 사실이다.

어떤 의미에서 고양이의 번영은 비극적이다. 고양이에게 유리한 힘이 다른 여러 동물들을 없앴기 때문이다. 고양이는 뜨내기이고 야심가이며 세계가 목격한 가장 변화무쌍한 침입자에 속한다. 물론 인류는 제외하고 말이다. 고양이가 생태계 안에 등장하는 시점이 사자를 비롯한 다른 거대 동물들이 대개 퇴장을 하는 시점인 것은 우연이 아니다.

다른 한편으로 고양이의 이야기는 생명의 신비, 여전히 우리를 놀라게 만드는 자연의 능력에 대한 이야기이기도 하다. 그러하니 우리는 자기중심적인 생각을 접고, 우리가 애지중지하고 옹호하는 이 동물을 한층 자세히 들여다봐야 한다. 고양이는 우리의 거실과 모래 화장실 너머 훨씬 더 멀리까지 지평을 넓히고 있다. 고양이는 털 달린 아기가 아니며 훨씬 더 놀라운 존재다. 지구 전체를 발치에 무릎 꿇린 조그만 정복자이다. 고양이는 인간 없이는 존재할 수 없었겠지만 우리가 고양이를 만든 것은 아니며 지금 고양이를 통제하고 있는 것도 아니다. 인간과 고양이의 관계는 소유보다는 도움과 방조의 관계이다.

사랑스러운 동물 친구를 이처럼 냉정한 시각으로 바라보는 일은 배신처럼 느껴질 수도 있다. 우리는 고양이를 반려동물이자 우리에게 의지하는 존재가 아닌, 마치 자유계약선수처럼 진화하는 존재로 보는 데 익숙지 않다. 이 책을 위한 조사가 시작되자마자 나는 엄마와 동생이 보내는 원망의 목소리에 답해야 했다.

진정한 사랑은 이해를 필요로 한다. 우리는 고양이에게 점점 더 집착하면서도 충분한 존경심을 보내고 있지 않은 것은 아닐까?

치토스와 같은 생명체를 보면서 가져야 할 올바른 마음은 '귀여워'(awwwww)가 아닌 경외(awe)일지도 모른다.

1 사자의 무덤

로스앤젤레스 시내 한복판 윌셔 대로변에서 끓어오르는 라브레아 타르 피츠는 검고 유독한 엿이 고인 웅덩이 같아 보인다. 캘리포니아 개척민들은 한때 여기서 타르를 퍼 올려 지붕 방수에 썼지만 오늘날 이 아스팔트 웅덩이는 빙하기의 야생동식물을 연구하는 고생물학자들에게 훨씬 더 귀중하다. 상아가 위로 둥글게 말린 컬럼비아매머드, 멸종된 낙타, 길 잃은 독수리 등 온갖 근사한 동물들이 이 끈적끈적한 죽음의 함정에 빠지고 말았기 때문이다.

그중 가장 유명한 녀석들은 단연코 고양잇과 동물들이다.

적어도 일곱 종류의 고양잇과 동물이 1만 1000년 전 선사시대 베벌리힐스에 서식했다. 오늘날의 보브캣이나 퓨마의 가까운 친척도 있었지만 이제는 사라지고 없는 종도 있었다. 검치호랑이 중에서 가장 크고 무시무시한 스밀로돈 포퓰라토르의 경우 2000여 마리의 뼈가 9만 제곱미터 넓이의 발굴지에서 회수되었고 이는 지구상에서 가장 큰 규모의 발견이었다.

늦은 오전, 날이 포근해지면서 웅덩이의 타르는 묽어지고 공기에서는 도로포장이 녹아내린 것 같은 냄새가 난다. 웅덩이 표면에서 터지는 검고 흉한 거품 방울을 보면 그 밑에 괴물이 한 마리 숨 쉬고 있을 것만 같다. 가스 때문에 눈이 매운 와중에 끈적끈적한 물질 안으로 막대기를 꽂아봤는데 도로 빼낼 수가 없었다.

"3~4센티미터 깊이만 되어도 말 한 마리가 빠져서 움직이지 못해요."

이곳 박물관의 수석 큐레이터 존 해리스의 말이다.

"거대한 나무늘보라도 끈끈이에 붙은 파리처럼 꼼짝 못 했을 거예요."

해리스의 목소리에서 은근한 자부심이 묻어난다.

피부에 묻은 아스팔트를 지우려면 미네랄오일이나 버터로 문지르는 방법밖에는 없는데, 이 지역 대학의 짓궂은 남학생 몇몇은 경험을 통해 이 사실을 깨달았다. 시간만 충분하면 타르는 뼛속까지 스며들어, 고통스러워하며 죽어간 거대한 짐승들의 유골을 아주 잘 보존한다. 그래서 이 웅덩이에서 건져 올린 표본은 엄밀히 말해 돌로 변한 화석으로 볼 수도 없다. 보존된 검치호랑이의 갈비뼈를 뚫을 때 나는 냄새는 치과에서 나는 냄새와 같다. 콜라겐이 타는 냄새다. 살아 있는 동물의 냄새가 나는 것이다.

타르 웅덩이의 탁한 물질 속에서 나는 인간과 고양잇과 동물 간의 원시적인 관계에 대한 단서를 찾고 있다. 고양이를 돌보는 일이 우리에게는 아주 당연하게 여겨지지만 사실 인간이 고양잇과 동물을 돌보기 시작한 것은 아주 최근의 일이며 극히 이례적인 사건이다. 수백만 년간 지구에서 함께 살아왔지만 둘은 예전에는 사이가 좋은 적이 없었고 소파에 꼭 붙어 앉아 있는 일은 더욱 없었다. 인간은 고양이에게 고기와 공간을 놓고 경쟁하는 천적이었다.[1] 먹이를 공유하기는커녕 인간과 고양잇과 동물은 공존하는 동안 대체로 서로의 먹이를 빼앗고 파헤쳐진 서로의 사체를 씹으며 살아왔다. 솔직히 말하자면 우리가 주로 먹히는 쪽이었다.

먼 과거에는 라브레아 검치호랑이나 거대한 치타, 동굴사자와 같은 고양잇과 동물, 그리고 오늘날에도 존재하는 이들의 후손이 인간의 손에 길들여지지 않은 지구를 지배하고 있었다. 우리의 조상은 이런 거대한 짐승들과 아메리카 대륙에서 함께 서식했으며 아프리카에서는 수백만 년 동안 다양한 검치호랑이 종과 앙숙으로 지냈다. 인류를 현재의 상태로 만들었다고 해도 과언이 아닐 정도로 고대의 고양잇과 동물이 우리에게 준 영향은 매우 크다.

창고에서 해리스가 스밀로돈 새끼의 유치를 자랑스럽게 내보인다. 거의 10센티미터에 달한다.

"젖은 어떻게 먹었대요?"

내가 묻는다.

"아주 조심해서요."

해리스의 대답이다.

성체의 윗송곳니는 20센티미터이다. 모양은 낫을 연상케 한다. 톱니가 있는 안쪽 곡선을 손으로 쓸어보니 등골이 오싹하다. 과학자들은 여전히 이 동물들에 대해 잘 알지 못한다. 연구자들은 강철로 검치호랑이의 턱뼈를 재구성해 어떻게 먹이를 씹었는지 알아보려고 애썼지만 해리슨이 털어놓기를 "최근에야 비로소 암수를 구별하는 법을 밝혀냈다"라고 한다. 어쨌든 굉장히 무시무시한 존재였음은 분명해 보인다. 약 200킬로그램이 나가는 검치호랑이는 아마도 억센 앞다리로 마스토돈을 내리꽂은 뒤 목덜미의 두꺼운 살가죽을 검치로 뚫어 죽였을 것이다.

곧이어 근처에 있는 아메리카사자의 뼈로 시선이 향했다. 아메리카사자는 검치호랑이보다 키가 머리 하나만큼 더 크고 약 400킬로그램 정도 나갔을 것이다.

이런 존재가 인류 조상의 경쟁 상대였다.

이토록 경외롭기 그지없는 포식자들의 존재, 그리고 이들이 인류와 살벌한 관계를 맺었던 역사를 고려할 때 오늘날 인간이 고양잇과 동물을 지구상에서 쓸어버리기 직전이라는 사실은 특히 놀랍다.[2] 오늘날 대부분의 고양잇과 동물은 심각한 감소 추세에 있고 날마다 인간에게 영역을 빼앗겨간다.

물론 단 하나의 예외가 있다. 해리스는 박물관 정문 옆, 타르가 스며 나오는 연못에서 멀지 않은 곳으로 나를 데리고 간다. 한 구덩이에서 발굴 작업이 이루어지고 있다. 타르로 범벅이 된 티셔츠를 입은 두 여자가 스밀로돈의 대퇴골을 조금씩 파내고 있는데 갑자기 내 발목 주변으로 갈색 털뭉치가 나타나 폴짝 뛰어 오른다. 꼬리가 없는 암고양이 밥이다. 배가 나온 이 고양이는 기세가 등등하다. 발굴을 하던 작업자들은 깔깔거리며 교통사고로 꼬리를 잃은 녀석을 구조한 뒤 건강을 되찾도록 간호한 사연을 늘어놓는다.

"이제 쥐 때문에 놀랄 일은 없어요."

한 여자가 꼬리 없는 밥의 엉덩이를 두들기며 말한다.

무엇이 더 기이한지 모르겠다. 베벌리힐스가 거대 사자들의 무덤이라는 사실? 아니면 원래 중동에서 밀항해 들어온 온순하고 작디작은 고양이가 오늘날 이곳에서 번성하고 있다는 사실?

사실 고양이의 부상 이면에는 사자의 쇠락이 있다. 고양잇과의 계속되는 몰락에 대한 이야기는 밥이나 치토스를 비롯해 우리의 사랑을 받는 고양이들의 실체를 설명하는 데 도움이 된다. 이 고양이들은 갖출 것 다 갖춘 고양잇과 맹수와 다를 게 없다. 스라소니나 재규어 같은 다른 고양잇과 동물과 닮았지만, 동시에 생물학적으로 극히 비정상적인 존재이기도 하다.

인간 문명이 없다면 로스앤젤레스와 그 근방은 여전히 빙하기를 거치며 살아남은 토종 고양잇과 동물들의 주요 서식지가 될 수 있었을 것이다. 샌타모니카산맥에서는 여전히 소수의 퓨마가 흩어져 살며 출몰하지만 절망적으로 고립된 채 근친 간 짝짓기를 하며, 아주 드물게 태어나는 새끼들마저 종종 고속도로에서 차에 치여 죽고 만다.[3] P-22로 알려진 퓨마는 최근 할리우드 간판 아

래 언덕에서 어슬렁대다 도심의 빛나는 야경을 바라보는 모습이 사진에 찍혔다.[4]

그러나 오늘날 타르 웅덩이 주변에 군림하는 존재는 다름 아닌 암고양이 밥이다.

~

라브레아 검치호랑이와 거대 사자들은 마지막 빙하기 말 멸종되었으나 그 이유는 밝혀지지 않았다. 그러나 살아남은 야생 고양잇과 동물 대부분이, 심지어 우리가 아끼는 애완고양이와 매우 비슷하게 생긴 덩치 작은 종들까지, 왜 오늘날 극도의 위험에 처하게 되었는지에 대한 설명은 짜맞추어 볼 수 있다. 그 설명은 적잖은 인간 조상이 최후를 맞았던 바로 그 장소, 고양잇과 동물의 입속에서 시작한다.

고양잇과는 포유류 식육목, 즉 "고기를 먹는 동물"에 속한다.[5] 늑대든 하이에나든 모든 육식동물은 고기를 어느 정도 섭취한다. 그러지 않을 이유가 없다. 고기는 귀중한 에너지원으로 지방과 단백질이 가득하고 소화가 놀라울 정도로 잘된다. 그러나 구하기가 쉽지 않으므로 육식동물로 분류되는 동물들을 포함해서 대부분의 동물은 다른 식품군으로 식이를 보충한다. 예를 들어 곰과의 흑곰은 도토리와 덩이줄기를 씹기 위해 풀을 짓이기기 좋은 어금니를 갖고 있는데 이 어금니는 소의 입속에 있어도 이상하지 않을 정도다. 판다는 대나무를 먹고사는 것으로 유명하고, 송곳니가 커다란 북극곰도 종종 열매를 우물우물 씹는다.

고양이는 다르다. 1킬로그램도 안 나가는 붉은점살쾡이부터 300킬로그램에 육박하는 시베리아호랑이까지 고양잇과에 속하는 30여 종의 동물들을 생물학자들은 고도 육식동물(hyper-carnivore)이라고 부른다. 고기 말고는 먹는 게 거의 없기 때문이다. 식물을 씹기 위한 어금니는 흔적만 남았다고 할 정도로 작다. 어린아이 젖니에 비할 만하다. 반면에 나머지 이빨은 길고 날카롭다. 가위와 스테이크 나이프가 섞여 있다고 보면 된다. (고양이와 곰의 이빨은 알프스와 애팔래치아 산맥만큼이나 다르다.) 주둥이 앞쪽에 있는 송곳니를 일컫는 '케이나인'(canine)이라는 단어는 개와 관련이 있지만, 사실 고양이의 사냥용 송곳니가 개의 송곳니보다 더 크다는 것은 조금도 놀랄 일이 아니다. 고양이는 개보다 세 배 많은 단백질을 필요로 하며 새끼의 경우 네 배를 섭취해야 한다.[6] 개는 심지어 채식으로도 살아갈 수 있지만 고양이는 주요 지방산을 스스로 합성하지 못하고 반드시 다른 동물의 고기로부터 얻어야 한다.

고양잇과 동물의 이빨은 그 유일한 목적이 도살이므로 모든 고양잇과 동물의 주둥이는 생물학자도 분간하기 힘들 만큼 비슷하게 생겼다. 곤충을 흡입하는 말레이곰의 턱뼈는 회색곰의 턱뼈와 전혀 다르지만, 사자와 호랑이의 턱뼈는 동일한 용도를 위해 설계되었기 때문에 전문가들조차 구별하기 어려워한다.

고양잇과 동물의 다른 부위도 마찬가지다. 몸집은 어이가 없을 정도로 차이가 엄청나다. 머리에서 꼬리까지의 길이가 40센티미터에 지나지 않는 종도 있고 4미터가 훌쩍 넘는 종도 있다. 그러나 형태의 차이는 미미하다. "크기가 다양한 고양잇과 동물에 관해서 주목할 점은 종 간의 차이점이 아니라 유사점이다."[7] 엘리자베스 마셜 토머스는 고양잇과의 동물의 역사를 기록한 『호랑이 종족』에서 고양이와 호랑이가 "고양잇과 동물의 처음과 끝"[8]이라고 서술한다. 물론 호랑이는 줄무늬가 있고 사자는 갈기가 있으며 퓨마는 젖꼭지가 여덟 개이고 마게이는 두 개밖에 없지만, 설계도는 그대로다. 긴 다리와 튼튼한 앞다리, 유연한 척추, 균형을 잡기 위한 꼬리(때로는 몸길이의 절반에 달한다), 그리고 오로지 고기만을 소화시키기 위한 짧은 내장이 이 설계에 들어간다. 또한 숨길 수 있는 발톱과 감각이 발달한 수염을 갖고 있다. 회전하는 두 귀는 소리의 방향을 매우 민감하게 탐지하고 최대한의 가청 범위를 확보한다. 얼굴 정면에 위치한 두 눈은 쌍안경처럼 멀리, 어둠 속에서도 잘 볼 수 있다. 둥근 두개골과 둥글고 짧은 얼굴에 턱 근육이 강력하게 부착되어 있는 구조는 주둥이 끝으로 무는 힘이 최대가 되도록 설계되었다.

먹이가 토끼든 물소든 거의 모든 고양잇과 동물은 (엄청나게 빠르기로 유명한 치타를 제외하고) 대개 같은 방식으로 사냥을 한다. 몰래 접근해서 몸을 숨겼다가 습격해서 낚아챈다. 게으른 치토스도 이렇게 사냥한다. 기대에 찬 얼굴로 토실토실한 엉덩이를 흔들다가 운 나쁜 신발끈을 덮치는 것이다. 고양잇과 동물은 대체로 시각에 의존하는 맹수이고 주로 기습 공격을 한다. 동물행동학자 파울 라이하우젠의 말에 따르면 마치 "자물쇠에 열쇠를 꽂듯"[9] 목등뼈 사이로 송곳니를 박아 사냥감에 치명상을 입힌다. 고양잇과 동물은 자기보다 세 배 이상 큰 동물도 누를 수 있고[10] 더 큰 욕심을 낼 때도 있다. 어릴 때 나는 우리 집 샴고양이가, 사슴 무리가 내려다보이는 바위 위에 웅크린 채 아무런 낌새도 채지 못한 숫사슴에게 몰래 접근하는 모습을 지켜보곤 했다.

오늘날의 고양잇과 동물은 1000만 년 이상 놀랍도록 다양한 서식지에 살면서 전 세계에서 번성해왔다.[11] 아시아의 열대림을 특히 좋아하지만[12] 전형적인 고양잇과 동물들은 거의 모든 기후에서 능력을 발휘할 수 있다. 눈표범은 히말라야, 재규어는 아마존, 모래고양이는 사하라의 한가운데에 산다. 수천 년 전 사자는 베벌리힐스뿐만 아니라 영국 데번과 페루에도, 그러니까 오스트레일리아 대륙과 남극을 제외한 지구상 거의 모든 곳에 살았다. 사자는 야생에서 가장 널리 퍼져 살던 육상 포유류로 추정된다.[13] 수많은 밀림뿐만 아니라 그 사이의 사막과 늪, 산맥을 호령한 그야말로 동물의 왕이었다.

고양잇과 동물이 번성하기 위해 필요한 것은 공간이다. 그래서 곰이나 하이에나 같은 다른 대형 육식동물에 비해 자연 속에서 흔히 볼 수 없는 경우가 대부분이다.[14] 가장 작은 고양잇과 동물도 필요한 동물성 단백질을 얻으려면 상대적으로 방대한 땅

덩어리가 필요하다. 육식동물이 체중 1킬로그램을 지탱하려면 그 서식 환경 내에 어림잡아 먹이동물 100킬로그램이 있어야 한다.[15] 고도 육식동물의 경우 더 큰 위험을 무릅쓸 수밖에 없다. 이 동물들에게는 진화론적 대안이 없다. 죽이지 않으면 죽어야 한다. 고양잇과 동물들은 실제로 종종 서로를 잡아먹곤 한다. 사자는 치타를 먹고 표범은 카라칼을 먹으며 카라칼은 리비아살쾡이를 먹는다. 심지어 같은 종을 죽이기도 한다. 이런 적대적인 태도는 고양잇과 동물이 왜 고독한 존재일 수밖에 없는지 설명해준다. 게다가 언급했다시피 고양잇과 동물은 사냥법이 비밀스러우며 생태계는 다수의 고양잇과 동물을 먹여 살리기에 역부족이다.

~

인간이 오늘날 놀라운 양의 고기를 먹어치우고 있기는 해도 육식동물에 속하지는 않는다. 우리는 영장류이다. 우리의 친척인 유인원도 고기를 별로 먹지 않으며 인간을 닮은 태곳적의 친척은 고양잇과 동물이 먹이사슬의 맨 꼭대기에 자리 잡고 한참 후인 600~700만 년 전부터 나무에서 내려오기 시작했으며 역시 고기를 먹지 않았다.

오히려 우리와 우리 새끼들의 고기는 넉넉한 단백질원이 되었다. 우리는 온갖 짐승의 식삿거리였다.[16] 초대형 독수리, 악어, 버스만큼 긴 뱀, 원시의 곰, 육식하는 캥거루가 우리를 먹었고 아마 거대 수달도 마찬가지였을 것이다. 그리고 이 무시무시한 무리 중에서도 고양잇과 동물은 가장 위협적인 포식자였을 것이 거의 분명하다.

인류학자 로버트 서스먼에 따르면 아프리카에서 인간의 초기 조상이 한창때를 맞이한 시기는 하필 "고양잇과의 전성기"였다. 서스먼의 책 『사냥당한 인간』은 피식자로서의 우리의 역사를 상세히 기록하고 있다. 서식지가 우리와 "겹친" 경우 고양잇과 동물은 "우리를 철저하게 이용해" 동굴로 끌고 들어가거나 나무 위에서 먹어치우거나 내장이 드러난 사체를 굴속에 저장해놓았다고 서스먼은 이야기한다. 실로 큰고양이의 사냥이 아니었다면 우리는 인류의 진화에 대해 지금처럼 많이 알지 못할 것이다.[17] 사람속(Homo)을 대표하는 가장 오래되고 완전하게 보존된 두개골, 즉 5번 두개골은 조지아 드마니시의 동굴 속에서 발견되었는데 그곳은 거대 치타들의 소풍 장소였을 것으로 추정된다. 남아프리카공화국의 동굴에서도 고생물학자들은 대형 유인원이나 기타 영장류의 유골 더미를 발견하고는 살육의 원인을 밝히고자 한없이 고민했다. 우리 조상들이 서로를 학살한 것일까? 그러다 누군가가 두개골에 난 구멍이 표범의 송곳니와 정확히 들어맞는다는 것을 알아챘다.

오늘날의 상황도 고양잇과가 우리에게 입힌 영향에 대한 단서를 제공한다. 서스먼과 동료 도나 하트는 현생 영장류의 피식 데이터를 조사해 사냥감이 되고 있는 영장류 동물의 3분의 1이 여전히 고양잇과에게 먹히고 있다는 사실을 밝혀냈다. (개와 하이에나에게 먹히는 경우는 7퍼센트에 불과했다.) 케냐 수스와산의 용암 동굴을 조사한 한 연구는 이곳 표범이 거의 개코원숭이만을 먹는다는 사실을 보여주었다. 현존하는 인간의 친척 중에 가장 강하고 똑똑한 녀석들도 몸집이 그 절반에 지나지 않는 고양잇과 동물의 먹이가 된다. 과학자들은 표범 똥에서 서부롤런드고릴라의 뭉툭하고 검은 발가락을, 사자 배설물에서 침팬지의 이빨을 찾은 적이 있다.

과학자들은 최근에야 피식자로서의 인간의 역사를 본격적으로 연구하기 시작했다.[18] 예를 들어 빛깔을 구별하는 능력이나 깊이를 인지하는 능력이 초기에는 뱀을 발견하기 위한 장치로서 진화했음을 알아냈다. 실험을 통해 아주 어린 아이조차도 도마뱀보다는 뱀의 모양을, 영양보다는 사자의 모양을 더 잘 인지한다는 사실도 입증했다.[19] 포식자를 피하기 위한 전략은 현생 인류의 습성에 적잖이 남아 있다. 산모의 진통이 깊은 밤중에 시작되는 경향이 있다든가(포식자 대부분은 새벽이나 저녁 무렵에 사냥을 했을 것이므로), 우리가 18세기 풍경화를 좋아한다든가 하는 것이 그 예다. 18세기 풍경화 속의 드넓은 경치는 위협적인 존재가 가까이 오기 전에 포착할 수 있다는 느낌을 주므로 만족스러운 것이다. 또한 내가 라브레아에서 검치호랑이의 송곳니를 손에 들었을 때 몸에 소름이 돋은 것은 과거의 내 조상이 포식자가 다가올 때 몸을 더 크고, 가능하면 무섭게 보이게 만들기 위해 온몸의 털을 곤두세웠던 것에서 비롯된 습성이다.

피식자로서 느끼는 압박감은 우리 몸의 크기와 자세(큰 키와 곧은 자세는 더 멀리 살피는 데 도움이 된다), 사회 및 집단 생활에 대한 선호(쉽게 말해 뭉치면 덜 두렵다는 생각), 그리고 정교한 소통 형태에도 영향을 미쳤다. 버빗원숭이와 같이 비교적 덜 추앙받는 영장류 동물에게도 '표범'을 의미하는 울음소리가 따로 있다.[20] (이에 뒤지지 않으려는 듯 아마존에 사는 작은 고양잇과 동물인 마게이는 사냥을 하면서 영장류가 새끼를 부르는 소리를 흉내 내는 모습이 관찰된 적 있다.[21])

그러나 고양잇과 동물이 인간의 진화에 준 가장 큰 선물은 먹잇감이 아닌 청소동물로서의 인간에게 안긴 선물이다. 이 덕분에 인간은 최초로 숙명적인 고기 맛을 보게 되었다.

~

우리가 최초로 고기를 먹은 흔적은 약 340만 년 전으로 거슬러 올라간다. 에티오피아 디키카 근방, 발굽을 가진 유제(有蹄)동물의 뼈에서 발견된 칼날 자국은 주로 채식을 했던 우리 조상이 어떻게 고기를 잘라내기 위해 노력했는지 보여준다. 다른 지역에서는 망치를 이용해 진한 골수를 빼먹은 흔적이 발견되었다. 그러나 그 맛있는 뼈가 애초에 어디서 온 걸까? 우리의 조상이 사냥 기술을 터득한 것은 이때로부터 수백만 년이 더 지나서다.

미국 스미스소니언 국립자연사박물관에서 인류의 육식을 연구하는 브리애나 포비너의 말에 따르면, 무기는 없으나 고기에 열광한 우리의 선조들이 최초의 먹이동물들을 그저 죽을 때까지 쫓아다녔거나 돌을 던져 죽였을 가능성이 있다. 매우 큰 암사자 두 마리가 눈을 번뜩이는 사진을 연구실에 걸어둔 포비너는 그러나 그보다는 우리가 부끄러움을 모르는 도둑이었거나 청소동물, 또는 "절취기생생물"(kleptoparasite)이었을 가능성이 더 크다고 믿는다. 우리의 은혜롭지 못한 "숙주"는 가젤이나 다른 초식동물을 사냥한 큰고양이로, 배가 부를 때까지 먹은 다음 나중에 더 먹을 작정으로 자리를 떴을 것이다. 그러면 우리의 약삭빠른 조상들이 몰래 다가가 훔칠 수 있는 만큼 훔쳐 왔을 것이다. 우리는 표범이 (아마도 사자와 같은 더 큰 고양잇과 동물에게 빼앗기지 않기 위해) 나무 위에 숨겨둔 영양을 슬쩍했을지도 모른다. 특히 검치호랑이야말로 최고의 먹이를 남겼을 것이다.[22] 인류학자 커티스 매리언이 지적했듯이 검치호랑이의 커다란 이빨은 사냥하는 데는 유용하지만 씹는 데는 그렇지 않기에 뼈에 상당히 많은 고기가 남아 있었을 것이기 때문이다. 일부 연구자들은 검치호랑이의 잔반이 초기 인간의 식생활에 너무나 풍요롭고 필수적인 자원이었던 나머지 우리가 검치호랑이를 따라 아프리카를 떠나 유럽으로 건너가는 인류 최초의 대이동을 시도했다는 가설을 제시하기도 한다.

우리 조상은 영양분과 아미노산이 풍부한 고기 맛을 알고 나자 더 많은 고기를 원했다. 몇몇 고생물학자는 고기의 섭취가 우리를 사람으로 진화하게 한 궁극적 요인이라고 주장해왔다. 결정적인 단계였음은 확실하다.

"육식이 얼마나 중요했으면 도구를 만드는 데 점점 능숙해졌겠어요."

포비너의 설명이다.

"피드백 순환이었죠. 더 많은 고기를 얻으려면 환경을 잘 감지하고, 서로 소통하고, 미리 계획해야 하지요. 육식이 아니었다면 우리가 거친 진화의 궤적이 많이 달라졌을 거예요."

실로 육식은 우리의 정신을 확장시켰을 수 있다. 이것이 고비용 조직 가설(expensive tissue hypothesis)의 주장이다.[23] 채식을 하는 영장류는 질긴 식물을 다량 소화시켜야 하므로 엄청난 에너지를 빨아들이는 거대한 장을 가지고 있다. (이 때문에 대체로 마른 것처럼 보이는 원숭이들도 배는 볼록 튀어나온 것이다.) 반면에 소화가 쉬운 고기에 지속적으로 접근할 수 있는 동물은 진화를 통해 장을 줄이고 그 에너지를 좀 더 멋진 것, 즉 거대한 두뇌에 소비할 여유를 갖게 된다. 호모사피엔스의 보배인 두뇌는 유지비 또한 매우 높다.[24] 무게는 체중의 2퍼센트이지만 칼로리 섭취량의 20퍼센트를 사용하기 때문이다. 우리는 아마도 육식 덕분에 이 비용을 감당할 수 있는지 모른다.

우리 조상의 두뇌 크기는 약 80만 년 전 가장 크게 도약했는데 이것은 우리가 불을 다루는 법을 숙지한 다음이었다. 불을 이용해 고기를 익힘으로써 좀 더 오래 보존하고 쉽게 휴대할 수 있게 된 것이다. 그 뒤로 수십만 년이 지나고 우리는 드디어 큰 먹잇감을 사냥하는 법을 깨달았다. 다시 수십만 년이 더 흘러 약 20만 년 전에 이르면 마침내 가계도에서 호모사피엔스가 갈라져 나온다.

이 시점에서 사람과 큰고양이 간에 있었던 기존의 힘의 불균형이 불안한 평형으로 바뀌고, 우리의 살찌워진 두뇌가 저들의 완력과 수평을 이루게 된다. 서로 회피하는 것이 최고의 전략이었겠지만 여차하면 우리는 새로운 사냥 무기를 이용해 먹이를 먹고 있는 큰고양이를 쫓아낼 수 있었을 것이고 몇 마리쯤은 죽일 수도 있었을 것이다. 그럼에도 우리는 이 아름다운 적을 동경하지 않을 수 없었던 것으로 보인다. 세계에서 가장 오래된 창작물에 속하는 남프랑스 쇼베동굴의 3만 년 된 벽화 속에는 생물학자에 버금가는 눈으로 수염 구멍까지 세밀하게 그려 넣은 황토색 표범과 사자가 있다.

고양이와 인간 사이의 이 같은 오랜 교착 상태는 약 1만 년 전까지 이어지면서 양쪽 모두가 단단히 무장하고 막상막하로 고기를 사냥하며 지냈다.[25] 그러다 중동 어딘가에서 인간은, 수완을 발휘했든지 운이 좋았든지 어쨌든, 고기를 향한 채워지지 않는 허기를 영원히 만족시킬 방법을 찾아냈다. 우리만의 고기를 길러 도축하는 방법이었다. 초식동물과 식물을 집에서 기르기 시작한 행위, 즉 신석기 혁명이라 불리는 이 진화론적 반란을 계기로 수렵과 채집을 하던 인간이 한곳에 정착해 영구적인 집단을 이룰 수 있었으며 궁극적으로 문화와 역사, 우리가 익히 아는 오늘날의 이 세계가 탄생하게 되었다.

인간의 가축 떼와 텃밭의 첫 등장은 여러 다른 동물, 특히 고양잇과 동물에게 종말의 시작을 알리는 신호탄이었다.

~

우리는 야생 고양잇과 동물이 처한 위기를 비교적 최근의 현상으로 여기는 경향이 있다. 유럽인들은, 특히 영국인들은 이 짐승들을 절멸시키고 있다는 비난의 대부분을 짊어지고 있다. 식민지 이주민들이 인도와 아프리카에 총을 들여왔으며 고양잇과 동물의 털가죽에 대해 상당한 값을 제시한 것은 사실이다. 1911년에 사냥을 나선 조지 5세와 일행은 2주도 채 안 되어 인도 호랑이 39마리를 잡았다. 빅토리아시대 사람들도 런던의 동물원을 아프리카 사자로 채웠으나[26] 사자들은 감금된 환경에서 활기를 잃었으며 대개 몇 년도 못 살고 죽곤 했다. (물론 몇몇은 죽기 전에 마차 끄는 말을 한두 마리 해치우기는 했다.) 고양잇과 동물을 사냥하기 위한 대영제국의 원정 기록은 '사냥 서사'라는 독자적인 문헌으로 남았는데, 한 생물학자는 이를 두고 나에게 "포유동물학에도 열정적인 면이 있다"라고 귀띔한 적이 있다. 『사람을 잡아먹는 차보의 사자들』이라는 고전에서 영국 군인 존 헨리 패터슨은 초연한 문체로 포악해 보이는, 갈기가 없는 아프리카 사자 두 마리와 마주한 이야기를 풀어놓는다.

이처럼 영국인들은 소름 끼칠 정도로 거침없이 이 동물들을 위기로 몰아넣었지만, 어떻게 보면 농경의 출현과 함께 시작된 과정을 단지 가속화했을 뿐이다.

"고양잇과 동물은 굉장히 취약해요."

고양잇과 유전학자 스티브 오브라이언의 말이다.

"먹을 게 많지 않으면 굶어요. 아주 간단해요. 짐승을 사냥하는 게 문제가 아니에요. 농장과 마을을 만드는 게 문제죠."

고양잇과 동물은 가장 널리 퍼진 인간 문명의 양태와 생물학적으로 갈등 관계에 있다. 처음부터 그러했다. 최초로 대규모 농경문화를 이루었던 이집트에서 사자들은 점점 줄어들어 대부분 사라졌다.[27] 행진과 콜로세움에서 볼거리로 쓰기 위해 큰고양이들을 사로잡았던 로마인들은 무려 기원전 325년부터 개체 수 감소에 관한 자료를 지역별로 남겨놓았다.[28] 한때 사자가 흔했던 팔레스타인에서는 12세기에 이르자 자취를 감추었다. 인도에 유럽인이 도착하기 전에 이미 무굴제국의 황제들은 숲을 밀어버림으로써 호랑이 집단을 분열시켰다. 온갖 야생의 고양잇과 동물들이 비슷한 일을 겪었다.

영국의 사냥 서사 문헌에서 얻을 수 있는 가장 유익한 정보는 사냥 시기나 방법이 아니라 위치에 대한 것이다. 인간과 고양잇과 동물의 충돌이 어떤 장소 혹은 상황에서 벌어졌는지 정확하게 보여주기 때문이다. 그곳은 깊은 정글 속이 아니라 새로 갈아엎은, 문명의 가장자리였다. 정글과 맞닿아 있는 인도의 사탕수수와 커피 농장, 케냐의 오지를 굽이쳐 관통하는 철도 같은 경계지대에서 우리는 고양잇과 동물의 영역으로 점점 더 밀고 들어가고 고양잇과 동물은 우리의 영역으로 헤매어 들어온다.

우리가 밀고 들어갈수록 야생 고양잇과 동물과의 공존은 거의 불가능해진다. 우리는 먼저 우림이나 사바나 속으로 점점 더 깊이 들어가 포식동물을 잡아먹거나 쫓아내면서 땅을 개척한다. 이것은 우리가 즐겨 먹는 커다란 초식동물을 얻기 위해 우리와 경쟁하는 사자나 호랑이 같은 동물에게 피해를 줄 뿐만 아니라 아프리카황금고양이 같은 집고양이 크기의 동물에게도 해가 된다. 먹잇감이 될 더 작은 야생동물을 인간이 박멸하거나 잡아서 팔기 때문이다.

우리는 숲을 무너뜨리고 토종 포식자들을 싹 없애버린 뒤 소, 양, 닭, 물고기와 같은 식용동물을 들여온다. 이런 것들은 고기를 섭취할 방도가 없어진 야생 고양잇과 동물들이 크기를 막론하고 모두 먹고 싶어 할 수밖에 없다. 이제 그들이 절취기생생물이 될 차례이나 농부들은 도둑고양이들을 내버려두지 않는다.

한편 일부 큰고양이들은 여전히 우리를 먹고 싶어 한다. 21세기에도 여전히, 인간 무리가 고양잇과 동물의 영역을 침범해 들어가는 경계 지역에서는 끔찍한 식인 사건이 벌어지곤 한다. 러시아의 광대한 자작나무 숲에서 홀로 사는 사냥꾼은 평생에 단 한 번도 시베리아호랑이와 마주치지 않을 수 있지만 400만 인구가 사는 인도의 순도르본 삼각주에서는 사나운 호랑이들이 말썽이다. 빠르게 발전하고 있는 탄자니아 남서부의 루피지 농업지대에서 사자들은 10년 동안 마을 사람 수백 명의 목숨을 앗아갔다.[29]

오늘날에는 총기가 아닌 농약이 우리의 무기가 되었다. 기린 시체에 제초제를 발라놓으면 사람을 잡아먹은 사자뿐만 아니라 험상궂은 사자 무리 전체를 제거할 수 있다. 동물의 왕도 여느 해충과 다름없이 처치하는 것이다. 농약이 없으면 마을 사람들은 모든 가능한 수단을 동원한다. 보호구역을 벗어난 인도의 호랑이들은 몽둥이에 얻어맞아 죽기도 한다.

큰고양이들의 쇠락을 먼 나라 사람들의 탓으로 돌리기는 쉽지만, 가축을 치는 일곱 살짜리 아이를 사자가 우글거리는 초지로 보내거나 뒷간에서 표범을 발견하는 상상을 해보면 그럴 수만도 없다. 같은 입장에 처한 미국인들의 대처도 다르지 않다.[30] 사실 미국 대륙의 대부분도 한때 큰고양이들의 서식지였다. 그러나 이주민들이 남부의 재규어와 미시시피강 동쪽의 퓨마들을 이미 오래전에 싹쓸이했다. 예외적으로 살아남은 플로리다의 퓨마들은 에버글레이즈습지의 음울한 한구석에 고립되어 근친끼리 짝짓기를 하며 질병에 걸린 채 아르마딜로로 연명한다.

야생의 고양잇과 동물들은 근본적으로 인간 정착지와 공존할 수 없다. 우리가 탐내는 사냥감, 우리가 키우는 가축을 죽이는 데다 덩치가 큰 종의 경우 인간을 죽이기도 하기 때문이다. 인구가 밀집할수록 고양잇과 동물의 개체 수는 빈약해질 수밖에 없다. 살아남은 동물들은 바람직하지 못한 서식지로 밀려나면서 인간의 정착과 연관된 다른 요소들로부터 적잖은 피해를 입게 된다. 교통사고, 전염병, 취미용 사냥, 모피를 얻기 위한 덫, 가뭄, 허리케인, 국경의 철책, 희귀 애완동물 매매 등이 여기 속한다.

오늘날 일부 인간들은 최고 포식자로서의 새로운 지위를 거리낌 없이 받아들여 한때 큰고양이들이 우리를 잡아먹었듯 그들을 잡아먹고 있다. 아시아의 약재 시장에서는 호랑이 사체를 인간이 먹을 수 있도록 해체해서 판매한다.[31] 발톱과 수염, 담즙, 특히 뼈로는 강장제를 만든다. 사자의 허릿살은 뉴욕의 미식가 모임 개스트러노츠를 포함한 일부 미국 미식가들 사이에서 각광받는 요리 재료다. 팬을 뜨겁게 달구어 겉을 지진 뒤 낮은 불에 익힌 사자고기에 고수와 당근을 곁들여 먹으면 최고라고 한다.[32]

〰

야생의 고양잇과 동물들을 이제는 산 채로 보기가 힘들어졌으므로 나는 그들을 찾으러 스미스소니언 협회의 외부 보관 시설로 가보았다. 메릴랜드주 교외의, 야외 쇼핑센터가 늘어선 외진 동네에 숨어 있는 시설이다. 시내의 박물관에 둘 자리가 없는 온갖 돌고래와 고릴라가 병 속에 담겨 이곳의 거대한 건물들에 보관되어 있다. 한 건물은 비행기 크기의 고래 뼈를 위한 격납고라고 해도 과언이 아닐 정도다.

보안 요원이 내 가방을 검사한다. 이 무균의 묘지에 음식은 반입이 되지 않는다. 나는 씹던 껌을 몰래 뱉는다. 그리고 곧 열쇠를 짤랑거리며 걷는 포유류 담당 큐레이터 크리스 헬겐을 따라 금속 캐비닛이 줄지어 선 복도로 들어섰다. 이 건물에는 "가죽과 두개골, 뼈"가 그득하다고 헬겐이 어깨 너머로 말한다. 서랍을 열자 1909년, 테디 루스벨트 전 대통령이 임기를 마친 지 불과 몇 주 후 쏘아 죽인 기린의 가죽이 구겨진 채 들어 있다. 요염하게 말려 들어간 긴 속눈썹이 아직도 붙어 있다. 우리는 멸종된 몽크물범의 노란 수염을 살펴보고 가장 큰 수컷 코끼리 가운데 하나로 기록된 녀석의 상아 치조골을 들여다본다.

죽은 동물들로 이루어진 이 방대한 컬렉션은 타임머신과 다름없으며 변모하는 지구와 부단히 변화를 겪는 생명체들을 보여준다. 라브레아 타르 피츠와 비슷하지만, 다른 점이라면 인간이 이 동물들 대부분을 죽이고 공들여 보존함으로써 웅덩이의 쉼 없는 임무 수행을 대신해왔다는 사실이다.

"그럼 이제 고양잇과 동물을 볼까요?"

헬겐이 이렇게 물으며 왼편의 캐비닛을 연다. 그리고 조심스럽게 시베리아호랑이의 두개골과 턱뼈를 딸깍 끼워 맞춘다. 야생에 500마리 정도밖에 남지 않은 동물이다. 헬겐은 광대뼈의 폭과 정수리에 볼록 튀어나온 딱딱한 부분의 길이에 대해 이야기하며 이 호랑이의 생전 얼굴은 마치 태양과도 같이 오렌지색에 거의 완벽한 원형이었을 것이라고 말한다. 내 눈에 이 두개골은 이를 악물고 있는 것처럼 보인다. 헬겐이 희귀한 아프리카흑표범의 털가죽을 펼친다. 나는 가이아나에서 온 코냑 빛깔의 퓨마를 쓰다듬고 눈표범의 폭신한 밑털을 살펴본다. 새끼 쿠거의 작은 가죽이 바느질되어 있는 모슬린 천도 집어본다. 아마 뉴욕주에서 거의 마지막으로 태어난 새끼일 것이다. 이어서 스페인스라소니의 귀 털을 손가락으로 만져본다. 사납게 삐죽 솟은 검은 털이 몹시 부드러운 비단 같다.

헬겐은 아직 젊고, 선배 큐레이터들이 선호하는 마법사 같은 수염이 아닌 짤막한 수염을 기르고 있었다. 나와 만났을 당시 헬겐은 케냐에서 미얀마까지 3개월간 정신없는 일정의 야생 탐험을 떠나기 직전이었다. 정글에서 개체 수를 조사하거나 새로운 포유동물을 발견하는 것이 목적이라고 했다. 헬겐은 앞날에 대해 비관적인 생각을 하고 낙담하는 타입이 아니었다. 오히려 환경 문제에 관해 낙관적인 듯했다.

그러나 고양잇과에 대해서는 달랐다.

"항상 한 방향으로 흘러왔어요. 인간이 야생의 고양잇과 동물을 몰아냈죠."

헬겐의 말이다.

"이 추세는 느려지지도 역전되지도 않았고 어떤 동물의 경우 이제 끝까지 와버렸어요."

큰고양이의 상당수가 그런 경우지만 몇몇 작은 종도 마찬가지이다. 헬겐 세대의 과학자들은 고양잇과 동물의 본격적인 멸종을 최초로 지켜보게 될 사태를 우려한다. 무엇보다 스페인스라소니와 호랑이가 위험하다. 호랑이의 몇몇 아종(亞種)이 아니라 모든 호랑이가 그렇다. 호랑이 보관함 쪽에서 헬겐이 말하기를, (대개 총알구멍으로 너덜너덜한) 19세기 표본의 경우 파키스탄처럼 오늘날 호랑이가 사라진 지역에서 나왔지만 이후의 털가죽은 호랑이가 애초에 자연적으로 서식하지 않았던 곳에서 온 것이라고 한다. 사파리 파크가 딸린 놀이공원인 식스플래그 그레이트 어드벤처가 있는 뉴저지주 잭슨시와 같은 장소가 그 예다.

"20세기 후반부터 거의 모든 표본은 동물원에서 나와요."

헬겐의 말이다.

희귀 동물의 털가죽으로 가득한 캐비닛을 걸어 잠근 헬겐은 복도 건너편으로 가서 마지막으로, 작은 고양잇과 동물의 두개골을 꺼낸다. 표본에 달린 라벨에 따르면 이 동물은 크기는 작지만 오늘날 인도에서 인디애나주에 이르는 광범위한 영역에 분포하고 있다. 오래전 사자가 호령하던 영역보다 좀 더 넓다. 이 동물은 펠리스 카투스(Felis catus), 즉 고양이이다.

"보세요."

내가 들여다볼 수 있도록 작은 턱뼈를 벌리며 헬겐이 말한다.

"작은 호랑이와 다름없죠. 나름대로 무시무시해요. 이빨 좀 보세요."

내가 지금까지 언급한 역사를 고려하면 아무리 무관심한 사람이라도, 우리가 주로 애완동물이라고 여기는 엄청나게 많은 고양이들이 왜 사실상 살아 있는 트로피와 다름없는지 알 수 있을 것이다. 로마인들이 콜로세움에서 사자를 자랑했고 중세의 왕들이 동물원에 가두어놓았듯, 인간의 가장 오래되고 영향력 있는 적수인 고양잇과 동물을 상대로 최근에야 얻은 승리의 증거물로서 우리는 우리만의 작은 사자를 곁에 두고 싶은 것일지 모른다. 우리가 소형화된 고양잇과 동물의 만행을 보고 키득거리며 고양이의 이빨과 발톱을 예뻐하는 것은 이미 승리했기 때문일 것이다.

우리 무릎 위에 앉아 가르릉대거나 거실에서 장난을 치며 노는 작은 사자는 우리의 지구적 지배력, 자연에 대한 완전한 통제력을 환기시키는지도 모른다. 고양이가 애완동물로서 인기가 없는 몇 안 되는 지역 중에, 큰고양이가 여전히 실질적인 피해를 입힐 수 있는 드문 지역인 인도가 포함된다는 사실에는 적잖은 의미가 있을 수 있다.[33]

그러나 고양잇과 동물이 사실은 정복을 당한 것이 아니며 여전히 꼭대기에 앉아 세상을 호령한다는 주장에도 설득력이 있다. 사람 잡아먹는 사자는 퇴위했을지 몰라도 보잘것없던 고양이가 새로운 세기의 사자로 등극해 동일한 왕권을 주장하고 있다.

그도 그럴 것이 사자는 그토록 힘이 세고 용맹해도 고양이처럼 멀리 뻗어가지 못했다. 고양이는 북극권에서 하와이군도까지 차지했으며 도쿄와 뉴욕을 점령하고 오스트레일리아 대륙 전체를 급습하여 접수했다. 그리고 그 와중에 지구상에서 가장 값비싸고 경비가 삼엄한 영역까지 차지했다. 인간의 마음이라는 요새를 손에 넣은 것이다.

2 인간을 간택한 고양이

나는 부활절 기간에 치토스를 갖게 됐다. 치토스가 나를 갖게 된 것인지도 모른다. 2003년이었고, 나는 뉴욕주 북부의 촌 동네에 사는 햇병아리 신문기자였다. 새로운 임무를 받고 취재를 하러 간 날, 나는 너덜너덜한 소파에 눈물이 그렁그렁한 젊은 여자, 그리고 여자의 엄마와 함께 앉아 있었다. 얼마 전 이동식 주택 단지에서 벌어진 살인 사건에 대한 기사를 써야 했지만 어디서 시작해야 할지 몰랐다.

갑자기 부드러운 무언가가 발목에 부딪쳤다. 내려다보니 깜짝 놀랄 만큼 건장하고 가슴이 두툼한 오렌지색 수고양이가 거대한 붉은 머리로 나를 다시 한 번 들이받을 준비를 하고 있었다. 나는 반사적으로 손을 뻗어 고양이의 턱 밑 솜털을 긁어주었다.

"마음에 든다는 뜻이에요."

여자의 엄마가 인정한다는 듯 말했다.

"원래 아무도 안 좋아하는데."

침울한 인터뷰는 어느새 주제에서 벗어나 단지에 사는 고양이 수십 마리에 대한 수다로 이어졌다. 고양이들은 일종의 공공재로 딱히 누가 주인이라고 할 수 없었고 이 집 저 집을 돌아다녔으며 어떤 집에서는 다른 집에서보다 더 많이 환영받곤 했다.

모녀는 나를 이동식 주택의 뒷방으로 데려갔다. 그 방은 늘씬한 삼색 길고양이가 몸을 풀 곳으로 점찍은 장소였다. 곁에는 갓 태어난 오렌지색 새끼 두 마리가 야옹거리고 있었고 나는 프로답게 보이려는 노력을 그만두고 말았다.

한 마리는 옅은 복숭아 빛깔이었다. 다른 한 마리는 선명한 귤색, 아니 그보다 좀 더 밝았다. 인공 치즈 가루 색깔이었다. 새끼의 색깔을 보니 집 안을 돌아다니던 그 크고 뻔뻔한 수고양이가 두 새끼의 탄생에 적지 않은 역할을 한 것 같았다. 나는 선명한 오렌지색 새끼 고양이를 집어 들었다. 아직 새끼라 귀 끝이 접혀 있는 상태였다. 흐릿하고 작은 두 눈은 막 뜨인 것 같았다. 치토스가 최초로 본 사물 중에 내가 있었던 것이다.

잠시 후, 취재 임무는 완수하지 못한 채, 원하면 6주 후 새끼를 데리러 오라는 제안을 받고서 차 안에 앉아 있던 나는 치토스의 거대한 아빠가 이동식 주택의 열린 창문으로 튀어나와 다음 식사를 훔치러, 또는 사랑을 찾으러 떠나는 광경을 지켜보았다. 고양이들이 그처럼 자유롭게 배회하는 모습을 본 것은 그때가 처음이었다. 홀로 떨어져 집 안에 사는 애완동물이라기보다 프리랜서 같았던 이 고양이들은 때때로 사람이 주는 고양이 사료와 쓰레기통을 오가며 살길을 마련했고 담대하게 가고 싶은 길을 갔다. 당시에 이것은 상당히 계몽된, 거의 미래적인 방식으로 느껴졌다. 마치 캘리포니아에나 있을 법한 고양이들의 생활공동체 같았다.

그러나 사실 인간과 고양잇과 동물의 관계는 이와 비슷한 환경에서 처음 대두되었을 가능성이 높다. 물론 그곳은 이동식 주택 대신 흙으로 지은 집으로 이루어진 마을이었을 것이다. 고양잇과 동물의 가축화라는 길고 기묘하며 개연성이 극히 낮아 보이는 과정은 아마 그런 곳이 아니었다면 시작이 불가능했을 것이다.

~

1만 1600년 된 할란체미 마을은 오늘날의 터키 티그리스강의 지류 한 기슭에 자리 잡고 있다.[1] 석기시대에는 소수의 가구만이 이 마을의 흙집에 살았다. 농업이라는 인류사의 기념비적 사건은 바로 이런 초소형 마을에서 시작되었을 가능성이 높다. 수렵과 채집에서 농경으로의 전환은 궁극적으로 지구의 여러 고도 육식동물들에게 파멸을 의미했지만, 가축이 될 운명이었던 소수의 동물들에게는 절호의 기회였다. 그중에는 오늘날의 고양이가 될 야생의 고양잇과 동물도 있었다.

1989년 고고학자들이 발굴한 할란체미는 비옥한 초승달 지대의 동부에 자리한 거의 최초의 인간 정착촌으로 알려져 있다. 기후변화 덕분에 먹거리를 찾기 위해 더 이상 멀리 이동할 필요가 없어진 유목민들의 원시적인 베이스캠프였다. 빙하기의 끝이 가까워지면서 지역의 기후가 안정화되고 천연자원이 풍부해지자 "광범위한 식생활"(broad spectrum diet)이 시작되었다고 고고학자들은 말한다. 마을 사람들은 강에서 물고기를 잡았고 가까운 피스타치오 숲을 털었으며 언덕과 들판에서 큰 동물을 사냥했다. 백조며 조개, 도마뱀, 부엉이, 붉은사슴, 멧돼지, 자라 등 발에 치이는 모든 것을 먹다시피 했다. 이 신석기 마을 사람들은 다 합쳐서 2톤에 가까운 동물 뼈를 남겼다.

고고학자 멀린다 제더는 이같이 구워 먹힌 동물들의 뼈를 수년간 연구해왔다.[2] 스미스소니언 박물관의 큰고양이 뼈 전시관에서 복도를 따라 내려가면 금방인 제더의 실험실로 발굴된 뼈들이 실려 온다. 때때로 먼 과거의 모닥불이 눈동자에 아른거리는 듯한 제더는 짐승의 가축화, 그리고 정주 생활로 전환하게 된 인류의 운명에 대한 전문가이다. 선사시대의 할란체미 주민들은 가축을 키우지 않았다. 당시에 사람이 키우던 동물은 개가 유일했다. 개는 그로부터 수천 년 전 인간이 여전히 유목을 하던 때 길들여졌다. 그러나 마을 사람들은 야생 돼지와 같은 지역 먹이 동물의 수를 이미 고의적으로 조절하기 시작했을 것으로 짐작된다. 그뿐만 아니라 "무심결에" 기타 털 달린 작은 짐승들을 끌어들였을 것이다. 제더는 농부가 되기 전 단계에 있던 이 사람들이 어떻게 그랬는지에 대한 단서가 할란체미 안에 있다고 생각한다.

대화 중에 한 대학원생이 제더의 책상에 계피 막대처럼 생긴 것들을 담은 작은 비닐 주머니를 내려놓았다. 갈색의 아주 오래된 다리뼈로, 불에 구운 진흙처럼 부서지기 쉬워 보인다. 이 보잘것없는 잔해의 주인은 야생에 살았던 고양이의 조상이다.

할란체미에서 발견된 온갖 잡동사니 중에서 야생 고양잇과 동물의 뼈로 확인된 58점은 아마도 최초의 애완고양이 뼈라고 볼 수는 없을 것이다. 안타깝지만 우리는 이 고양잇과 동물들을 다른 모든 짐승과 마찬가지로 잡아먹었을 것이다. (연구 문헌 중에는 고양잇과 동물을 순전히 요리의 관점에서 사랑했던 네안데르탈인과 수렵·채집 인간에 대한 적지만 생생한 기록들이 있다.[3]) 그러나 제더와 제자들은 이 작고 별난 육식동물(이 짐승의 라틴어 학명 펠리스 실베스트리스[Felis silvestris]는 '숲의 고양이'라는 뜻이다)이 어떻게 숲을 버리고 우리에게 운명을 맡겼는지에 관해 몇 가지 가설을 갖고 있다. 밝혀진 바에 따르면 인간의 정주 생활은 처음부터 치토스의 선조들이 받아들이기 어렵지 않은 방식으로 이루어졌다.

"인간의 정주 생활은 환경에 어떤 영향을 미쳤는가? 다른 동물들의 진화 궤적에 어떤 변화를 가져왔나?"

이것이 제더가 즐겨 묻는 질문이다.

인간의 새로운 생활 방식은 고양잇과 동물 외에도 아주 많은 종에 영향을 미쳤다. 할란체미 주민들은 야생 고양잇과 동물뿐만 아니라 보기 드물게 다양한 소형 육식동물, 가령 오소리, 담비, 족제비, 심지어 여우까지 끌어들인바 이 동물들의 숫자는 자연적 먹이사슬에서 나타날 수 없는 높은 비율을 보였다. 중간 크기 포식자의 이 같은 과잉은 사실상 오늘날 도심지에서 흔히 나타나는 현상이기도 하다.[4] 우리의 마을과 도심은 너구리, 스컹크 등 해롭다고 여겨지는 육식동물들로 가득하며 런던에서는 붉은 여우가 특히 큰 골칫거리다.[5]

소형 육식동물의 개체 수 급증을 일컬어 '중간 포식자 해방'(mesopredator release)이라고도 한다. 이들의 개체 수 과잉은 인간이 생태계에서 상위 포식자들을 죽이면서 일어나는 현상으로 여겨진다. 실로 할란체미에서 발견된 표범과 스라소니 뼈는 마을 사람들이 큰고양이들을 성공적으로 사냥했으며, 따라서 경쟁에서 지거나 심지어 먹혔을 작은 육식동물들이 훨씬 살기 편해진 상황이 되었음을 보여준다. 인간은 여우나 오소리를 썩 좋아하지는 않았을 수 있지만 신경 쓸 가치가 있다고 여기지도 않았을 것이다. 오늘날 교외에 사는 너구리의 경우와 마찬가지다.

최초의 인간 정착촌은 안식처를 제공했을 뿐 아니라 전혀 새로운 먹이의 원천을 의미했다. 할란체미를 침입한 족제비, 오소리, 고양잇과 동물들은 아마 배가 고팠을 것이다. 마을 사람들은 동물들을 거대한 구이 요리로 만들면서 뼈를 깔끔하게 발라내지 못한 것으로 보인다. 따라서 훔칠 만한 썩은 고기가 넘쳐났을 것이다. ("고약한 냄새가 코를 찔렀을 거예요." 제더가 덧붙인다.) 조그마한 육식동물들에게 이 쓰레기는 세상이 뒤집히는 횡재였을 것이다. 더러는 마을을 배회하던 작은 포식자들이 인간에게 잡혀 요리가 되거나 가죽이 벗겨지는 경우도 있었지만 그래도 그런 위험을 감수할 만했을 것이다.

이처럼 인간은 온갖 다양한 소형 포식자들을 불러들였다. 그렇지만 오늘날 우리 거실에 오소리나 여우가 없는 이유는 무엇일까? 할란체미에서 인간의 영역으로 넘어온 다양한 야생 짐승 가운데서 어째서 고양이만이 가축화되어 우리와 영원히 함께하게 됐을까? 게다가 고양잇과 동물과 인간 사이에 그토록 심한 불화가 있었는데도 우리는 도대체 왜 고양이를 집 안까지 들여놓았을까?

과학자들은 종종 가축화 과정을 동물이 수 세기에 걸쳐 이동하는, 대개의 경우 끌려오는, 길 또는 경로로 묘사한다.[6] 그리고 그 과정에서 동물은 일련의 격심한 유전적 변화를 경험한다. 이 과정은 주로 일방통행이다. 야생의 종이 가축화되고 나면 일부 개체가 자연으로 돌아간다고 해도 가축화 자체를 되돌릴 수는 없다. '야생으로 돌아간' 동물은 야생동물과 다르고 집 나간 가축일 뿐이다. 밖에서 새끼를 낳아도 그 새끼는 농장을 한 번도 떠나지 않은 동물과 다를 바가 없다. (치토스와 한배에서 난 오렌지색 새끼를 생각해보자. 그 고양이가 결국 밖에서 살게 되더라도 유전적 형질은 온실 속에서 자란 응석받이 형제와 다르지 않으며 자손들은 몇 세대가 지난다고 해도 훌륭한 애완고양이가 될 천성을 지니고 있을 것이다.) 반면 야생동물은 어쩌다 길들여질 수는 있지만 가축화되지 않는다. 인간들 사이에서 느끼는 편안함이 새끼들에게까지 전달될 수 없다. 우리는 심지어 사자와 호랑이, 치타 등 여러 종류의 야생 고양잇과 동물들을 길들여봤지만 가축화된 종은 고양이가 유일하다.

가축화에 대한 보상은 매우 크다. 풍부한 먹이와 강력한 보호를 받게 된 가축은 전에 없이 성공적으로 번식하며 때로는 인간보다 더 번성한다. 오늘날 지구상에는 인간보다 (적색야계의 후손인) 닭이 약 세 배 정도 많고, 어떤 나라에서는 (무플런에서 갈라져 나온) 양이 인간을 7대 1로 누른다.[7]

그 대가로 가축은 고기나 털, 노동력을 우리에게 바치고 더불어 자유를 희생하며 많은 경우 인간 세상에서의 삶에 맞추기 위해 극도의 육체적 변화를 겪는다. 가축은 대개 야생의 짝과 생김새가 다르다. 이것은 인간이 의도적으로 개입한 결과일 때도 있다. 우리는 두터운 털이나 많은 고기 양 등 원하는 특성을 극대화하는 방향으로 가축을 교배시키기 때문이다. 그러나 어떤 부분은 인간과 사는 과정에서 우연적으로 나타난 결과이다. 가축은 야생에 사는 동료들의 어릴 때 모습을 닮은 경우도 있고 점박이 무늬나 접힌 귀 등 기이한 특징을 가진 경우도 있는데, 그 이유는 앞으로 탐구해볼 것이다. 우리는 헛간에 사는 동물 대부분의 가축화 시점과 과정을 화석에 나타나는 명백한 차이를 통해 추적해볼 수 있다. 고고학자들이 주목하는 가축화의 분명한 흔적은 고대의 돼지에게서 보이는 어금니 크기의 축소라든가, 소에게서 나타나는 뿔 크기의 축소와 같은 것이다. 인간이 최초로 가축화한 개들은 우리의 돌봄 아래 너무나 막대한 변화를 거쳤기에 과학자들조차 현대의 치와와나 골든레트리버, 핏불과 같은 다양한 견종이 어떤 계통의 늑대로부터 나왔는지, 개들의 조상이 어느 시점에서 갈라졌는지 밝혀내는 데 큰 곤란을 겪고 있다.[8]

그런데 고양이는 과학자들에게 또 다른 문제를 안긴다. 고양이는 인간과 함께 사는 동안 육체적인 변화를 거의 겪지 않아서 전문가들도 줄무늬 고양이와 야생의 고양잇과 동물을 구별하지 못하는 경우가 많다.[9] 이 때문에 고양이의 가축화 과정을 연구하는 일은 매우 어렵다. 오래된 화석을 검토해서 고양잇과 동물이 언제 인간의 삶으로 들어왔는지 밝혀내는 일은 불가능에 가깝다. 이들의 화석은 현대로 들어와도 거의 변화가 없다.

"목줄이나 방울의 흔적이 발견되길 기대하지는 마세요."

제더가 충고한다.

청개구리처럼 늘 엇나가는 고양잇과 동물은 다른 동물에 적용되는 패턴을 따르지 않기 때문에 과학자 대부분은 그런 패턴을 아예 참고하지 않는다. 찰스 다윈은 가축화에 관한 책에서 이 극도로 난해한 동물들에 대해 몇 쪽밖에 쓰지 않았지만 비둘기에 대해서는 총 두 개의 장을 할애했다.[10] 고양이는 양이나 닭처럼 진화로 인한 득을 보고 있지만 정말로 가축화된 동물이 맞느냐 하는 문제는 여전히 논란거리다.[11] 고양이는 가축화 경로의 끝에 다다른 것일까, 아니면 여전히 그 경로를 따라 이동하는 중일까?

아주 오랫동안 과학자들은 고양이가 어떤 야생 고양잇과 동물로부터 왔는지조차 결론짓지 못했다. 학자들은 애완고양이가 여러 다른 고양잇과 조상의 특징을 조금씩 물려받았다고 생각했다.[12] 이를테면 마눌들고양이로부터 솜털 약간, 정글살쾡이로부터 점무늬 약간을 물려받았을 것이며 특이한 샴고양이에는 아시아살쾡이가 한 방울쯤 들어 있을지 모른다고 생각했던 것이다. 펠리스 실베스트리스의 유전자가 들어 있을 확률은 높았지만 다섯 가지 아종 가운데 어느 종의 유전자일지, 아니면 다섯 종 모두의 유전자일지 알 수 없었다.

2000년대 초 옥스퍼드대학교에서 박사과정을 밟고 있던 칼로스 드리스컬은 이 의문을 해결하기로 마음먹었다. 공통의 조상을 밝혀내기 위해 지구에 흩어져 있는 고양이 천 마리의 유전자 샘플을 수집한다는 야심 찬 목표를 가지고 모터사이클을 타고 떠났다. 드리스컬은 이스라엘에서 살아 있는 비둘기를 미끼로 고양이 덫을 놓았고 몽골의 야생고양이와 친구가 되었으며 스코틀랜드 길가에 죽어 있는 고양이의 귀 끝을 잘라냈고 미국에서 고급 품종 고양이를 교배하는 브리더들을 잘 설득해 가장 아낌받는 녀석들의 DNA를 확보했다.

이 프로젝트는 거의 10년 가까이 걸렸지만 그 결과는 기다림이 아깝지 않았다.[13] 순혈 페르시아고양이든 초라한 떠돌이 고양이든, 맨해튼의 영리한 길고양이든 뉴질랜드 숲의 야생고양이든, 모든 고양이는 여러 고양잇과 동물의 유전적인 짬뽕이 아니라 펠리스 실베스트리스의 자손이었다. 더 놀라운 것은 모든 고양이가 오로지 리비카(lybica) 아종으로부터 나온다는 발견이다. 펠리스 실베스트리스 리비카, 즉 리비아살쾡이는 터키·이라크·이스라엘의 토박이 동물이며 오늘날에도 이 지역에 살고 있다.

드리스컬은 자신의 유전자 분석 결과를 빈약한 고고학적 증거물과 대조해보았다. 키프로스섬의 9500년 된 새끼 고양이 무덤은 인간이 고양이에게 호감을 가지기 시작했다는 사실을 시사했고, 이집트에서 기원전 1950년에 만들어진 예술품은 당시 고양이가 집 주변에서 보기 흔한 동물이었다는 증거였다. 드리스컬은 인간이 고양이와 이런 관계를 맺게 된 것이, 양이나 소 등 우리가 보살피는 가축 대부분과 관계를 맺은 시기 및 장소와 같다고 결론지었다. 아마 1만 년에서 1만 2000년 정도 전에 비옥한 초승달 지대 어딘가, 할란체미와 크게 다르지 않은 곳에서였을 것이다. 물론 장기간에 걸쳐 다수의 마을에서 같은 일이 벌어졌을 가능성이 높다. 어쨌든 고양이는 그렇게 퍼지기 시작해 전 세계를 정복하기에 이른다.

우리는 마침내 고양이의 가축화가 대략 언제 어디서 시작됐는지 알게 됐다. 남은 수수께끼는 왜, 어떻게, 그리고 궁극적으로 어느 쪽이 먼저 시작했느냐이다. 왜냐하면 이 가축화 과정에서 인간이 얼마나 주도권을 가졌는지가 불명확하기 때문이다.

〰

어떤 이성적인 잣대를 들이대도 고양잇과 동물은 가축화의 후보로서 형편없는 동물이다.[14] 가장 명백한 문제점은 고양잇과 동물의 사회성, 정확히 말하면 사회성의 결여이다. 다른 종을 통제하기 위한 인류의 기본 전략은 상대의 지배 질서를 이용하는 방법이었다. 인간은 우두머리 수소나 알파견의 역할을 빼앗아 그 아래의 동물들이 인간을 따르도록 함으로써 원하는 대로 교배를 시키거나 지시를 내리거나 도축을 한다. 그러나 다른 모든 고양잇과 동물과 마찬가지로(사자는 예외이고 치타도 때로는 예외이다), 펠리스 실베스트리스 리비카 사이에는 위계질서가 없다. 우두머리도 없다. 야생에서는 짝짓기를 할 때를 제외하면 다른 성체가 곁에 있는 것조차 허용하지 않는다. 고양잇과 동물을 떼로 몰고 다니는 일은 몹시 힘들다.

가축화에 적합한지 따지자면 고양잇과 동물의 사회성 부족이 유일한 결격사유는 아니다. 야생의 펠리스 실베스트리스 리비카는 다른 고양잇과 동물 대부분과 마찬가지로 야행성이며 영역동물이고 아주 민첩하여 가두기가 어렵기 때문에 인간과 생활리듬이나 공간을 공유하는 일이 쉽지 않다. 교배의 측면에서도 까다롭다. 가축화 과정에는 으레 인간이 원하는 특성을 얻기 위해 최고의 개체를 선별해 교배시키는 행위가 포함되지만, 드리스컬의 주장에 의하면 1만 년이 넘는 세월 동안 우리가 고양이의 짝짓기에 영향을 미친 기간은 100년이 채 되지 않으며 오늘날에도 짝짓기의 아주 적은 비율(대개 순종 간의 짝짓기)만을 감독할 뿐이다.

게다가 펠리스 실베스트리스 리비카는 식성이 대단히 까다롭다. 돼지나 염소 같은 가축 대부분은 어떤 음식물 찌꺼기라도 기꺼이 먹어치우지만 모든 고양잇과 동물은 오로지 육식만을 하고 그것도 질 높은 고기만을 먹는다. 오늘날 애완고양이를 키우는 사람들도 이런 식성 때문에 불편을 겪곤 한다. 밤 11시에 칠면조 고기와 내장이 떨어져본 사람이라면 알 것이다. 그러니 고기가 훨씬 귀했던 과거 수천 년 동안에는 고양이와 주인 간에 일종의 육식 경쟁이 벌어졌을 것이다. (어떤 지역에는 이 경쟁이 여전히 알게 모르게 지속되고 있다. 예를 들어 오스트레일리아의 집고양이 한 마리는 평균적으로 오스트레일리아인 한 명보다 일 년에 더 많은 양의 생선을 섭취한다.[15])

여전히 굶주림에 허덕이며 표범 등과 싸우고 있었을 우리 조상이 어떻게든 그런 문제들을 해결해 고양이를 가축화하는 데 성공했다고 해도, 어째서 그런 노력을 했는지 그 이유는 불분명하다. 대개의 경우 가축화의 동기는 꽤 명백하다. 인간이 어떤 동물의 육체 일부, 또는 부산물, 또는 노동력을 원하기 때문이다. 다음 장에서 설명하겠지만 고양이가 우리에게 무엇을 줄 수 있는가

하는 문제는 이에 비하면 훨씬 더 애매하다.

그러나 다행히 펠리스 실베스트리스 리비카 가운데 일부 개체는 한 가지 결정적인 '가축적' 특성을 가지고 있었다. 바로 온순한 품성이었다. 가축화 후보들에게 가장 중요한 요건은 인간 사이에서 기본적으로 편안할 수 있어야 한다는 점이다.[16] 불안해하는 동물은 포획된 상태에서 짝짓기를 하지 않으며 스트레스로 죽기도 한다. 토끼가 그야말로 토끼같이 번식하기를 바란 인간은 언제나, 의도적으로든 아니든, 우리의 혼란스러운 환경을 견딜 수 있는 차분한 동물들을 사육했다. 고양이의 경우 흥미로운 점은 스스로 이 같은 특성을 키웠다는 것이다.

거의 모든 야생 고양잇과 동물은 사람을 잡아먹을 만큼 큰 종이라고 해도 응당 수줍음이 많고 은둔형이며 우리를 끔찍하게 무서워한다. 펠리스 실베스트리스의 아종이지만 가축화되지 않은 다른 종들의 경우에도 마찬가지다. 1930년 야생동물 사진작가 프랜시스 피트는 고양이의 조상과 가까운 사촌 관계인 유럽살쾡이(Felis silvestris silvestris)의 호감을 사려고 애썼던 경험에 대해서 썼다. 피트가 사로잡아 "악마들의 공주 베엘제비나"라고 이름 붙인 새끼 유럽살쾡이는 그러나 "격렬한 증오를 드러내며 침을 뱉고 할퀴었다. 인간에 대한 혐오가 가득한 엷은 초록 눈으로 쏘아보는 통에 가까워지려는 모든 시도가 실패했다."[17]

리비아살쾡이는 놀라운 예외에 속한다. 현대 펠리스 실베스트리스 리비카의 목에 송수신기를 달고 연구해보니 대부분이 인간을 멀리했지만 그 가운데 몇몇 별종은 우리를 따라오고 우리의 비둘기장 근처를 배회하거나 우리의 애완고양이와 몸을 비비고 종종 짝짓기도 했다.[18] 두려움을 모르는 리비카 종이 고양이 수준의 사랑스러운 행동을 보였다는 뜻은 아니다. 이 야생동물이 어느 일요일 아침 사람 품에 안기거나 어깨에 올라가거나 배를 쓸어달라고 내미는 일은 없을 것이다. 그러나 드리스컬의 설명에 따르면 성격이란 젖의 양이나 근육의 질처럼 한 가족에 공통적으로 나타나는 특성으로 부모에게 물려받을 수 있고 때로는 DNA에 의해 증폭될 수도 있다. 리비카 종의 자연적 유전자풀 내에 있는 어떤 기이한 우연적 요소 때문에 일부 특정 개체는 대담한 천성을 갖게 되었고, 이것이 궁극적으로 고양이와 인간 사이의 유대감을 만들어낸 셈이다. 우리가 말하는 애완고양이의 '친화적인 성격'은 공격성의 부재와 관련이 있다. 그러나 그것은 두려움의 부재, 타고난 배짱을 의미하기도 한다.

결국 할란체미를 비롯한 마을에서 불가에 둘러앉은 우리들 사이로 처음 들어온 고양잇과 동물은 나약하고 온순한 녀석이 아니었다. 사자의 심장을 가진 용감한 녀석들이었다. 누구보다 겁 없는 고양잇과 동물들은 일단 침투해서 우리가 남긴 맛있는 음식을 먹고 튼튼해진 다음, 근처에서 밥을 먹는 다른 용감한 고양잇과 동물들과 짝짓기를 해서 더욱 배짱 좋은 새끼들을 낳았다. 가축화 대상으로 간택된 동물이 아니라 침입자들이었다. 여우나 오소리 같은 다른 소형 포식동물은 문명의 가장자리에서 머무는 것에 만족했고 오늘날에도 그 자리에 머물러 있지만 과감한 고양이들은 우리 침대까지 이어지는 길을 개척했다. 그러면서 보통 인간이 주도하는 선택의 과정을 저희가 차지해버렸다.

드리스컬의 설명에 따르면 결과적으로 "고양이들은 스스로 가축화했다". 나는 고양잇과 동물의 몇 가지 주요 성격적 특성이 어떻게 혈통을 따라 오늘날의 애완고양이들로 이어졌는지 이해하기 위해 드리스컬의 제안을 받아들여 누군가의 지하실에 가보기로 했다.

~

처음 만났을 때 멜로디 로울크파커는 미국 국립보건원 실험실에서 냉동된 퓨마의 심장을 망치로 내려치고 있었다. 큰고양이 전문 수의사로 널리 알려진 로울크파커는 세렝게티 사자들 사이에 퍼진 전염병을 진단했고 치타 무리에서 나타난 유전자 병목현상의 증거를 발견하는 연구에 참여했으며, 로울크파커가 전 세계의 야생 고양잇과 동물로부터 수집해 개인적으로 소장하고 있는 냉동 조직 표본은 세계적인 수준이다.

그러나 나는 다른 소장품에 관심이 있었다. 바로 로울크파커의 집에 살고 있는 소장품이었다.

로울크파커는 국립보건원에서 수년간 야생 표범살쾡이 무리의 연구를 감독했다. 남아시아 밀림에 자생하는 고양잇과의 작은 점박이 짐승인 표범살쾡이를 보통 고양이와 교배시켜 생식력, 털 색깔의 변화 등 다양한 주제를 연구하는 일이었다. 연구비 지원이 끊기자, 냉동고에 있는 심장과는 비할 수 없는 따뜻한 심장을 지닌 로울크파커는 실험 대상이었던 잡종 수십 마리를 입양하고 말았다. 철망으로 된 우리 천장에 거꾸로 매달려 뛰어나니는 등 퇴마사를 불러도 모자랄 행동을 하는 동물들이었지만 개의치 않았다. 사람 손길에 익숙하지 않은 데다 표범살쾡이 유전자를 갖고 있었기 때문에 대부분은 야생동물과 다름없어 "완전히 망나니" 같았다고 로울크파커는 애틋하게 회상한다. 로울크파커는 이 동물들을 서로, 그리고 일반 고양이들과 교배했다.

그 후 10년간 수많은 새끼들이 태어났다. 메릴랜드주에 위치한 로울크파커의 지하실은 마치 작은 동물원 같다. 천장까지 뻗은 우리는 대롱거리는 나뭇가지와 해먹 등으로 화려하게 장식되어 있다. 방문자를 감시하는 노란 두 눈이 셀 수도 없이 많다. 야옹 소리가 세탁기의 소음과 뒤섞인다.

표범살쾡이와 고양이의 잡종이 낳은 자손들은 평범한 애완고양이처럼 보인다. 연회색도 있고 턱시도 무늬, 소용돌이 줄무늬도 있다. 그러나 현재 로울크파커와 전 실험실 동료 드리스컬의 관심은 외모가 아니다. 두 사람은 특정한 유전적 경로를 따르는 것으로 보이는 이 동물들의 습성에 주목하고 있다.

"다양한 가족을 보여주고 싶었어요. 키위네부터 볼까요?"

로울크파커가 이렇게 말하고 나를 커다란 우리 앞으로 안

내했다. 이 우리를 가득 채운 고양이들은 하나같이 귀를 납작하게 눕히고 사나운 얼굴을 하고 있었다. 얼룩 줄무늬(클래식 태비)인 키위와 키위의 다 큰 새끼들이 우리로부터 가능한 한 멀리 떨어지려고 하는 통에 물그릇이 달그락거린다.

"제일 못된 가족이에요."

로울크파커의 말이다.

"키위는 저를 좋아하지 않고 저를 보려고 하지도 않아요. 키위의 새끼들도 대부분 굉장히 밉상이에요. '난 화가 났고 널 죽일 수도 있어'라고 말하는 듯한 얼굴을 할 때도 있어요."

새끼들 가운데 일부는 아름다운 은회색이라서 입양하려는 주인을 찾기는 쉬울 것 같지만 성격이 이를 가로막는다.

"저 녀석 이름은 스노위치(백설 마녀)예요."

로울크파커가 가장 심한 말썽꾸러기를 가리키면서 말한다. 스노위치는 새끼 때 얼마나 예뻤으면 국립보건원의 한 연구원이 어리석게도 이 녀석을 집으로 데려갔다. 새집에 간 첫날 밤 스노위치는 욕실 천장에 달린 실링팬을 뜯어버렸고 결국 다시 로울크파커의 지하실로 돌아왔다.

이 가족의 정반대편에는 파피네가 있다. 파피는 키위와 짝짓기를 했던 동일한 수컷들과 짝짓기를 했지만 어떤 이유에선지 파피의 새끼들은 친화적인 편이고 아랫대로 갈수록 더 온순하다. 우리는 그중에서 피스타치오, 피칸, 파이로와 인사를 나누었다.

"내 어깨로 올라올 정도로 상냥하게 달라붙는 녀석도 가끔 있어요."

로울크파커의 말이다.

마치 누가 시킨 것처럼 구슬픈 소리로 야옹거리던 적갈색 고양이 사이프러스는 로울크파커가 열어둔 문을 통해 우리를 뛰쳐나와 나를 놀라게 한다. 보아하니 파피의 혈통인 사이프러스만이 우리 밖으로 나올 수 있는 특권을 누리는 듯하다. 사이프러스는 세탁기 옆에서 홀로 캔에 든 음식을 먹으며, 로울크파커의 손길을 다른 녀석들보다 훨씬 많이 즐긴다. 로울크파커는 심지어 사이프러스에게 입을 맞추는 시늉을 하기도 하는데 사이프러스도 그런 로울크파커와 눈을 맞추려고 하는 등 아주 좋아하는 것처럼 보인다. 이 녀석이 애교를 부려 결국 지하실에서 나와 로울크파커의 거실로 진출하게 된다고 해도 놀랍지 않을 것이다. 사이프러스는 무리와 함께 살고 있지만 애완고양이와 별다를 것이 없다. 사이프러스는 왜 이렇게 다른 것일까?

알고 보니 관심을 갖고 로울크파커의 지하실을 방문한 사람은 내가 처음이 아니었다. 로울크파커가 앞서 초대한 연구자는 지금까지의 가축화 연구 가운데 가장 유명하며 여전히 진행 중인 러시아 여우 농장 실험에 참여하고 있는 사람이었다. 50년도 더 전에 시베리아의 과학자들은 은여우를 사육하기로 결정했다.[19] 그러나 털의 품질이나 몸의 크기, 또는 사육 여우에게 중요한 기타 표준적인 외모적 특성을 보고 교배를 하는 대신 오로지 성격에만 집중했다. 결과는 충격적이었다. 가장 친화적인 개체들끼리 교배한 지 몇 세대 지나지 않아, 한 번도 가축화된 적 없이 으르렁대기만 하던 은여우가 마치 개처럼 연구자들을 핥기 시작했다. 오늘날 은여우는 애완동물로 팔리고 있다.

러시아에서 온 손님들은 착한 파피와 못된 키위, 그리고 그 가족에 대해 호기심을 갖고 있었다. 과학자들은 이러한 성격 차이를 결정하는 유전자, 가축화라는 신비로운 과정의 기저에 있는 유전자가 무엇인지 밝히고 싶어 한다.

그러나 로울크파커의 지하실은 매우 인위적인 시나리오이며 인간이 감독 역할을 해왔다. 야생 고양잇과 동물들의 주요 성격 변화가 핵심인 실제 고양이 가축화의 역사는 저 유명한 여우 실험의 추이와 비슷하지만 현실 세계 속에서 훨씬 더 감질나게 진행되었다. 그뿐만 아니라 자연 속에서, 그리고 우리와 공유하는 역사 속에서 고양잇과 동물의 성격 변화는 점점 더 적극적으로 인간의 마을에서 음식을 훔치고 짝짓기를 하며 스스로 살길을 찾아야 했던 개체들 사이에서 주로 일어났다. 고삐를 쥔 쪽이 인류가 아니었던 것이다.

현실 세계의 고양잇과 동물이 야생 짐승에서 껴안고 싶은 인간의 친구로 변신하는 과정은 자연적이었기 때문에 굉장히 느리게 진행됐다. 그에 비해 은여우의 성격 변화는 몇십 년밖에 걸리지 않았고, 1만 년 전 가축을 치던 풋내기들이 현대의 러시아 과학자들보다 아는 것이 매우 적기는 했지만 흔하디흔한 여타 집짐승들의 가축화도 몇백 년 안에 완성됐다. 그러나 고양이는 오늘날에도 가축화가 진행 중이라고 볼 수 있다. 세인트루이스 워싱턴대학교 연구자들은 최근 고양이와 고양이의 야생 사촌인 펠리스 실베스트리스 리비카의 게놈을 비교했는데, 몇 가지 유전적 차이만을 발견했을 뿐이다.[20] 이는 개가 겪은 변화를 고려하면 특히 보잘것없다. "고양이의 가축화 이후에 일어난 선택 작용을 드러내는 강력한 신호가 있는 게놈 영역의 수는 많지 않아 보인다"라고 연구자들은 서술했다.

현대 고양이의 겉모습도 이를 뒷받침한다. 대부분의 가축화된 동물은 색다른 생김새를 갖고 있는데 얼룩진 털색이라든가 작은 이빨, 어려 보이는 얼굴, 접힌 귀, 말린 꼬리 등이 여기 속한다. 과학자들은 원인이 불투명한 이 같은 특징들을 통칭해 '가축화 증후군'이라고 부른다. 이 현상을 가장 먼저 기록했던 다윈은 접힌 귀를 특히 당혹스럽게 여겼다.[21] 길이 든 개, 돼지, 염소, 토끼에게서 아주 흔하지만 코끼리를 제외한 다른 어떤 야생동물에게서도 볼 수 없는 특징이다. 친화력이 높아지면서 러시아 여우들도 갑자기 특유의 축 처진 귀를 갖게 되었고 털에 흰 얼룩도 생겨 양치기 개와 매우 닮은 모습이 되었다. (심지어 양식 잉어의 비늘에서도 흰 얼룩을 볼 수 있다.) 가축화된 동물들의 이 특이하고도 약간 엉뚱한 '외모'의 원인은 진화생물학의 가장 큰 수수께끼로 남아 있다.

재미있는 점은 고양이의 경우 외모가 대개 이렇지 않다는 것이다. 귀가 축 처져 있지 않고 꼬리가 말려 있지도 않다. 야생에 사는 사촌에 비해 이빨이 아주 작지도 않으며 얼굴도, 그 밖의 부위도 대체로 어린 동물의 생김새는 아니다. 사실상 야생의 리비카 성체와 거의 똑같이 생겼다.

고양이에게서도 변칙적인 털색을 볼 수 있기는 하다. 흰 배라든가 얼굴의 얼룩, 기타 특이한 색깔을 볼 수 있다. 그런데 이런 무늬는 아주 최근 들어 생겼다. 여러 증거로 미루어 볼 때 고양이 털색의 다양화는 겨우 몇천 년 전부터 나타나기 시작했다.[22] 그 전에 고양이들은 한 가지 색깔이었다. 예를 들어 고대 이집트의 장례용 조각품에는 턱시도 고양이가 없다. 당시의 애완고양이들은 야생의 리비카 종과 같이 전부 갈색 고등어 태비였던 것으로 보인다. 고양이가 인간 사이에서 지낸 지 수천 년이 지난 뒤였음에도 말이다. 드리스컬의 말에 따르면 털색 변화에 대한 최초의 증거는 서기 600년 무렵에 이를 언급한 의학책에서 찾을 수 있다.

새로운 털색을 자랑하게 되었다는 점 말고도 오늘날 고양이들은 전형적인 가축화의 틀을 벗어나지 않는 특징을 몇 가지 더 갖고 있다. 예를 들어 일부는 야생의 사촌들에 비해 번식주기가 짧다.[23] 이것은 새끼 고양이가 연중 어느 때라도 태어날 수 있으며 가축화 덕분에 가능해진 동물 번식 대잔치에 고양이도 기여한다는 의미이다. 무엇보다 고양이의 가축화를 보여주는 가장 결정적이고 뚜렷한 신호는 작아진 두뇌이다.[24] 고양이 뇌는 리비카 뇌의 3분의 2 크기이다.

이 통계에 대해 듣자마자 나는 내가 키웠던 좀 멍청하게 느껴졌던 고양이들을 떠올렸지만, 사실 뇌 크기의 축소는 칠면조부터 라마까지 다양한 가축이 보이는 일반적인 특징이다. 머리가 나쁘다는 뜻이 아니며 다만 우리들 사이에서 생존할 수 있는 동물이라는 의미이다. 뇌 크기의 축소는 대체로 전뇌가 작아졌다는 뜻인데 이 부분에는 지각과 공포를 관장하는, 편도체를 비롯한 대뇌변연계의 여러 요소가 들어 있다. 투쟁-도피 반응이 덜 일어난다는 것은 스트레스를 더 잘 견딘다는 의미이고 이것은 동물이 인간과 사는 데 가장 중요한 부분이다. 고양이가 대담무쌍한 것은 대체로 이 투쟁-도피 반응의 감소 덕분이다. 태어나서 두 달 안에 인간과 충분히 접촉하기만 한다면, 고양이는 오늘날 주인들을 기쁘게 하는 (발목에 몸을 비빈다거나 얼굴을 핥는 등의) 온순하고 극히 친화적인 행동을 보여줄 수 있다.

그러나 고양이의 뇌가 줄어드는 과정 역시 인간이 주도한 것이 아니다 보니 오랜 시간이 걸렸다.[25] 이집트의 고양이 미라를 분석한 결과는 몇천 년 전까지만 해도 이 동물의 뇌가 야생 사촌들의 뇌와 같은 크기였음을 보여준다.

과학자들은 전뇌의 크기를 결정하는 데 도움을 주는 신경능선세포라는 배아줄기세포의 결핍을 가축화 증후군의 원인으로 의심하고 있다.[26] 흥미롭게도 신경능선세포는 태아 형성기에 몸의 다른 부위들로 이동하면서 두개골의 모양, 연골 형성, 털색 등 놀라우리만치 다양한 요소에 영향을 미친다. 소에서 잉어에 이르기까지 인간은 전뇌가 작고 놀람 반응이 적은 온순한 동물을 선호하다 보니 무심코 신경능선세포가 약한 개체들을 선택했을 수 있고 그로 인해 이상한 털색, 축 처진 귀, 말린 꼬리를 비롯한 셀 수 없이 많은 결과가 따라왔을 수 있다.

고양이가 가축화 증후군의 전부는 아니지만 일부 중요한 특징을 보인다는 사실은 신경능선세포가 여전히 약화되는 과정에 있으며 가축화 여정이 아직 한창 진행 중이라는 의미일 수 있다. 워싱턴대학교 유전학자들이 최근 고양이의 게놈을 분석해서 리비카 게놈과 비교한 결과에서 변화를 겪은 것으로 밝혀진 그 몇 안 되는 유전자 중에는 신경능선세포와 관련된 유전자도 있었다.[27] 언젠가 우리는 소용돌이처럼 말린 꼬리와 늘어진 귀를 가진 고양이를 볼 수도 있겠지만 안타깝게도 아직은 아니다.

고양이를 야생의 사촌과 구별 짓는 측정 가능한 차이점에는 몇 가지가 더 있다. 고양이의 다리가 좀 더 짧다.[28] 그리고 울음소리가 좀 더 다정하다.[29] 사회성도 살짝 높아졌다.[30] 여전히 혼자 살고 싶어 하는 성향이 강하지만 고양이는 야생의 리비카와 달리 사자 무리와 비슷한 가족 중심의 집단을 형성할 수 있다. 고양이는 혈연관계가 없는 다른 고양이와 사는 것도 견딜 수 있고, (보통은 우리 주인들이 꿈꾸는 만큼 사이좋게 지내지는 못하지만) 때로는 즐기는 것처럼 보이기도 한다. 우리 부모님의 버마고양이와 샴고양이는 몸을 포개어 눕기를 좋아했는데 그 모습이 마치 털로 만든 태극 문양 같았다.

그리고 고양이는 내장 길이가 더 긴데 이 사실도 생각해보면 놀라울 것이 없다.[31] 인간 마을에서는 좀 더 다양하고 소화가 어려운 단백질원을 맛볼 수 있었기에 고도 육식동물이 한발 물러난 것이다. 처음 인간 사회에 발을 들인 용감한 야생 고양잇과 동물들은, 인간이 주도권을 쥐고 있었다면 훨씬 빨랐겠지만, 아주 천천히 조금씩 발길을 늘렸다. 그 후 새끼들은 대를 내려갈수록 좀 더 자주, 좀 더 대담하게 우리를 찾아왔다. 이리하여 오랜 세월에 걸쳐 인간과의 생활을 견딜 수 있도록 뇌를 줄였고 고기가 섞인 음식 찌꺼기를 먹을 수 있도록 장을 늘렸으며 그 과정에서 예쁜 흰색 점도 얻었다.

고양이 입장에서는 아주 놀라운 변화다. 여기저기 살짝 손을 댔을 뿐인데 여러모로 가축이 되기에 매우 부적절했던 고양잇과 동물이 인간과 우호를 맺었고 또한 그로부터 이익을 거둬들일 수 있게 되었다. 그리고 오늘날 그 이익은 깃털 베개, 먹을 것이 그득한 부엌 찬장을 우리와 나누어 가진 애완고양이뿐만 아니라 길고양이도 본의 아니게 누리고 있다. 골목길이나 야생에 사는 길고양이는 인간과 접촉한 적이 단 한 번도 없을지라도 우리에게 붙어살기로 결정한 먼 조상 덕분에 번성하게 됐다.

그럼에도 위의 몇 가지 인색한 변화를 제외하면 고양이는 인간을 위해 수염 하나 까딱하지 않다시피 했다. 과거에도 그랬고 지금도 그렇다.

그러니 다시 물을 수밖에 없다. 우리는 왜 고양이들을 받아들인 걸까?

3 고양이는 아무것도 안 함

고양이와 관련된 가장 심오한 수수께끼는 고양이는 과연 무얼 하면서 시간을 보내는가 하는 것이다. 사람이 아무리 애지중지하는 개라도 대개는 조상으로부터 이어진 임무를 어떤 방식으로든 수행한다. 낯선 사람을 보고 짖는다든가, 물건을 가져오거나 옮기는 일을 돕는다든가, 주인을 옆에서 지키며 달린다든가, 사냥을 하거나 가축을 몬다든가 하면서 우리에게 도움이 될 기회를 헛되이 찾아 헤맨다. 그러나 치토스의 삶은 끝없이 이어지는 일광욕 같아 보이며, 이따금 치토스는 타이머가 달린 급식기가 때맞춰 바삭한 건사료를 지급하기 직전, 밥그릇을 향해 허겁지겁 뛰어간다. 먹는 일과 쉬는 일, 그리고 몇 차례 마지못해 사람의 손길을 허용하는 일과 가끔 뒤뜰을 산책하는 일이 치토스가 하는 노동의 전부다. 이 녀석이 요즘 나를 위해 하는 일이 별로 없다고 말한다면 터무니없이 과장된 표현일 것이다.

치토스는 고양이 중에서도 특별히 야심이 없는 녀석인지도 모른다. 아니면 고양이란 원래 털 달린 장식품이나 살아 있는 사치품에 지나지 않는 동물인지도 모른다. 그렇지만 고양이는 너무나 신비롭다. 내가 이해하지 못하는 뭔가가 있는 것이 분명하다. 알고 보면 이 동물은 우리와 함께 산 지 수천 년이 됐다. 고양이가 인간의 영역으로 슬며시 들어온 뒤에는 뭔가 숭고한 의미나 아니면 적어도 어떤 뚜렷한 기능을 가졌어야 우리가 고양이를 내버려 둔 이유가 설명이 된다.

9월의 어느 아침 나는 뉴욕시 제이컵재비츠센터에서 열린 '여러 품종을 만나봐요' 행사에 갔다. 광고에 따르면 해마다 열리는 이 축제는 다양한 순종 애완동물을 소개하는 장이다. 댄디딘몬트테리어가 나와 맞을까? 터키시앙고라는 터키시반 고양이와 어떻게 다를까? 이런 것들을 알아볼 수 있다. 또한 개와 고양이 간의 기본적인 차이를 공부할 수 있는 자리이기도 하다. 축제 일정은 각 품종의 반려동물이 어떤 재능과 쓰임새를 가졌는지 완벽하게 압축해서 보여주는 프로그램들로 채워져 있다.

도그쇼장에서는 쉬지 않고 행사가 펼쳐진다. 경찰견들이 빽빽하게 대형을 이루어 절도 있는 움직임을 선보인다. 미국 관세국경보호청의 개들은 여행 가방에서 마약을 탐지하는 시범을 보이고 장애인 보조견 훈련소에서 나온 개들은 휠체어를 조종한다. 놀라운 에스키모개 앳카가 온갖 재주를 넘고 셰틀랜드시프도그들은 나란히 콩가 춤을 춘다.

한편 캣쇼장의 고양이들은 거의 아무것도 하지 않는다. 가르릉대고 털을 단장하는가 하면 멍하니 허공을 바라본다. 무표정의 고양이를 사회자가 머리 위로 들어올려 귀여운 모습을 보여주고 퀴즈쇼를 하듯 고양이에 대한 상식을 물어본다. 어떤 문제는 알쏭달쏭하다. "이 고양이는 무슨 색일까요?" (쇼 일정표에 따르면 관객들의 열띤 토론은 적어도 30분 동안 이어질 예정이다.) 고양이 애호가들이 무리 지어 뮤지컬 영화 「마법사」에 나오는 「나는 늙고 못된 사자」를 부르는 동안 고양이들은 입을 다문 채 꼼짝하지 않는다.

따지고 보면 사회에 대한 고양이의 기여도를 보여주기는 쉽지 않다. 고양이는 폭발물을 탐지하지도 않고 물에 빠진 사람을 구하지도 않으며 맹인을 안내하지도 않는다. 그렇다면 오늘날 지구에는 왜 개보다 훨씬 많은 고양이가 타박타박 돌아다니고 있는 걸까? 미국 가정에는 왜 개보다 고양이가 약 1200만 마리 많은 걸까?[1]

우리가 개와 우정을 쌓은 이유는 명백하다. 개의 사연은 다른 어떤 동물의 사연과도 다르다. 우리는 다른 동물을 가축화하기 수천 년 전부터, 아니 어쩌면 1만~1만 5000년 전부터, 제일 먼저 개와 어울리기 시작한 것으로 추정된다. 당시 우리는 여전히 수렵과 채집을 하고 있었고, 러디어드 키플링이 "최초의 친구"라고 불렀던 개들은 우리가 그들의 삶을 바꾸어놓은 만큼 우리 삶을 바꾸어놓았다. 그때부터 이미 개들은 짖어서 위험을 경고했고[2] 물자를 실어 날랐으며 사냥에 일조했다. 우리가 농경을 위해 정착하자 개들도 따라왔으며 우리의 생활 방식을 따라 진화했다. 고양이가 수천 년에 걸쳐 고양잇과 동물의 그 고집 센 외형에 눈에 띄지 않을 정도의 미약한 변화를 허락하는 동안 개는 우리의 지시 아래 무한히 다양한 체형과 성격을 철저하게 개발해서 인간의 온갖 노고에 도움을 제공했다.[3] 오늘날의 그레이하운드와 비슷한 사냥개는 고대 이집트에도 있었다.[4] 로마 사람들은 안내견,[5] 양치기 개,[6] 마스티프와 비슷한 군견,[7] 귀부인이 소매에 넣어둘 수 있을 정도의 아주 작은 애완견[8] 등을 곁에 둔 것으로 보인다. (이후 시대에 소형 애완견은 마치 보온용구처럼 쓰였다고 한다.) 튜더왕조 시대에 견종에 붙인 이름은 개들의 수많은 용도를 보여준다.[9] 스틸러(훔치는 개), 세터(사냥감을 찾으면 일정한 자세를 유지하는 개), 파인더(찾는 개), 컴퍼터(위로하는 개), 턴스피트(통구이 꼬챙이를 돌리는 개), 댄서(춤추는 개).

요즘에 이르러 우리는 개에게 방탄조끼를 입히고[10] 낙하산에 태워 전장으로 내려보낸다. 개는 총기 난사 사건의 피해자들을 위로하거나[11] 오사마 빈라덴을 잡는 데 도움을 주고[12] 과학 연구를 위해 희귀 동물의 배설물을 찾는가 하면[13] 남북전쟁 전사자들이 묻힌 곳을 발견하기도 하고[14] 학습장애를 겪는 아이들을 지원한다.

"개는 주인의 입 냄새를 맡는 것만으로도 초기 단계의 종양을 탐지할 수 있고 다양한 암의 종류와 병기(病期)를 구별할 수도 있다."[15]

데이비드 그림은 동물 권리 운동에 대한 저서 『시티즌 케이나인』에 이렇게 쓰고 있다.

"개는 또한 상수원에서 대장균과 같은 위험한 균을, 병동에서 '슈퍼박테리아'를 냄새로 탐지해낼 수 있다."

그렇다면 고양이는?

"고양이가 가르릉거리는 소리는 골밀도를 높이고 근육 손실을 막아줌으로써 우주비행사들이 겪는 심각한 문제를 완화시킬 수 있을지 모른다. 그러나 아직까지 고양이를 우주에 보내자고 주장한 사람은 없다."[16]

그러나 고양이의 이런 잠재적 용도에 대해 "일화에 바탕을 둔 증거"만이 있을 뿐이라고 그림은 밝힌다.

우주비행사를 치료하는 데 고양이의 가르릉 소리를 이용한다는 발상에 마음을 빼앗긴 나는 "고양이의 용도"라는 파일을 새로 만들어서 지난 몇 세기 동안 고양이의 실용적인 용도를 찾으려고 했던 인간의 여러 시도 가운데 가장 성공적이었던 사례들을 모아보기로 했다. 인도네시아에서는 비를 내리게 하기 위해 들판에 고양이를 줄 세워 걷게 했다고 한다.[17] 17세기 일본의 음악가들은 네모난 류트처럼 생긴 현악기 샤미센의 외피로 고양이가죽이 최고라고 결론지었다.[18] (요즘 나오는 플라스틱 소재와도 비교가 되지 않는다고 한다.) 중국인은 고양이의 동공 크기를 보고 시간을 파악했다고 한다.[19] 이를 신기하게 여긴 프랑스 선교사 에바리스트 위크 신부는 이 "중국인의 발견"을 유럽 독자들에게 소개하면서 약간 "망설였는데" 그 이유는 "시계 산업에 타격을 줄게 분명"하다고 생각했기 때문이다.

고양이는 또한 유럽의 여러 가지 고문 방법에서 중요한 역할을 했다.[20] 중세의 살인범들은 때때로 고통을 극대화하기 위해 고양이 열두 마리를 집어넣은 주머니 안에서 화형에 처해졌다. '고양이 끌기'라는 형벌은 죄인의 몸 위에 고양이를 놓고 꼬리를 잡아끄는 벌이었다.

첨단 기술 시대로 들어와서는 수많은 인간의 옷에 달라붙어 있는 고양이 털이 살인 재판에서 결정적인 DNA 증거로 제출된 사례가 적어도 한 번 이상은 있다.[21] 그런가 하면 법의 반대편에서 죄수들이 고양이를 마약 나르는 데 쓴 적도 있다.[22] 고양이는 사람 방광이나 보청기 연구와 관련된 의료 실험 대상이라는 소름 끼치는 역할을 하기도 했다. 또한 희귀한 열대 질병인 시과테라를 조기에 발견하는 데 핵심적인 역할을 수행했다.[23] 암초 어류가 특정 해조류를 먹으면 독성을 띨 수 있으므로 사람들은 유난히 민감한 고양이를 시켜 그날 잡은 고기를 먼저 먹게 하는 것이다. 지구상의 일부 지역에서는 고양이고기를 여전히 먹지만, 맛은 별로 없다고 한다.[24] 고양이가죽을 옷으로 만드는 경우는 매우 드문데[25] 최근 힙스터들 사이에는 빠진 고양이 털을 모아 소품을 만드는 일종의 펠트 공예 열풍이 번지고 있다.[26]

상상력이 뛰어난 군 지도자들은 때때로 '전투용 고양이들'을 풀어 전쟁을 시작하고 싶은 마음이 간절했지만(독일어로 된 16세기의 어느 무기 설명서에는 불타는 공성 병기를 장착한 고양이가 아주 생생하게 묘사되어 있다[27]), 그 상상을 실행에 옮긴 사람은 거의 없다. 1960년대에 CIA가 '어쿠스틱 키티'라는 작전을 시도한 적은 있다.[28] 스파이 고양이의 몸에 마이크와 라디오송신기, 안테나를 이식해 도청을 하게 만들려던 이 계획은 그러나 최초의 임무 수행 도중에 폐기되었는데, 정찰을 나선 고양이가 너무 은밀하게 움직였던 나머지 택시 기사가 제때 피하지 못했기 때문이다.

고양이가 인간을 위해 하는 일을 길게 나열해봐야 확실하고 또 칭찬까지 받는 임무는 단 하나뿐이다. 바로 쥐를 잡는 임무다. 혹자는 이것이 테러리스트를 체포하는 것보다 훨씬 훌륭한 일이라고 주장할 것이다.

"고요 속에서 비밀리에, 그리고 거의 밤중에 벌어지는, 인류 최대의 적인 쥐와 고양이 사이의 전투는 고래로부터 오랜 세월 동안 이어져왔다."[29]

역사가 도널드 엥겔스는 『고대의 고양이: 신성한 고양이의 흥망성쇠』에서 이렇게 쓴다.

"길들여진 고양이는 서구 사회의 방어 체계를 지키는 보루였다. … 수천 년 동안 헛간 고양이의 존재 여부에 따라 농가의 사람들은 살기도 했고 굶어 죽기도 했다."

해를 끼치는 동물을 죽이는 일은 고양이가 세계적으로 누리는 특권적 지위에 보답하는 봉사로서 적절해 보인다. 쥐는, 특히 쥐가 옮기는 질병은 여전히 세계적인 문제로 남아 있다. 고양이의 야생 사촌들을 파멸로 몰아간 바로 그 농경 혁명에 의해 정상을 차지하게 된 고양이가 헛간과 목초 저장탑, 나아가 인간 면역계의 충직한 지킴이가 되었다고 생각하면 그나마 공평한 것 같아 흐뭇한 기분이 든다.

그런데 사실일까? 고양이가 정말 해로운 짐승을 막을까? 그런 적이 있기는 할까? 나는 쥐를 연구하는 과학자에게 진실을 물어보기로 했다.

〰

나는 존스홉킨스대학교 공중보건대학의 '설치류 생태계' 프로젝트를 취재하며 악취가 풍기는 볼티모어의 뒷골목을 누비다가 처음 '고양이와 쥐의 상호작용'이라는 연구 분야에 대해 알게 되었다.[30] 지금도 계속되고 있는 이 50년에 걸친 연구의 대상은 시궁쥐라고도 불리는 집쥐로 미국뿐만 아니라 세계 대부분에 사는 주요 침입종이다. 페스트, 한타바이러스 감염증, 렙토스피라증을 비롯하여 온갖 심각하고 발음하기조차 힘든 질병을 옮기는 고약한 녀석들이다. 1980년대 초반 어느 젊고 야심 찬 존스홉킨스대 대학원생은 다른 사람들이 거의 고려하지조차 않던 질문을 던졌다. 볼티모어의 수많은 길고양이들은 같은 지역에 살고 있는 쥐의 개체 수에 어떤 영향을 미칠까?

그때 그 대학원생 제이미 차일즈는 현재 코네티컷주 뉴헤이븐에서 예일대학교 공중보건대학의 수석 연구원으로 일하고 있다. 어느 겨울날 나는 차일즈를 만나기 위해 뉴헤이븐에 있는 그의 집으로 갔다. 차일즈는 표범 무늬의 침대 겸 소파에 앉아 있고 천창에는 눈이 내려앉는다. 볼티모어 시절을 뒤로하고 역학(疫學) 연구를 위해 세계 방방곡곡을 누빈 차일즈의 집에는 사람을 포함한 포유동물의 두개골이 줄지어 늘어서 있다.

대화 주제가 차일즈의 오래된 쥐 연구로 이어지자 차일즈는 잠시 자리를 뜨더니 검은 표지의 전화번호부같이 생긴 책을 들고 나타난다. 그의 박사 논문 원본이다. 차일즈는 책을 펼쳐 사진이 있는 부분으로 넘긴다.[31]

사진은 흑백이다. 밤에 찍었기 때문인지 금지된 밀회를 포착한 듯 떳떳하지 않아 보이는 장면들을 담고 있다. 어떤 의미에서는 떳떳하지 못한 만남을 포착한 것이 맞다. 사진 속의 고양이와 쥐는 어둠 속에서 놀고 있다. 그것도 함께. 한 사진에서 "서구 사회의 면역 체계를 지키는 보루"는 몇 센티미터 떨어지지 않은 곳에서 기어가고 있는 "인류 최대의 적"을 명백히 무시한다. 새끼 고양이와 다 큰 쥐가 서로 몸이 닿을 정도로 가까이 있는 사진도 있다.

차일즈는 이 같은 충격적인 장면이 결코 드물지 않았다고 말한다. 두 종이 드잡이하는 경우도 거의 없었다고 한다.

"고양이가 쥐를 죽이는 걸 한 번도 목격하지 못했어요. 그 환경에서 두 종은 천적 관계가 아니었어요. 동일한 자원을 공유하고 있었을 뿐이에요."

워낙 풍부하여 경쟁할 필요조차 없는 그 자원이란 바로 쓰레기였다.

차일즈는 볼티모어의 고양이들이 쥐들에게 인기 있는 장소에 곧잘 나타난다는 사실을 발견했다. 이것은 우리가 우리 문명의 수호자인 고양이들에게 기대하는 바다. 그런데 사실상 고양이가 쥐 근처에 어슬렁거리는 이유는 거기 쓰레기가 제일 많기 때문이다.

"쥐의 먹이는 고양이의 먹이이기도 해요."

차일즈의 말이다.

현대적인 공중위생 시스템이 자리를 잡았지만 여전히 쓰레기는 여러 동물에게 골고루 돌아가고도 남는다. 연구에 임한 3년 동안 차일즈는 쥐의 잔해를 통해 고양이가 쥐를 먹은 사례를 매우 드물게만 확인했으며 이나마도 아주 어린 새끼에 국한되어 있었다.

고양이가 쓰레기를 먹는다는 사실을 충격적으로 받아들일 필요는 없을지도 모른다. 고양이는 아마도 할란체미나 기타 초기 정착지에서도 쓰레기에 끌렸을 것이다. 고양이의 선사시대 도플갱어에 해당하는 여우는 오늘날 얼마나 많은 쓰레기를 먹는지 쓰레기가 신속히 수거되는 지역에서는 개체 수가 급감했고 쓰레기를 썩게 내버려두는 곳에서는 번성했다는 연구도 있다.[32] 훨씬 구하기 쉬운 먹이가 있는데 어떤 동물이 굳이 힘을 낭비하고 부상의 위험을 감수하겠는가?

사실대로 말하자면 고양이는 뛰어난 사냥꾼이며 고양이가 설치류를 죽이는 것은 분명하다. 때로는 먹기 위해, 때로는 재미를 위해 다른 모든 종류의 소형 동물과 마찬가지로 쥐를 죽인다. 고양이 주인이라면 머리 잘린 쥐가 카펫 위에 놓여 있는 것을 종종 볼 것이다. 나는 실베스터라는 턱시도 고양이를 키운 적이 있는데 이 녀석은 쥐를 고문하는 행위에서 음탕하다고 할 만한 쾌락을 느끼는 것처럼 보였다. 한밤중에 부엌에서 가르릉 소리와 겁에 질린 듯한 찍찍 소리가 들리면 잠에서 깬 나는 이불 속에 웅크리고는 부엌 장판 위에서 부상을 입은 채 발에 차이고 있을 불쌍한 피해자를 구해줄지 아니면 가학적인 나의 쥐 사냥꾼이 일을 끝낼 때까지 10분 이상의 고통스러운 시간을 견딜지 고민하곤 했다.

고양이가 할란체미 또는 이와 비슷한 초기 정착지에서 설치류를 먹었다는 사실은 거의 확실하다. 중국 중부에서 발견된 4000년 된 고양이 뼈의 동위원소 분석 결과 수수의 흔적이 발견되었다.[33] 이것은 고양이가 수수를 먹은 쥐를 먹었음을 의미한다. (물론 장이 길어진 고양이가 직접 수수를 맛보았을 가능성도 있다.) 오늘날 집쥐는 상당히 위협적인 동물로, 중세 유럽에서 군림했던 좀 더 만만한 먹잇감이었을 곰쥐보다 훨씬 크다. 20세기까지도 방제업자들은 해로운 동물을 퇴치하는 수단의 하나로 고양이를 임대했다.[34]

문제는 고양이가 때때로 설치류를 먹느냐가 아니다. 인간 문명에 영향을 미칠 정도의 양을 먹는가이다.

진행 중인 볼티모어 프로젝트를 제외하고 고양이가 얼마나 우리의 식량 창고를 잘 지키는지에 관한 연구는 많지 않다.[35] 1916년 매사추세츠주 농업위원회는 여러 농장을 조사한 뒤 고양이가 순찰을 도는 농장에도 쥐는 많고 고양이의 3분의 1만이 활발하게 쥐를 잡는다고 결론지었다. 1940년 전시 비축 식량을 관리하는 책임을 맡고 있었던 한 영국 과학자는 옥스퍼드셔의 일부 농장을 관찰했다. 그리고 고양이가 있으면 쥐가 건물에 자리잡지 못하는 것은 맞지만, 효과를 보기 위해서는 먼저 건물에 이미 살고 있는 쥐들을 쥐약으로 소탕해야 한다는 사실을 알아냈다. 또한 고양이들이 더 나은 사냥터를 찾아 떠나는 것을 막기 위해 매일 우유를 230밀리리터씩 주어야 했다. (전시 식량의 비축이라는 목적에 썩 어울리지 않게도 말이다.) 캘리포니아주의 최근 한 연구에 따르면 도심 공원의 고양이는 생쥐와 같은 외래 침입종에 비해 들쥐와 같은 자생종을 선호하는 것으로 나타났다.[36]

실제로 이 연구가 밝혀낸 바에 따르면 도심의 고양이 개체수는 생쥐 개체 수가 많은 것과 관련이 있다. 연구자들은 생쥐가 고양이와 함께 진화하며 고양이보다 한 수 앞서는 법을 터득했을 수 있다고 지적한다. 이 중요한 사실은 시궁쥐나 생쥐 같은 번성하는 침입종과, 고양이가 일상적으로 위협하는 훨씬 취약한 야생 설치류(그리고 다음 장에서 살펴보겠지만 그 밖의 다양한 고유종)를 구분하는 데 도움이 된다. 어디에나 있는 침입자 설치류는 가축화된 상태는 아니지만 인류의 생활 방식에 맞춰 생물학적 변화를 거친 일종의 털 달린 식객이다. 과학자들은 이런 끈질긴 동물을 '편리공생' 동물이라고 부른다. (도심에서 생존하기 위한 이들의 적응 사례로는 번식주기가 짧아지고 1년 내내 지속된다는 점이 있는데 이것은 엄청난 개체 수로 이어진다.[37])

그렇다면 방제 수단으로서의 고양이의 능력 부족은 결국 고양이가 나약해서라기보다 시궁쥐와 생쥐가 훨씬 세기 때문이다. 그렇지만 고양이가 쥐들을 완전히 누르지 못한다고 해도 집안 여기저기에 있는 쥐를 가끔 잡아주면서 쥐가 옮기는 질병으로부터 우리를 보호해주는 것은 아닐까? 안타깝게도 고양이가 어린 시궁쥐만 잡아먹는다는 차일즈의 연구 결과는 상당한 역학적 의미를 갖는다. 연약하고 어린 쥐들은 병을 퍼뜨리는 주역이 아니기 때문이다. 병을 옮기는 개체는 튼튼한 면역체계 덕분에 생존할 수 있었던 크고 늙은 쥐이다.

그렇다면 골치를 썩이는 길거리 쥐들이 좀 더 맛있는 곰쥐였던 중세 유럽의 상황은 어땠을까? 내가 책에서 읽거나 여러 동물권 운동가들로부터 들어서 알고 있기로, 중세 시대에 고양이는 곰쥐와 곰쥐의 벼룩이 옮기는 흑사병에 대항하는 데 중요한 역할을 했다. 가톨릭교회가 유럽의 고양이를 학살하는 바람에 흑사병이라는 재앙이 촉발되었다는 이론이 있을 정도다.[38]

사연은 이렇다. 1233년 교황 그레고리우스 9세가 「라마의 소리」라는 대칙서를 발표했는데 여기에 검은 고양이로 변장한 사탄 루시퍼가 마녀들과 벌이는 광란이 언급된다. 개구리와 오리도 그중에 끼어 있었다는 내용이 나오지만 어쨌든 이 문서로 인해 반(反)고양이 정서가 유럽을 휩쓸었고, 셀 수 없이 많은 고양이가 악마와 교류한다는 혐의로 표적이 되고 죽임을 당했다. 그러자 바로 다음 세기에 쥐가 옮기는 페스트가 건잡을 수 없이 퍼져나가 수천만 명이 죽었다는 것이다.

그러나 이러한 주장은 좀 어처구니가 없다. 첫째, 마녀 사냥꾼들이 얼마나 많은 고양이를 죽였는지 아무도 모른다. 고양이는 (위험에 처한 야생의 크고 작은 친척들과 달리) 믿을 수 없을 정도로 적응력이 빠르고 강인한 데다 붙잡기가 힘들고, 무엇보다 인간과 동맹을 맺은 덕분에 엄청나게 수가 많으며 쥐만큼이나 빠르게 번식한다. 그러니 종교재판관들이 아무리 종탑에서 던지고[39] 장작불에 태운다 한들(이채롭기는 해도 딱히 효율적이지는 않은 방법이다), 드넓은 유럽 대륙에 퍼져 있는 고양이들의 숫자에 흠집조차 내기 힘들었을 것이다.

둘째, 새로운 고고학적 증거에 힘입어 과학자들은 흑사병의 원인이 쥐벼룩이었다는 주장을 의심하게 되었다. 이 전염병은 곰쥐 숫자가 적은 스칸디나비아에서도 유행했으므로 과학자들은 적어도 일부 지역에서는 기침을 통해서, 아니면 사람 사이를 오가는 사람벼룩을 통해서 퍼졌다고 생각하기 시작했다.[40] 고양이와 쥐를 계산에서 완전히 배제한 것이다.

마지막으로, 고양이는 그 자체로 주요한 전염병 매개체가 될 수 있다. 고양이가 병든 곰쥐를 어느 정도 죽였다고 해도 그 대신 고양이가 전염병에 걸려 우리의 마을과 집에 병균을 옮기고 다녔을 것이다. 질병통제예방센터의 페스트 전문가 케네스 게이지의 말에 따르면 이것은 오늘날에도 놀랄 만큼 흔한 시나리오이다. 미국 서부의 여러 외딴 지역에서 여전히 발생하고 있는 페스트를 연구한 결과, 게이지는 감염자의 약 10퍼센트가 고양이로부터 직접적으로 병을 얻었다는 사실을 밝혀냈다.[41] 이것은 고양이가 흑사병의 원인이었다는 뜻은 아니지만 아마도 확산을 막지는 않았을 것이며 어쩌면 도왔을 수도 있다는 의미이다. 따지고 보면 우리가 품에 안고 싶어 하는 동물은 쥐가 아니라 고양이니까.

이 주제에 대해 마지막으로 하나만 덧붙이자면 중세의 마녀 사냥꾼은 게, 고슴도치, 나비를 포함한 온갖 다양한 동물이 악마의 장난을 친다고 의심했다. 그러나 그중에서도 고양이는 가장 흔히 비난받은 "작은 악마"였다.[42] 영국에서 벌어진 마녀재판 200건 이상을 분석한 결과에 따르면 다수의 마을 사람들이 마녀의 고양이가 "괴로움"을 주고 아이들을 아프게 했다고 증언했다. 이러한 편견을 설명하는 가설은 여러 가지가 있는데, 그중에 고양이가 야행성이라서 한밤중에 벌어지는 마녀들의 연회에 가장 어울리는 동물이라는 주장도 있다. 그러나 펜실베이니아대학교의 동물학자 제임스 서펠은 좀 더 설득력 있는 의학적 설명을 내놓는다. 바로 고양이 알레르기다. 고양이 비듬에 대한 알레르기 반응은 매우 흔하고 많게는 현대인의 4분의 1가량이 경험하며 꽤 심각한 문제를 초래하기도 한다.[43] 그러니 당시에 고양이 곁에서 무시무시한 "고열과 기침"을 경험한 사람들이 이것이 마법 때문이라고 믿었을 수 있다.[44] 고양이는 사악한 힘을 지녔다는 악명을 얻을 만했는지 모른다.

1960년대에 효과적인 쥐약이 발명되면서 고양이와 쥐에 대한 연구는 지원금을 받기가 어려워졌다. 쥐약이 고양이보다 훨씬 효과적이라는 사실에는 모두가 동의한다. 최근에 나온 도심의 육식동물에 대한 어느 책의 저자들이 내린 결론에 따르면, 지금으로서는 "공존 관계에 있는 설치류 숫자에 고양이가 미치는 영향이 크지는 않을 것이다. 이들 종이 번식력이 강하고 쉽게 접근하기 어려운 하수도나 건물 내부 공간 같은 장소에 서식한다는 사실을 감안한다면".[45]

한편 제이미 차일즈 역시 '고양이와 쥐'에서 연구 분야를 옮겨 요즘은 에볼라 출혈열 등 인간에게 치명적인 기타 질병에 대처하는 데 힘쓰고 있다. 간혹 출장 중에 쥐가 우글거리는 곳을 만나면(차일즈에게는 유독 이런 일이 많이 일어나는 듯하다), 차일즈는 그곳 사람들에게 래트테리어의 도움을 받아볼 것을 권한다. 래트테리어는 쉬지 않고 수십 마리의 쥐를 물고 흔들어 죽이며 중간에 밥을 먹거나 일광욕을 즐기지도 않는다.

볼티모어의 뒷골목에서 벌어졌던, 종 간의 배신이라고 말해도 좋을 장면들을 목격하고도 차일즈는 연구 중에 만난 길고양이 한 마리를 데려와 키웠다.

“흰색하고 회색이 섞여 있었고 이름은 부츠였어요.”

차일즈가 애틋한 미소를 지으며 말한다.

“정말 멋진 녀석이었죠.”

〰

고양이는 실용성을 초월하는 존재 같다. 고양잇과 동물을 가축화하는 행위는 전혀 합리적이지 못해서 인간은 시도조차 하지 않았다. 고양이들이 스스로 가축이 된 뒤에도 인간에게 별다른 도움을 주지 않았다. 고양이는 우리를 굶주림에서 구제하지도 않았고 유럽에서 벌어졌던 개체 수 감소가 흑사병을 촉진하지도 않았다. 석기시대인들이 묵인했고 이집트인들이 숭배했으며 오늘날의 밀레니얼 세대가 디지털화한 고양이는 세월의 시험을 견뎌냈다. 오늘날 많은 사람이 고양이와 함께 지내는 것이 더없이 행복하다고 고백한다. 어떤 의미에서 우리는 진정 고양이에 홀린 것 같다.

고양이가 성취한 성공의 중심에는 인간의 변덕과 애착이 자리하고 있다.

“인간은 인간이 언제나 목표 지향적이고 모든 것을 의도대로 한다고 생각하는 경향이 있어요.”

동물의 가축화를 연구하는 그레거 라슨이 내게 말한다.

“그건 허튼소리예요. 언제나 경제성이나 논리를 따지지는 않아요. 미신이나 느낌, 다들 하니까 나도 하고 싶은 마음 같은 것들이 우리가 하는 행동의 동기가 되기도 하죠. 문화와 미적 취향, 그리고 우연이 중요하게 작용해요."

매우 의미심장한 한 가지 우연은, 고양이와 인간이 동일한 조상을 공유했던 때가 약 9200만 년 전임에도[46] 고양이는 이상하게도 우리와 닮았다는 사실이다. 그리고 다행스러운 점은 인간의 갓난아기와 닮았다는 것이다. 우리가 늘 말하는 고양이의 '귀여움'은 그저 우연적이거나 무해한 특성이 아니라 과학자들이 애써 분석하고 연구하는 몹시 특수하고도 강력한 외모적 특징의 집합이다. 고양이는 운이 좋게도 오스트리아 생태학자 콘라트 로렌츠가 '아기 해발인'(解發因, baby releaser)이라고 부르는 것들의 기막힌 조합을 갖추고 있다. 아기 해발인이란 인간 아기를 연상하게 만들어서 호르몬이 쏟아져 나오게 만드는 외모적 특징을 말하는데 동그란 얼굴, 통통한 볼, 넓은 이마, 큰 눈, 작은 코 등이 여기 속한다.

내가 키우거나 키웠던 고양이들을 떠올려보니 나는 그런 얼굴에 특히 취약한 것 같다. 시누이는 치토스를 처음 봤을 때 이렇게 말했다.

"어머, 얼굴이 사람 얼굴 같아요!"

정말이다.

인간의 무력한 신생아뿐만 아니라 다른 동물의 아기 해발인으로 인해 성인은 이런 생명체를 보면 마치 약물에 취한 것처럼 유쾌한 "옥시토신 자극"(oxytocin glow)을 느낀다.[47] 아기를 품에 안는 데 필요한 소근육 운동력의 향상을 비롯해[48] 여러 가지 양육 행동도 촉발된다. 애완동물을 키우는 행위는 그래서 "양육 본능의 오발"[49]이라고 일컬어지기도 한다. 아니면 진화생물학자 스티븐 제이 굴드가 말하듯 우리가 "진화를 거쳐 인간 아기를 보고 겪게 된 반응이 우리를 속여 동일한 외모적 특징을 지닌 다른 동물들에게 같은 반응을 보이게 만드는" 것인지 모른다.[50]

물론 귀여운 동물은 많다. 특히 새끼는. 더욱이 가축은 성체가 되어서까지 어릴 때 외모가 남아 있는 경우가 많다. 어려 보이는 외모는 순한 성격을 얻기 위한 선택교배에 일정 부분 기인하지만 우리의 취향이 반영된 결과이기도 한다. 얼굴이 길고 주둥이가 뾰족한 늑대는 귀엽지 않지만 귀여운 개는 많다. 우리가 아기 해발인에 취약한 까닭에 퍼그 같은 견종이 생겼을 수 있다. 포메라니안 같은 일부 순종견은 아닌 게 아니라 고양이와 꽤 닮았다.

그러나 고양이의 경우 다 큰 고양이를 포함해서, 심지어 원형인 리비카 종도 그 어떤 인위적인 조작 없이 단지 우연에 의해 사람 아기의 모습을 하고 있다. 평균 3.6킬로그램인 고양이의 몸집은 갓난아이의 체구와 정확히 일치한다.[51] (나는 키우는 고양이 중에 순한 녀석들을 두 팔에 아기처럼 안고 다니곤 한다.) 울음소리도 닮았다.[52] 고양이의 야옹 소리는 아기 울음소리를 연상시킨다. 연구 결과에 따르면 고양이는 아기의 울음소리를 좀 더 정확하게 흉내 내기 위해 긴 세월에 걸쳐 소리 내는 법을 조절했다. 그뿐만 아니라 이목구비도 아기와 닮았다. 고양이의 얼굴은 사실상 그 철두철미한 해부학적 구조에서 나온 것이다. 짧고 강한 턱뼈 덕분에 귀엽고 동그란 얼굴이 되었고 코가 작고 들린 것은 개와 다르게 후각이 사냥에서 핵심적인 역할을 하지 않기 때문이다.

진짜 비밀은 뭐니 뭐니 해도 고양이의 눈이다.

길고 가느다란 동공과 고도로 민감한 망막을 가지고 있어 밤이면 달처럼 빛나는 고양이의 눈은[53] 인간의 눈과 다른 점이 많다. 그럼에도 중요한 닮은 점이 있다. 일단 고양이의 눈은 거대하다. 다 큰 고양이의 눈은 인간만큼이나 크고 새끼 고양이의 휘둥그런 눈망울은 작은 얼굴 때문에 더 커 보인다.[54] 왕방울 같은 사람 아기의 눈이 무의식적으로 연상되기 때문인지 눈이 커다란 동물은 대체로 사람들에게 인기도 많다.[55] 판다는 눈이 작은 편이지만 눈 언저리의 검은 점 덕분에 백 배는 더 커 보이고, 세계자연기금의 심벌이 되어 동물 보존 분야 최고의 마스코트로 활약 중이다. 고양이도 멸종 위험과는 거리가 멀어서 그렇지 만약 이 분야에 진출한다면 판다 부럽지 않은 기부금을 받아낼 수 있을 것이다.

고양이 눈은 크기 못지않게 위치 또한 행운을 타고났다. 토끼를 비롯해 껴안아 주고 싶게 생긴 여러 다른 동물들은 눈이 얼굴 옆에 있다. 더 넓은 시야를 확보하기 위해서다. 심지어 개의 눈도 중앙에서 좀 벗어나 있다. 그러나 고양잇과 동물은 매복 사냥을 하는 포식동물이다. 빠르게 움직이는 먹잇감을, 그것도 밤중에 덮치기 위해서는 거리를 판별할 수 있어야 하기에 육식동물 중에서 가장 뛰어난 양안시를 갖도록 진화했다.[56] 이 같은 시각 능력을 가지려면 양 눈의 시야가 겹쳐야 하므로 고양이의 눈은 앞을 향하고 머리의 정면 중앙에 자리하고 있다.

우리 눈의 방향도 마찬가지다. 그러나 영장류는 매복 사냥을 하는 포식자는 아니고 대체로 풀을 찾아 다니는 초식동물이기 때문에 중앙에 있는 두 눈을 전혀 다른 목적으로 사용한다.[57] 가까이 있는 덤불에 열매가 열렸는지 훑어보거나, 근래에 들어서는 서로의 표정을 읽기 위한 용도로 쓴다. 눈의 위치는 고양이의 얼굴을 사람처럼 보이게 만드는 매우 중대한 요소이다. (밤에 시각을 이용해 사냥을 하는 또 다른 포식자인 부엉이도 비슷한데 이것은 우리가 가령 독수리에 비해 부엉이를 훨씬 선호하는 이유일지 모른다.)

이처럼 고양이는 귀여운 요소들이 완벽하게 뒤섞인 외형을 지녔다. 그럼에도 동시에 한때 우리의 조상을 학살했던 동물과 아주 많이 닮았다. 고양이의 얼굴은 최고 포식자의 얼굴인 동시에 아이의 얼굴이고, 그 조합에 매혹적인 긴장이 도사리고 있다.

특히 여성을 매혹하는 듯하다. 옥시토신의 '아기 해발인' 효과는 가임기 여성에게 특히 강력하게 나타나는 것으로 보인다. 열성적인 페르시아고양이 애호가들의 세계, 또는 고양이 구조 단체들이 여성 중심이라는 것은 흔한 통념이지만 나는 그 세계가 얼마나 말 그대로 엄마들의 커뮤니티와 비슷한지 미처 깨닫지 못하고 있었다. 캣쇼에서 최상급을 차지하는 챔피언 고양이들도 길고 긴 이름이나 족보와 상관없이 단지 "우리 아들내미"나 "우리 딸내미"라고 불린다. 예를 들면 이런 식이다. "저 러시아인 심사위원이 우리 딸내미를 떨어뜨렸다니 말이 돼?" 유기농 고기 퓌레부터 고급 유모차까지 수많은 유아 용품과 동일한 고양이 용품이 있다. 인기가 높은 멋진 고양이 용품 웹사이트인 하우스팬서(Hauspanther)의 창립자는 원래 신생아 용품으로 사업을 시작했다.[58]

근동의 석기시대 여인들이 무릎에 고양이를 놓고 어르고 있었다는 말은 아니다. 고양이를 향한 모성 충동은 길고 느리고 복잡하며 대체로 불가해한 역사의 특이한 산물이다. 다른 수많은 동물들이 밖에서 추위에 떠는 와중에 어떻게 고양이는 문간에 발을 들여놓을 수 있었는지, 그것은 다만 고양이의 노골적인 귀여움과 타고난 대담성이 어느 정도 설명해줄 따름이다.

인간에게 가짜 아기, 진화심리학 용어로 '의사친족'(fictive kin)의 효과는 불분명하다. 일부 학자는 인간이 털 달린 아기를 시험 양육하면서 진짜 아이를 키우는 연습을 하고 미래의 배우자에게 양육 능력을 과시하는 등 여러 이익을 누린다고 주장한다.[59] 다른 학자들은 고양이가 "사회적 기생동물"에 가깝다고 말한다. 우리의 양육 본능을 약탈해서 사람 아기로부터 시간과 관심 등 여러 자원을 빼앗는다는 것이다.[60]

지금으로서는 고양이가 진화를 통해 얻은 습성과 타고난 외모를 이용해 우리를 대상으로 은근한 통제력을 행사해왔다고 말하는 것으로 충분하다. 고양이가 우리의 동물이 된 것처럼 우리도 고양이의 동물이 되었다. 고양이는 별다른 보답도 없이 우리의 음식을 먹었다. 그러는 사이에 훨씬 더 원대한 정복의 꿈을 꾸었다.

인간의 마을에 예쁘게 앉아 있거나 쓰레기를 먹거나 시궁쥐를 피하면서 우리 곁에 달라붙어 있기는 해도 고양이는 꼭 우리와 함께 살아야 하는 동물은 아니다. 고양이는 결국 고양이다. 자연 속으로 언제든지 돌아갈 수 있다. 고양이는 더 이상 중위 포식자가 아니며 인간이 만든 세계의 최상위 포식자가 되었다.

4 새 애호가들의 외로운 싸움

나는 종종 앞마당을 서성이거나 살그머니 모퉁이를 돌아가는 동네 고양이를 보며 치토스와 정말 닮았다며 신기해하곤 한다. 그러다가 치토스가 맞다는 걸 깨닫는 순간 등골이 서늘해진다. 어떻게 했는지는 몰라도 그 커다란 몸뚱이를 뒤쪽 테라스 난간 사이로 억지로 밀어 넣어 탈출한 것이다. 나는 나의 소중한 고양이들이 험난한 거리로 나가지 못하도록 아파트 베란다며 콘도미니엄 데크의 둘레를 막는 데 너무 많은 여가 시간을 갖다 바쳤다.

그러나 세계의 점점 더 많은 곳에서 울타리는 사랑하는 고양이를 가두는 용도가 아닌, 고양이가 들어오지 못하게 사력을 다해 막는 최후의 수단으로 쓰인다. 이런 곳에서 고양이는 애완동물이 아닌, 가는 길마다 저보다 약한 동물을 전멸시키고 생태계 전체를 휩쓸 능력이 있는 악몽과도 같은 침입자로 여겨진다.

〰

나는 장대비를 뚫고 크로커다일레이크 국립야생보호구역에 도착했다. 키라고섬에 들어가자마자 나온 첫 번째 주유소에서 마지막 남은 우산을 산 뒤였다. 심각한 멸종 위기에 처한 설치류 아종을 찾아 플로리다의 숲을 뒤지기에 썩 좋은 날씨는 아니다. 그러나 보호구역의 트레일러 안에 모인 세 남자는 억수 같은 비를 개의치 않는 듯하다. 관리자 제러미 딕슨은 운동용 선글라스를 들고 있다. 박사과정 학생 마이크 코브는 굵은 빗방울이 모닝커피잔 안으로 퐁당 떨어지는 걸 보고도 신경 쓰지 않는다. 철새처럼 추운 겨울이면 따뜻한 플로리다주로 향하는 미시간주 출신의 랠프 드게이너는 일흔이 넘었지만 새벽 네 시에 일어나 장맛비 속에서 고양이 덫을 확인하며 하루 일과를 시작한 터였다.

굳은 결심으로 나선 이 세 명의 낙관주의자들만이 키라고숲쥐들이 역사의 뒤안길로 사라지는 길을 가로막고 있다. 월트 디즈니도 제인 구달도 이 희귀한 숲쥐를 잡아먹는 고양이들을 막지 못했지만 이들은 포기를 거부한다. 지금은 최고의 고양이 방지 철책을 물색 중이다.

나는 세 사람을 따라 숲으로 들어가기 위해 새로 산 우산을 펼치다가 움찔했다. 하필이면 호피 무늬 우산이었다.

공문서에서 KLWR이라는 약어로 칭하는 이 플로리다숲쥐의 아종은 눈이 크고 겁이 많아 보이는 계핏빛의 작고 귀여운 짐승이다. 시궁쥐나 여타 적응력이 뛰어난 쥐들(거의 어디에서든 살 수 있고 고양이를 아랑곳하지 않으며 유해 동물로 여겨지는 쥐들)과 달리 이 숲쥐는 하드우드 해먹(hardwood hammock)

이라고 불리는 건조한 플로리다의 숲만 고집하는 토종 동물이다. 아주 특수한 환경인 이 숲에서 KLWR은 오직 하나의 목적을 열정적으로 추구한다. 나뭇가지로 비잔틴건축에 비할 법한 거대한 둥지를 짓고 달팽이 껍데기나 사인펜 뚜껑을 비롯한 온갖 보물로 장식하는 일이다.

한때 키라고섬 전역에 흔했던 이 숲쥐는 이제 한 손에 꼽을 정도의 공공 보호구역에서만 발견되는데[1] 이 구역들을 다 합해도 몇 제곱킬로미터의 작은 숲에 지나지 않는다. 숲쥐의 역경은 아마 1800년대에 키라고 농부들이 파인애플을 심기 위해 하드우드 해먹을 파괴했을 때부터 시작되었을 것으로 보인다. 그리고 20세기 들어 대규모 건설 프로젝트가 한때 산호초 지대였던 이곳을 바꾸어놓기 시작하면서 심화되었을 것이다.

그러다가 관광객들이 고양이를 데리고 오면서 평온한 시절은 옛이야기가 되어버렸다.

~

보호구역 관리자 딕슨은 플로리다주 북부 출신의 고지식한 사람이다. 원래 위치토마운틴 야생보호구역에서 일했는데 거기서 연방 과학자들은 멸종 위기에 있던 아메리카들소를 살려냈다. 크로커다일레이크에서 딕슨은 몇몇 이름 없는 위험에 처한 지역 동물을 보호한다. 샤우스호랑나비, 스톡아일랜드달팽이가 그 예다.

그러나 딕슨이 키라고로 온 목적은 특별히 숲쥐를 지키기 위해서다. 와서 처음으로 한 일이 905번 지방도에 "고양이는 실내에서 키웁시다"라고 쓴 점멸 광고판을 설치한 것이다. 보호구역의 말없는 푸른 나무들 사이에서 이 표어는 상당히 튀었다.

자원봉사자 드게이너는 앙상한 몸에 백발이지만 멀리서도 부상을 입은 물새를 알아보는 날카로운 눈을 갖고 있다. (남는 시간에 물새들의 재활을 돕기도 한다.) 수영장 회사를 운영하다가 은퇴한 드게이너는 비록 학문적 전문성은 떨어지지만 누구보다 오랫동안 숲쥐를 도왔다. 보호구역에서 가장 덫을 잘 놓는 사람이기도 해서 수십 마리의 고양이를 잡아 가까운 동물보호소에 산 채로 인계하는 일을 한다.

그러나 고양이가 여전히 이기고 있다. 숲쥐는 1980년대에 황급히 연방 보호종으로 지정된 이후에도 개체 수가 급격하게 줄었고, 취약한 서식지 대부분이 이제는 사람이 드나들 수 없음에도 이 추세는 지속되고 있다. 딕슨 일행은 고양이가 보호구역의 경계나 멸종위기종보호법을 지킬 리 있겠느냐고 말한다. 현재 숲쥐의 개체 수는 약 1천 마리 정도로 추정되는데 한때는 몇백 마리밖에 남지 않았다는 우려도 있었다. 포위당한 숲쥐는 트레이드마크인 둥지를 만드는 일마저 포기했는데 아마도 온 사방이 고양이인 상황에서 긴 나뭇가지를 천천히 끌고 다니는 것이 자살행위와 다름없기 때문일 것이다.

"숲쥐들은 공포 속에서 살고 있었어요."

남미의 재규어와 오실롯을 연구한 경험이 있는 대학원생 코브는 최상위 포식동물이 어떤 존재인지 잘 안다.

사자, 호랑이와 친척 간이지만 고양이는 편형동물이나 해파리 등 생태계를 가로채는 데 능한 다른 단순 생물과 비슷한 점도 많다. 국제자연보전연맹이 최악의 침입종 100가지 중 하나로 꼽은 고양이는 번지는 곰팡이, 연체동물, 덤불을 비롯해 뇌가 없거나 목적이 없는 생물들로 이루어진 찜찜한 목록에서 특히 화려한 존재감을 자랑한다. 이 염려스러운 목록에는 육식동물이 거의 없고 고도 육식동물은 말할 것도 없다. 그러나 뛰어난 적응력과 번식력, 집 안에 살기 알맞게 변화된 외모를 바탕으로 인간과 특별한 관계를 맺고 있는 고양이는 매우 위협적인 외래종이다. 길고양이만이 문제를 일으킨다고 생각하면 편할지 몰라도 실상은 껴안아 주고 싶은 애완고양이 역시 추레하기 그지없는 길고양이만큼 요주의 대상이다.

고양이의 조상이 우리의 비옥한 초승달 지대를 침범한 지 1만 년이 흐른 지금 고양이는 민들레 홀씨처럼 퍼져 있다. 한때 존재감이 없었던 고양이들은 현재 전 세계에 6억 마리가 있고 일부 연구자들은 그 숫자가 10억에 달할 것이라고 주장하기도 한다. 미국의 애완고양이만 1억 마리에 가까운데 지난 40년간 세 배가 증가한 것으로 보이며,[2] 길고양이 숫자도 아마 비슷할 것이다.[3] (길고양이들은 놀랄 만큼 잘 숨어 다닌다. 나는 워싱턴시에 살면서 아이들을 데리고 뒷골목 탐험을 시작한 뒤에야 동네에 사는 길고양이 무리를 발견했다.)

고양이는 상상할 수 있는 모든 서식지에 산다.[4] 스코틀랜드의 황야에도, 아프리카의 열대림에도, 오스트레일리아의 사막에도 산다. 도시의 성탄 구유, 해군 미사일 시험장에도 살고 루이지애나주립대학교의 타이거 스타디움도 점령했으며 습지든 브루클린의 식료품점이든 가리지 않고 번성한다. 그뿐만 아니라 인간조차 감히 살려고 하지 않는 헬기로만 접근이 가능한 지역에도 말뚝을 박고 산다.

이 모든 서식지에서 고양이는 살아 있는 것이라면 무엇이든 먹어치운다.[5] 별코두더지, 아메리카군함조, 타란툴라, 카카포, 여치, 민물가재, 잎벌의 유충, 검은찌르레기, 고삐발톱꼬리왈라비, 박쥐, 부디(일명 굴파는베통), 부채꼬리딱새, 풍뎅이, 작은 물고기, 붉은가슴벌새, 닭, 동부막대무늬반디쿠트, 갈색사다새 새끼 등. 심지어 동물원에 사는 (작은) 동물에게도 접근한다.

한 오렌지색 고양이의 먹이를 기록한 어느 19세기 문헌에는 이렇게 적혀 있다.

"소고기 스테이크와 바퀴벌레, 나방, 수란, 굴, 지렁이··· 고양이의 배 속은 노아의 방주를 옮겨놓은 듯했다."[6]

고양잇과 동물들은 항상 우리에게 눈독을 들여왔으므로 고양이가 영장류인 베록스시파카를 먹었으며,[7] 마다가스카르에 사는 다른 여우원숭잇과 동물도 먹었을 수 있다는 사실은 놀랍지 않다.

고양이는 특히 섬에서 다른 종의 씨를 말린다.[8] 스페인의 한 연구에 따르면 전 세계 섬에서 멸종한 척추동물의 14퍼센트가 고양이 때문이었다. 연구자들은 이 수치마저도 매우 보수적으로 잡은 것이라고 밝힌다. 오스트레일리아의 과학자들은 「오스트레일리아 포유동물을 위한 행동 계획」이라는 방대한 보고서에서 멸종했거나 멸종 위기에 있거나 위기에 처하기 직전인 오스트레일리아의 포유동물 138종 가운데 89종의 운명에 고양이가 영향을 미쳤다고 지적했는데 이 가운데 상당수가 오로지 오스트레일리아에만 서식하는 동물이었다. 오스트레일리아에서는 비할 데 없이 빠른 속도로 포유동물이 멸종을 향해 가고 있으며 과학자들은 고양이가 포유동물의 생존을 위협하는 단일 요소 가운데 가장 위험한 요소라고 못 박았다. 서식지 파괴나 지구온난화보다 훨씬 심각한 원인이라는 것이다. (반면 길들여진 개는 쇠푸른펭귄과 같이 멸종 위기에 처한 오스트레일리아 동물을 보호하는 임무를 수행하기도 한다.[9])

보고서의 저자들은 이렇게 적고 있다.

"우리가 오스트레일리아의 생태 다양성을 도모하기 위한 한 가지 소원을 빌 수 있다면 그것은 고양이의 확실한 통제, 다시 말해 사실상의 박멸일 것이다."[10]

오스트레일리아 환경부 장관은 즉시 지구상에서 가장 사랑받는 애완동물을 상대로 전쟁을 선포하면서 고양이를 "쓰나미처럼 몰려온 위협과 살상의 존재"라고 묘사했다.[11]

특히 조류 애호가들은 오래전부터 고양이의 먹성에 불만을 토로해왔다. 2013년 미국 연방 과학자들은 애완고양이와 길고양이를 포함한 미국의 고양이들이 매해 새를 14억에서 37억 마리 죽이며 인간과 연관된 조류 사망의 가장 주된 원인이라는 보고서를 발표했다.[12] (고양이는 새뿐만 아니라 69억에서 207억 마리의 포유동물과 셀 수 없는 파충류 및 양서류도 죽인다.) 캐나다 정부도 몇 달 후 마찬가지로 암울한 연구 결과를 내놓았다.[13]

물론 고양이는 넓은 세상에 사는 작고 은밀한 사냥꾼이다. 그들이 정확히 무엇을 먹고사는지 입증하는 일은 쉽지 않지만, 야생동물 재활 센터의 기록을 통해 유추해볼 수는 있다. 캘리포니아의 한 시설에는 박새, 여새, 쏙독새 등 엄청나게 다양한 조류가 있는데 그중 25퍼센트 가까이가 고양이로부터 부상을 입은 환자라고 한다.

"먹이동물은 살아 있는 채로 몸을 못 쓰게 되거나 상처를 입거나 다리가 잘리거나 찢어발겨지거나 내장이 뜯긴 상태로 발견된다. 고양이와 마주쳤다가 살아남았더라도 패혈증으로 죽곤 한다."[14]

수의사 데이비드 제섭의 기록이다.

요즘에는 새로운 기술 덕분에 더욱 명확하고 끔찍하게 사태가 그려진다. 최근 고양이에게 원격 카메라 또는 기타 디지털 도구를 달아두는 연구가 급증했다. 조지아대학교에서는 2012년 교외에 사는 집고양이, 이른바 "원조받는 포식자" 50마리에게 "키티

캠"을 달아 조사했는데 흔들리는 영상 속의 고양이 절반가량은 활발하게 사냥을 했다. 사냥한 동물을 집으로 가져오지는 않았고 대개 사냥을 한 자리, 주인이 볼 수 없는 곳에 먹지 않고 버리고 왔다.[15] 오스트레일리아의 과학자들은 고양이가 낮잠을 자다가 일어나서 토종 물도마뱀을 낚아채는 광경을 적외선 영상으로 확보했다.[16] 고양이의 보들보들한 털 아래 달린 카메라는 찬찬히 우물거리는 고양이의 털, 그리고 물도마뱀의 가느다란 꼬리가 마치 스파게티 가락처럼 조금씩 빨려 들어가는 모습을 포착했다. 하와이의 한 연구원은 고양이가 솜털이 보송보송한 하와이슴새 새끼를 둥지에서 채 가는 모습을 촬영했는데 이것은 고양이가 멸종 위기의 동물을 잡아먹는다는 확실한 증거였다.[17]

〰

키라고숲쥐를 지키는 사람들도 비슷한 순간을 촬영하고 싶어 한다. 그러나 지금까지 건진 것은 한밤중에 눈이 번뜩이는 고양이들이 숲쥐의 둥지를 건드리는 장면이나 동네에 사는 고양이가 입에 죽은 숲쥐를 물고 가는 것으로 보이는 장면 등이 담긴 어둡거나 흐릿한 사진들이 전부다. 고양이가 숲쥐를 죽이는 모습이 확실히 찍힌 사진은 확보하지 못했다. 그런 사진이나 영상이 있다면 증거물이 될 뿐만 아니라 언젠가 법적인 공격 수단으로 사용될 수도 있을 것이다. 보호구역 사람들은 숲쥐를 잡아먹는 고양이의 주인들이 멸종위기종보호법에 의해 처벌받기를 바란다.

우리는 키라고섬 하드우드 해먹의 비에 젖은 숲 지붕 아래를 지나다가 길쭉하면서도 납작한 낙엽과 가지 더미를 만났다. 얕은 무덤 같아 보이지만 실은 그 반대다. 구명정이다. 역경에 처한 숲쥐들이 둥지 만들기를 멈춘 뒤 드게이너와 그의 형 클레이는 손수 둥지를 지어주기로 했다. 처음 만든 벙커형 둥지는 플로리다 남부에서 쉽게 구할 수 있는 낡은 제트스키로 만들었다. 드게이너 형제는 제트스키의 시동기 케이스를 조심스럽게 위장하여 먹이가 풍부한 곳 가까이에 거꾸로 세워두었다. 이 둥지에는 문도 있어서 디즈니 과학자들이 안을 엿볼 수 있었다.

디즈니 과학자라니? 그렇다. 2005년 숲쥐 숫자가 돌아올 수 없는 다리를 건널까 두려웠던 미국 어류·야생동물관리국은 올랜도에 있는 디즈니 애니멀킹덤 소속의 생물학자들 및 "출연진"과 힘을 합쳐 숲쥐를 사육한 뒤 야생으로 보내기로 했다.[18] (처음에 나는 이것을 특이한 협업이라고 생각했지만 따지고 보면 디즈니사는 언제나 꿋꿋하게 쥐를 변호해왔고 「신데렐라」의 루시퍼나 「이상한 나라의 앨리스」의 체셔캣 등 디즈니의 가장 유명한 애완 고양이들은 은근히 악역을 맡고 있다.)

애니멀킹덤 안에는 「라이언 킹」을 테마로 한 동물 보호시설 '라피키의 플래닛 워치'가 있는데 디즈니 과학자들은 이곳에서 몇 년간 숲쥐를 정성 들여 사육했다. 기후가 온화한 키라고섬과 비슷한 환경을 조성하기 위해 이동식 전열기로 난방을 하고 선풍기로 냉방도 했다. 숲쥐는 로메인상추를 먹으며 솔방울을 가지고 놀았다. 그리고 파라핀 종이를 깐 쟁반에 배설을 했다. 고양이가 없더라도 야생에서는 오래 살지 못하는 숲쥐이지만 꼬박꼬박 건강검진도 받으며 디즈니 숲쥐는 네 살이 되었다. 므두셀라만큼이나 장수한 셈이다.

오래지 않아 디즈니 방문객들은 숲쥐를 찍은 하이라이트 영상을 보고 발정기에 든 숲쥐의 허스키한 울음소리도 들을 수 있게 됐다. 애니메이션 「라따뚜이」가 개봉했을 때, 아이들은 요리사 모자를 쓰고 숲쥐를 위한 식사를 준비하는 프로그램에 참여할 수 있었다. 심지어 제인 구달도 방문했고 숲쥐를 자신의 웹사이트 '동물과 동물의 세상을 위한 희망' 전면에 소개했다.

이윽고 키라고숲쥐를 키라고섬으로 데려다줄 시기가 왔다. 조그마한 원격 무선 측정기를 목에 단 숲쥐에게 자연 상태에서 구할 수 있는 먹이를 제공해 체력을 보강하고 울타리가 쳐진 인공 둥지에서 적응할 시간을 주었다.

"모든 게 착착 진행됐어요. 방사하기 전까지는요."

딕슨의 말이다. 드게이너는 밤낮을 안 가리고 고양이를 잡았지만 "제때 제거하기는 불가능"했다고 한다.

"안 봐도 눈에 선했어요. 숲쥐를 방사한 다음 날 밤이면 다 끝나 있을 게 뻔했어요."

연구자들이 사체를 찾았을 때는 절반쯤 먹힌 채 낙엽 밑에 파묻혀 있곤 했는데 이것은 호랑이가 사냥감을 숨기는 방식과 똑

같다.

"키라고숲쥐에게 어떻게 고양이를 두려워하라고 가르칠 수 있을까요?"

디즈니 생물학자 앤 새비지가 내게 묻는다. 숲쥐의 천적은 새와 뱀이다. 죽이려고 달려드는 고양이는 "원래 숲쥐와 만나면 안 되는 동물"이다.

"키라고숲쥐가 둥지 밖으로 나올 수조차 없다면 어떤 훈련도 의미가 없어요."

디즈니의 사육 프로그램은 2012년에 폐지되었다. 보호구역 측에서는 수백 개의 인공 둥지 요새를 만들고, 침입하는 고양이를 사로잡으려는 노력을 더욱 강화하고 있다. 침입자의 일부는 근처에 사는 애완고양이로 추정되며 나머지는 보호구역 주변을 떠도는 야생고양이일 것이다. 그러나 과학자들에게 이것은 임의적인 구분일 뿐이다. 동물 보존을 위해 애쓰는 생물학자들은 고양이를 애완고양이, 길고양이, 야생고양이로 구분하지 않는다. 그들 눈에는 밖으로 나다닐 수 있는 고양이들은 다 똑같이 위험하기 때문이다.

키라고섬에 비는 그쳤지만 나무에서 여전히 물방울이 떨어지고 있다. 딕슨은 아직 선글라스를 쓰지 않은 채 눈을 가늘게 뜨고 말한다.

"우리가 원하는 게 뭐냐면요, 숲쥐가 자기 둥지를 짓게 제발 좀 도와주자는 거예요. 그리고 고양이가 보호구역에 들어오지 않는 거예요. 멸종 위기종을 좀 살려보자는 거라고요."

~

고양이가 어떻게 이토록 다양한 생태계에 발톱을 들이밀게 되었는지 이해하려면 먼저 고양이가 어떻게 거기까지 갔는지 알면 도움이 된다.

강이나 바다의 형태로 존재하는 물은 포유류의 확산을 가로막는 주된 장애물이다. 새들은 바닷물 위에 둥둥 떠서 이동할 수 있지만 포유류는 헤엄을 치거나 초목을 뗏목처럼 타고 이동해야 한다. 짝을 지어 이동할 수 있으면 더 좋다. 더러는 훨씬 더 특이한 상황을 거쳐 새로운 곳에 도착하는 경우도 있는데, 가령 개는 주인과 함께 얼어붙은 베링육교를 걸어서 건너는 아주 험난한 방법으로 신대륙에 들어설 수 있었다. 일부 멀리 떨어진 섬들에는 포유류가 아예 도달하지 못했다. 뉴질랜드에는 새의 이동 방법을 터득한 박쥐 세 종을 제외하면 토종 포유동물이 없다. 육식 포식자는 대륙에서도 초식동물보다 숫자가 적지만 섬에는 거의 없다시피 한 경우가 대부분이다.

그러나 고양이는 물이라는 장애물에 구애받지 않은 예외적 존재이다. 고양이가 물을 싫어한다고 하지만 물은 언제나 고양이의 이동 경로가 되어주었다. 이것은 무엇보다 고양이가 자기를 완벽한 항해 동반자로 홍보한 덕분이다. 우선 고양이는 쥐를 잡는다고 잘 알려져 있다. 게다가 배와 같이 폐쇄된 공간은 입주 고양이가 의미 있는 활약을 할 수 있는 드문 장소일 터다. 배에 사는 고양이가 쥐를 잡은 기록은 분명하게 전해진다. 굶주린 선원들은 때로는 이 쥐를 압수해서 저녁식사로 삼기도 했다. 한 18세기 선원은 고양이 몇 마리를 갑작스럽게 잃은 뒤 "이렇게 쥐가 득시글거리는 배에 고양이가 없으면 낭패다"라고 한탄했다.[19] (배 안에 그렇게 쥐가 많았다면 사라진 고양이가 과연 없어서는 안 될 존재였을까.) 쥐뿐만 아니라 조리실에서 더 고급스러운 음식을 즐긴 고양이도 있었다.[20] 고양이가 총기실 선원의 입에서 양고기 조각을 빼앗아 물고 달아났다는 19세기 기록도 있다.

사냥 능력은 기본이고, 메마른 지역이 많은 중동에서 온 고양이들은 바다 한가운데에서의 생활에 특히 잘 적응했다.[21] 이것은 생각만큼 이상한 우연은 아니다. 난바다는 종종 사막과 비교된다. 고양이는 마실 물이 많이 필요하지 않고 전혀 없어도 꽤 오래 버틸 수 있다. 비타민 C도 필요 없어서 괴혈병 걱정도 없다.

그러나 고대 선원들의 동기가 언제나 실용적이지만은 않았을 것이다. 옛날 옛적 뱃사람들은 상인이든 해적이든 갑판원이든 선장이든 우리가 고양이를 원하는 이유와 똑같은 이유로 고양이를 배에 태웠을 수 있다. 고양이의 귀여운 장난이 따분한 일상에 유쾌한 휴식을 제공했기 때문일 것이다. 뱃사람들은 탄알이나 삼끈으로 고양이를 위한 장난감이나[22] 소형 해먹을 만들었다.[23] 몇 세기에 걸쳐 고양이는 항해 문화의 필수 요소가 되어버렸고 미신을 믿는 노련한 선원들은 고양이가 없는 배에는 타려고조차 하지 않았다. 고양이가 타지 않은 배는 해상법상 유기선(遺棄船)으로 취급되기도 했다. 오늘날까지 항해에서 쓰이는 말 중에는 고양이가 들어간 단어가 많은데 채찍의 일종인 아홉 꼬리 고양이(cat-o'-nine-tails), 매듭의 일종인 고양이 앞발(cat's paw), 배 위의 좁은 통로를 의미하는 캣워크(catwalk) 등이 여기 해당한다.

고대의 새끼 고양이 무덤으로 미루어 고양이가 9500년 전 이미 키프로스섬으로 항해했다는 것을 우리는 알고 있다. 이곳이 아마 첫 기항지였을 것이다. 몇천 년 뒤 고양이는 이집트까지 진출했다. 그러나 항해에 능숙하지 못했을 뿐만 아니라 고양이의 수출을 제한하는 엄격한 법을 만들었던 이집트인은 고양이 확산 현상에 어느 정도 제동을 걸었을 것으로 추측된다.[24] 이탈리아와 스페인을 포함한 지중해 유역에 고양이를 흩뿌려 놓은 사람들은 바다를 누비던 페니키아인이었다고 보는 편이 타당할 것이다. 고대 그리스인도 발칸반도나 흑해 주변의 머나먼 식민지 땅에 고양이를 데려다 놓았다.[25] 그리스 항구 마실리아(오늘날의 마르세유)에서 통용되던 동전에는 배회하는 사자가 새겨져 있었지만 마실리아를 발판 삼아 대륙을 점령한 존재는 고양이였다. 고양이는 론강을 거슬러 올라갔고 아마도 마음대로 남의 배에 편승하면서 훗날 센강에도 이르렀을 것이다.

그리스인을 계승한 로마인은 개를 무척 좋아했다. 그럼에도 고양이는 유럽을 짓밟는 로마제국 군단병의 옷자락을 타고 다니는 데 성공했으며 도나우강 경계에는 고양이 뼈가 점점이 흩어져 있다. 고양이는 영국으로 향하는 긴 행군에서 로마 점령군을 앞지르기도 했다. 야만족 족장들의 철기시대 언덕 요새에는 이미 고양이가 도사리고 있었는데[26] 아마도 주석을 사고팔았던 페니키아인의 배를 타고 몇 세기 전부터 와 있었을 것이다. 고양이는 예수가 태어날 무렵 이미 중부 유럽에 퍼져 있었을 것이다.

고양이 카이사르가 보듬어주지 않았어도 보란듯이 잘 살았던 고양이는 교황의 축복도 필요 없었다. 중세 가톨릭교의 의심을 받은 사건은 고양이에게는 한낱 딸꾹질, 더 적절하게 표현하자면 헤어볼 같은 사소한 문제였을 뿐이다. 고양이에 대한 종교재판의 강도가 어떠했든 많은 수사와 수녀는 교황의 칙서를 무시하고 키우던 동물을 계속 키웠다.[27] 1305년에서 1467년까지 엑서터성당의 지출 내역을 기록한 문서에는 고양이 먹이가 포함되어 있으며 이 성당에는 고양이 전용 출입문도 있었다.

고양이는 이른바 이교도들과도 물론 친했다. 예언자 무함마드가 고양이를 좋아했으므로 북아프리카와 스페인으로 쏟아져 들어간 무슬림 군대는 "깨끗하지 않은" 개를 혐오하고 고양이를 아꼈다. 그레고리우스 교황의 「라마의 소리」가 배포되기 불과 몇십 년 전, 카이로의 어느 돈 많은 술탄은 세계 최초의 고양이 보호소라고 할 만한 시설을 세웠다.[28] 바이킹도 고양이를 좋아했다.[29] 고양이 유전자 정보로 미루어보건대 서기 1000년경, 머리색이 불꽃처럼 붉은 이 침략자들은 흑해 근방에서 발견한 오렌지색 고양이가 마음에 들어 했고 곧 아이슬란드, 스코틀랜드, 페로 제도 등의 식민지로 데려갔다. 페로제도에는 아직도 치토스와 비슷한 붉은색 고양이들이 유별나게 많다.

~

그러나 시대와 종교를 막론하고 고양이를 가장 많이 밀어준 제국은 세계적으로 사상 최대의 해상 권력을 장악했던 대영제국이었다. 탐험가 어니스트 섀클턴은 1914년 고양이를 심지어 남극까지 끌고 갔다.[30] (치피 여사로 불리던 이 고양이는 다가올 엄청난 고생을 감지했는지 현명하게도 배 밖으로 뛰어내리는 시도를 한 적이 있다.) 영국 해군이 군함에서 고양이를 금한 것은 1975년에 이르러서이다.

영국의 함선들은 고양이를 아메리카 대륙으로 실어 나르는 데 일조했다. 제임스타운 정착민들은 굶주림에 고양이를 먹기도 했지만[31] 그럼에도 고양이는 디딜 발판, 아니 발톱판을 확보했고 서쪽으로 퍼져나갔다. 개척지 수비대 또는 서부 변경 지대의 전초지에 배치된 덕분이다. 광부들도 고양이를 캘리포니아와 알래스카로 데려갔고 금가루를 받고 팔았다.[32] 언제나처럼 사람들은 고양이가 신흥도시로 밀려드는 쥐를 억눌러주기를 바랐다. 그러나 고양이에게 그럴 능력이 부족했다는 것을 말해주는 미묘한 단서가 있다. 1850년대에 한 육군 중사는 캔자스 요새에 있는 고양이들이 "완전히 엉망"이라고 불평했다. "쥐를 제대로 잡지 못해 온통 벼룩이 날뛸 판이고 풀이 죽은 채 어정거리기나" 했다는 것이다.[33] 일부 고양이는 벼룩이 득실거리는 인간 정착촌을 버리고 맛있는 토종 먹잇감이 풍부한 들판으로 나가는 모험을 감행한 것으로 보인다.

동물 보호의 관점에서 가장 중요한 사실은 식민지로 이주한 영국인들이 태평양의 온갖 섬에 고양이를 심어두었고 그리하여 고양이의 오스트레일리아 점령을 가능하게 했다는 점이다. 이르게는 1770년 제임스 쿡의 인데버호가 퀸즐랜드 북부에 정박했는데, 한 관찰자는 "고양이들이 어떤 방식으로든 관리되고 있었다고는 도저히 생각할 수 없다"라고 적고 있다.[34] 오늘날 시드니에는 고양이 트림의 동상이 있다. 트림은 최초로 오스트레일리아를 한 바퀴 항해한 배에 타고 있었다.[35] 트림의 주인이었던 용맹한 영국인 탐험가 매슈 플린더스는 고양이에 대한 약간의 집착이 드러나는 기록을 남겼다. 그는 뭍에 오른 트림의 모험을 다음과 같이 짓궂게 묘사했다.

"트림은 과학의 여러 분야에 걸친 다양하고 신기한 현상들을 관찰했다. 특히 자신의 입맛에 맞는 소형 포유동물, 새 그리고 날치의 생장에 관심을 보였다."[36]

고양이의 쥐잡이 능력을 믿었던 영국인들은 사려 깊게도 잠재적인 식민지로 여긴 머나먼 섬들에 고양이를 놔두고 왔다.[37] 타히티섬에도 스무 마리를 보냈다. 난파한 배의 고양이들이 해안

으로 헤엄쳐 오는 바람에 우연히 고양이를 얻게 된 식민지도 있었다.[38]

항해 기록 가운데 가장 흥미로운 내용은 고양이를 처음 본 섬사람들의 반응이다. 원주민들은 고양이와 비슷한 것도 본 적이 없고 그런 생물이 있으리라 상상도 해본 적 없는 상태에서 고양이를 처음 만났다.

인간을 휘어잡는 고양이의 힘은 여기서 가장 극명하게 드러난다.

"그들은 우리의 고양이를 보고 특히 감탄했다."[39]

식민 기관의 관리였던 존 유니아크는 1823년 퀸즐랜드 해안에 정박한 머메이드호에 원주민이 탔던 순간을 회상하며 이렇게 말했다.

"고양이를 계속해서 쓰다듬었고 해변에 있는 친구들도 보고 감탄할 수 있도록 고양이를 높이 들어올렸다."

미국인 탐험가 티션 필은 사모아인이 "고양이에 열광했고 섬에 들르는 포경선으로부터 어떻게든 고양이를 얻으려고 온갖 수단을 동원했다"라고 썼다.[40] 하파이제도에서는 원주민이 제임스 쿡 선장의 고양이 두 마리를 훔쳤다.[41] 에로망고섬에서 원주민들은 폴리네시아 백단향나무로 만든 끈을 탐험가들의 고양이와 맞바꾸었다.[42]

선견지명이 있는 일부 원주민은 고양이를 두려워했지만 대체로 신기하다는 반응을 보였다. 기독교 선교사들과 함께 도착한 사랑스러운 애완고양이들이 전도에 큰 도움이 되었음은 물론이다.[43] 1840년대에 이르자 오스트레일리아 원주민이 가방에 고양이와 새끼를 담아 들고 다니는 광경이 목격되기도 했으며[44] 그 다음 세기 말엽의 원주민은 이 당당한 침입자를 토종 짐승으로 여겼다.

〰

물론 고양이는 환영 행렬이 없어도 잘만 살아왔고 어디에 떨어지든 무사히 착지했다. 고양이와 개의 차이는 이 같은 자생력에서 더욱 두드러진다. 들개는 개발도상국 내 여러 도시에서 여전히 문제가 되고 있으며 때로는 침입 포식종의 역할을 한다. 가령, 2006년 피지에서는 들개 열두 마리가 희귀종인 피지땅개구리를 몰살하는 주범으로 몰리기도 했다.[45] 그러나 사실상 개는 인간과 살면서 생물학적으로 재탄생했고 우리가 필요로 하는 용도에 긴밀하게 맞추어져 있어서 우리가 없으면 무척 불행하다.[46] 야생을 떠나 너무 멀리 온 느낌이다. 반면 고양이는 두 세상 모두에 다리를 걸치고 있기에 적응력이 훨씬 뛰어나고 따라서 무시무시한 침입자가 될 수 있다.

일단 엄마로서 들개의 능력은 형편없다. 길에서 태어난 개는 죽기 쉽다. 들개 무리는 새끼를 낳기보다 새로운 들개를 영입함으로써 유지된다.

그러나 고양이는 엄마가 새끼를 애지중지하고 인간 영역 안에서든 밖에서든 대적할 상대가 없을 정도로 번식력이 왕성하다.[47] 암컷은 6개월령에 이르면 짝짓기가 가능하고 그 이후부터는 호랑이보다는 토끼처럼 번식한다. 이것은 작은 몸집과 잦은 번식주기 덕분에 고양이가 갖게 된 중요한 생태적 강점이다. 실제로 고양이는 일부 야생 설치류보다 더 빨리 번식할 수 있다. (키라고숲쥐가 보고 배우면 좋겠다.) 어떤 계산법에 따르면 고양이 한 쌍이 5년 동안 생산한 자손이 모두 생존할 경우 총 35만 4294 마리가 된다.[48] 실제로, 호락호락하지 않은 환경의 매리언섬(만년설과 활화산이 있는 이 섬은 고양이의 낙원과 매우 거리가 멀다)에 유입된 고양이 다섯 마리가 남긴 자손은 25년이 지난 시점에 2000마리를 넘어섰다.[49]

게다가 고양이는 새끼도 사냥감을 죽이는 법을 안다. 들개는 무리 지어 사냥하는 법을 비롯한 늑대 조상의 습성을 이어받지 못하고 쓰레기를 뒤지는 데 거의 전적으로 의존한다. 반면 고양이는 구하기 쉽고 맛있는 쓰레기를 거부하지는 않으나 쓰레기가 없다고 해도 인적 드문 곳으로 가서 스스로 사냥을 하므로 먹고사는 데 어려움이 없다. (고양이는 따뜻하고, 축축하고, 아직 움찔거리고 있는 요리를 선호한다고 한다.) 부지런한 고양이 엄마는 새끼가 몇 주만 돼도 사냥을 가르치는데, 구할 수 있다면 살아 있는 먹잇감을 가져와 교육한다.[50] 가르쳐줄 엄마가 없어도 새끼 고양이들은 살금살금 다가가 사냥감을 덮치는 방법을 스스로

깨친다.

"놀이를 하는 새끼 고양이의 행동은 사냥을 흉내 내는 행위일 뿐 다른 어떤 의미도 없다"라고 엘리자베스 마셜 토머스는 『호랑이 종족』에서 말한다.[51]

포식자로서 고양이는 거의 초자연적인 능력을 갖고 있다. 자외선을 볼 수 있으며 초음파를 들을 수 있고 3차원 공간에 대한 신비로울 정도의 이해를 갖고 있어서 소리가 발생하는 지점의 높이도 판단할 수 있다. 고양이는 고양잇과 동물에게만 주어진 이 특별한 재능을 다른 고양잇과 동물은 가지지 못한 유연한 소화력과 결합시킨다. 일부 야생 고양잇과 동물은 특정한 친칠라 또는 산토끼만을 먹는 반면 고양이가 먹는 동물은 1000종이 넘으며 여기에는 쓰레기통에 든 온갖 기이한 잡동사니는 포함되지 않는다.[52]

생활 방식 또한 융통성이 넘쳐서, 고양이는 자연 상태에서처럼 홀로 살 수도 있고 무리 지어 살 수도 있다. 지배하는 영역이 4제곱킬로미터에 달하는 땅일 수도 있고 원룸형 아파트 내부일 수도 있다.[53] 거대한 바위들 위를 배회할 수도 있고 달리는 차들 사이를 비집고 도로를 지나다니기도 한다. 대체로 야행성이지만 먹이 종류, 기온, 계절에 따라 낮 시간에 사냥 여행을 떠나기도 한다.[54] 심지어 신체 구조를 재조정하기도 한다. 행동생태학자이자 야생동물협회 회장을 지낸 마이클 허친스는 갈라파고스제도를 여행한 이야기를 해주었다. 이 섬에는 희귀하고 유명한 동물이 많지만 담수가 부족하기 때문에 육지 동물이 살기 매우 어려운 곳이다. 그러나 고양이에게는 어렵지 않았다. 갈라파고스제도로 유입된 뒤 번성하고 있는 고양이는 "피와 이슬"로 수분을 섭취하며 생존한다고 허친스는 말한다. 그리고 그 결과 눈에 띄게 큰 콩팥을 갖게 되었다. 오늘날 이 적응력 뛰어난 생존자들은 멸종 위기에 있는 갈라파고스슴새와 다윈이 발견해 유명해진 핀치새까지 먹이로 삼는다.

이런 고양이의 유연성은 무엇보다 우리와의 관계에서 최고조에 달한다. 고양이가 다른 포유동물, 특히 육식동물에게는 없는 여러 선택지를 갖는 것은 바로 우리 사이에서 누리는 특별한 지위 때문이다. 배의 평형수나 사람의 신발 바닥을 통해 전 세계로 이동하는 침입종 동식물을 우리가 의식적으로 지원하는 경우는 많지 않다. 그러나 고양이의 경우 우리는 노골적으로 상황을 고양이에게 유리하게 만들어준다. 고양이와 아무 상관도 없는 땅에 고양이를 데려다 놓을 뿐만 아니라 고양이에게 넉넉히 먹이를 주고 동물병원으로 데려가 예방접종을 맞추는가 하면 집 안에서 그리고 마루 밑에서 살도록 허락함으로써, 내버려두면 일찍 죽을 수도 있는 녀석들을 여러 해씩 데리고 산다.

이러한 혜택을 누리는 덕분에 사냥꾼으로서 고양이는 자연의 순리에 곧잘 도전하곤 한다. 대체로 생태계가 지탱할 수 있는 포식동물의 숫자는 그 먹이동물이 감당할 수 있을 만큼이다. 그보다 많아지면 포식동물은 굶는다. 그러나 특히 도심 지역에서, 고양이 숫자는 먹이동물의 숫자가 아닌 인구를 반영한다. 집 안에서 애완용으로 키우기 때문이기도 하고 수많은 길고양이가 우리의 쓰레기장을 주기적으로 찾기 때문이다. 영국 브리스틀에는 1제곱킬로미터당 348마리의 고양이가 산다.[55] 로마와 예루살렘, 일본의 일부 지역에서는 1제곱킬로미터당 2000마리가 넘는 밀도가 기록된 바 있다.[56] 이런 최상위 포식자의 과다는 지역 먹이동물들을 압박한다. 다 큰 새보다 고양이가 더 많은 지역도 있다.[57] 이는 누의 숫자에 비해서 사자가 많은 상황에 견줄 수 있다.

당황스러운 것은 이런 말도 안 되는 밀도가 인간과 인간이 따주는 통조림이 드문 장소에서도 나타날 수 있다는 점이다. 우리가 여러 외딴 지방에 고양이를 들여놓으면서 의도치 않게 다른 먹이동물도 풀어놓았기 때문이다. 특히 집토끼라든가 배에 살다가 우연히 빠져나간 생쥐와 시궁쥐가 여기 포함된다. 인간과 가까운 이 영리한 동물들은 나름대로 고양이만큼 놀랍고 능력 있는 존재들로서 새로운 생태계로 침입해 놀라운 속도로 번식한다. 그 숫자는 엄청난 수의 고양이를 지탱할 수 있을 정도이고, 고양이는 전체 개체 수가 유지되는 선에서 마음껏 토끼와 쥐를 먹을 수 있기 때문에 취약하고 희귀한 토종 생물에 생존을 의존하지 않아도 된다. 그럼에도 편의에 따라 사냥을 나서는 고양이는 위기종을 만날 때마다 간식이나 놀이 삼아 하나씩 잡아먹고 결국 멸종 직전까지 몰고 가기도 한다.

이러한 현상을 과잉 포식이라고 부른다.[58]

〰

오늘날 고양이는 과거에 고양잇과 동물이 전혀 없었던 수천 개의 섬에 서식하고 있으며 이런 유입은 지금도 여전하다. 그 원인으로는 관광용 크루즈나 부족의 이주, 그리고 생태학자들이 두고두고 부끄러워할 일이지만 연구 목적의 원정이 있다. 오랫동안 고립되어 있었던 섬들은 생태 다양성의 보고이다. 토종 포식동물이 없으니 고양이는 먹이사슬의 꼭대기로 오르기 쉽고 먹잇감은 어디로도 도망칠 수 없다. 먹이동물들이 꼭 도망을 치고 싶어 한다는 뜻은 아니다. 뭘 모르는 섬 동물들은 대개 포식자를 피하기 위한 전략을 갖고 있지 않다. 심지어 두려움도 모른다. '섬 생물 특유의 온순함'(island tameness) 때문에 그야말로 날지 못하는 새처럼 가만히 앉아 잡아먹히기를 기다린다.

남아프리카공화국 다센섬에 1800년대 후반 유입된 고양이들은 아프리카오이스터캐처, 크라운드랩윙, 호로새 등을 사냥했다. 1950년대에 군 수비대가 고양이를 데리고 들어간 멕시코의 소코로섬에서는 비둘깃과의 새가 멸종되었다.

인도양 서쪽 레위니옹섬에서 고양이는 멸종 위기에 처한 바라우바다제비를 먹어치웠다. 그레나딘제도에서는 심각한 위기에 처한 그레나딘발톱도마뱀붙이를 실컷 먹는다. 지역민의 애정 공세를 받았던 사모아에서 고양이는 사모아비둘기를 공격한다. 카나리아제도에서는 위협받는 동물로 분류되는 세 종의 거대 도마뱀과 카나리아제도검은딱새를 공격한다. 괌섬에서는 "날지 않고 은둔하는"[59] 괌뜸부기를 표적으로 삼았는데 이 새는 현재 극도의 위기에 처해 있다. 미국 어류·야생동물관리국은 "포식 활동을 하는 고양이로 인해 현재 괌에는 괌뜸부기가 살고 있지 않는 것으로 파악된다"라고 밝혔다.

피지, 케이맨제도, 영국령 버진아일랜드, 프랑스령 폴리네시아, 일본도 마찬가지다. 각지의 생태계마다 다른 사연이 있지만 목록은 끝없이 이어진다. 남극과 가까운 케르겔렌제도에는 바람이 너무 많이 불어 곤충이 살 수 없다. 제임스 쿡 선장은 이곳을 "황무지 섬"이라고 불렀다. 여기서는 케르겔렌양배추가 자란다. 비타민 C가 풍부해 괴혈병을 막는 데 유용하기 때문에 오랜 세월 뱃사람들이 주식으로 먹었다.[60] (선상에서 외과 수술을 보조하던 조지프 후커라는 사람은 1840년에 이 채소는 "특이한 맛"이 난다는 기록을 남겼다.[61] 양배추와 주로 연관이 있는 속 쓰림이나 "불편한 증상"을 유발하지 않는다고 덧붙이기도 했다. 비좁은 선내에서 지내는 사람들에게 이 채소는 아주 다행스러운 발견이었다.) 그러나 곧 양배추에 질린 뱃사람들은 고기 생각이 간절했고 섬으로 토끼를 데리고 왔다. 그러자 토끼 숫자가 폭발적으로 늘어났고 1951년 프랑스 소속 한 연구 시설의 과학자들은 대응책으로 고양이를 몇 마리 풀어놓는 시도를 했다.[62] 1970년대가 되자 그 몇 마리는 몇천 마리가 되었고 흰턱검은슴새와 남극고래새를 포함하여 매년 약 120만 마리의 토종 새들을 배불리 먹었던 것으로 추정된다.

하와이에서도 고양이로 인한 재앙이 진행 중이다. 고양이 애호가였던 마크 트웨인은 1866년 하와이제도의 고양이들을 보고 "고양이 소대, 고양이 중대, 고양이 연대, 고양이 군대, 무수한 고양이들"이라고 했는데[63] 이때만큼은 마크 트웨인이 과장을 보태지 않았다고 150년이 흐른 지금 우리는 말할 수 있다. 고양이는 심지어 해발 3000미터, 마우나로아 화산의 용암이 흐르는 곳에서도 살 수 있다.[64] 불행히도 미국의 50번째 주가 된 하와이는 다소 소극적인 습성을 가진 새들의 고향이며 개중에는 오직 하와이에만 서식하는 새도 있다. 예를 들어 쐐기꼬리슴새는 일곱 살이 될 때까지 알을 낳지 않으며 낳을 때가 되어도 1년에 한 번밖에 낳지 않는다.[65] 멸종 위기종인 하와이슴새는 15주 동안 땅굴 둥지에서 날아오르지 못한다. 카우아이섬에 사는 뉴웰슴새는 나방처럼 도심의 불빛에 다가가는 습성이 있는데 홀린 듯 정신없이 날다가 갑자기 기운이 빠져 하늘에서 떨어진다. 마음씨 착한 사람들에게 떨어진 새를 발견하면 구조해 보호소로 데려다주라고 안내하고 있지만 고양이들은 어느새 불빛 밑에서 기다리는 법을 터득했다.

뉴질랜드에서 고양이는 이 섬나라의 유일한 토종 포유동물인 박쥐를 먹는다. 1800년대 말 티블스라는 고양이 한 마리가 스티븐스섬의 굴뚝새를 박멸했다는 이야기도 있다. 오늘날 학자들은 이것이 여러 고양이의 소행이었다고 말하지만 사라진 새들에게 그런 세부적인 사실은 별 의미가 없다. 고양이는 또한 회색슴새와 키위의 감소 원인으로 지목된다. 1970년대에는 얼마 남지 않은 카카포를 궁지에 몰아넣어, 날지 않는 이 거대한 앵무새는 오늘날 100마리가 조금 넘는 숫자만이 남아 있다.[66]

섬에 사는 새들의 '아침 합창'을 틀어막은 것으로 모자라 고양이는 말 없는 투아타라도 겨냥했다. 투아타라는 뉴질랜드에 서식하는 희귀한 파충류로 그 뿌리는 공룡시대의 여명기까지 거슬러 올라간다. 그러나 고양이 때문에 본섬에서 투아타라의 역사는 막을 내리고 말았다.

〰

그뿐만 아니라 섬이면서 대륙인 오스트레일리아의 사례를 빼놓을 수 없다. 오스트레일리아는 마구잡이로 침입해 들어온 여러 외래종과 싸워왔다. 수수두꺼비, 흰점찌르레기, 영원(smooth newt), 붉은여우, 낙타, 블랙베리, 물소 등. 그러나 많은 사람들의 머릿속에서 고양이는 가장 지독한 악역을 맡고 있으며 오스트레일리아 야생동물보호협회 회장이 말하는 "생태계 악의 축"[67]의 주된 구성원이다.

오스트레일리아에는 애완고양이가 약 300만 마리, 자유롭게 돌아다니는 고양이가 1800만 마리 정도 산다. 합치면 대륙 전체의 인구와 거의 맞먹는 숫자다. 오스트레일리아 생태학자 이언

애벗은 고양이가 해안가 몇 군데에 상륙했던 1788년부터 대륙 전체를 손에 넣은 1890년까지 고양이의 침공이 어떻게 펼쳐졌는지 끼워 맞춰보기로 했다. 가히 영웅적이라고 할 만한 이 연구를 진행하며 애벗은 이전의 역사가들이 좀처럼 주목하지 않은 키워드를 찾아내기 위해 고양이를 언급한 식민지 시대 기록을 샅샅이 들추었다.[68] 1800년대 초 고양이에 대한 기록은 부수적인 차원에 그쳤다. 가축 목록의 일부로 언급된다든지, 고양이가 살찐꼬리두나트를 집으로 끌고 들어왔다든지, "내기에서 이기려고" 고양이를 잡아먹었다든지 하는 내용이었다. 그러나 1880년대에 이르러 오지에서 나온 경험담은 좀 심상치 않다. 고양이가 전혀 없을 것 같은 지역의 한 숲에서 사람들이 불을 피우고 둘러앉아 있는데 모르는 고양이가 어둠을 헤치고 다가와 그 틈새에 끼어 앉았다는 기록이 있다. 또, 1888년 어느 관찰자는 "고양이가 온 나라에 퍼졌고 저 멀리 앨로이시어스산까지 들어간 고양이도 다수"라고 주장했다. 1908년에도 한 탐험가는 "수많은 고양이 발자국이 온 사방으로 향하고 있었다"라고 기록했다.

고양이는 광부와 목축민을 뒤따라 내륙 깊은 데까지 들어갔고 인간과 가축이 더 이상 견디지 못한 환경에서도 버텨냈다. 그러나 야생의 자연 깊숙이 파고들기까지는 몇십 년이 더 걸렸는데, 고양이의 놀라운 침입 능력을 익히 아는 애벗은 무엇 때문에 이렇게 오랜 시간이 걸렸는지 궁금했다. 짐작하기로는 다른 섬들과 달리 오스트레일리아에는 만만치 않은 토종 포식동물이 있었기 때문일 것이다. 타이거주머니고양이나 쐐기꼬리수리 등은 고양이를 먹잇감으로 삼았을 법하다. 인간이 이런 육식 경쟁자들을 쏴 죽이거나 굶겨 죽이거나 어쨌든 사라지게 만든 뒤에야 고양이는 급격하게 늘어갔다.

게다가 영국인의 혈통을 지녀서인지 오스트레일리아인은 계속해서 일부러 고양이를 풀었다. 새가 과일을 먹지 못하게 하거나 바닷새가 진주잡이 배에 앉는 것을 막으려는 이유도 있었지만 무엇보다 몰려드는 토끼를 제어하기 위해 고양이를 급파했다. 번식력이 왕성한 토끼는 부엌 냄비 밖으로 퍼지고 퍼져 정착민들의 농사를 망친 것은 물론 지역 초목을 엉망으로 만들어놓았다. 1884년 토끼억제법을 제정한 오스트레일리아 정부는 정식으로 고양이와 동맹을 맺었고 이에 따라 고양이를 죽이는 행위는 범죄가 되었다. 정부는 파루강 근처 통고목장에 고양이 400마리를 풀었고 애들레이드시의 고양이 200마리를 래기드산 주변의 야생으로 '방생'했다. 뉴사우스웨일스주로 고양이를 이동시켰고 퍼스시에서 고양이를 구매해 유클라에 놓아주었다.

일부 지역에는 고양이 공무원을 위한 작은 집도 지어졌는데 빅토리아주의 캣하우스산 같은 지명에는 이런 역사가 뚜렷이 남아 있다.[69] 그러나 적응력이 뛰어난 고양이들은 스스로 숙박을 해결했다. 『이상한 나라의 앨리스』에서처럼 토끼 굴 깊숙한 곳에서 고양이가 발견되는 일도 있었다. 고양이가 제거 대상인 토끼들의 굴을 차지하는 법을 터득한 것이다.

"토끼는 먹이와 거처까지 제공함으로써 고양이의 확산을 도왔다."[70]

어깨가 무거웠을 오스트레일리아 환경부에서 작성한, 배신감에 찬 내부 기록의 일부다. 궁극적으로 고양이는 토끼를 몰아내는 데 실패했을 뿐만 아니라 토종 동물까지 배불리 먹었다. 자연보호를 위해 "역병" 같은 토끼와 싸우던 사람들이 고양이에 대해 "재앙"이라는 말을 입에 담기 시작한 것이 1920년대 무렵이다.[71] 변절자 고양이가 산불과 같은 기타 환경 재해의 덕을 톡톡히 봤다는 말도 있었다.[72] 가령, 불이 지나간 자리에 숨어 있다가 기진맥진한 생존자들을 싹쓸이했다는 것이다.

대학살의 기록은 오늘날에도 갱신 중이다.[73] 고양이의 먹이가 되는 동물은 대체로 작고 수줍으며 야행성이고 눈에 잘 띄지 않는다. 주머니개미핥기, 피그미바위왈라비, 늪안테키누스, 긴코쥐캥거루 같은 동물이 여기 속한다. 키라고숲쥐와 크게 달라 보이지 않는 큰나뭇가지둥지쥐는 한때 100만 킬로미터 길이에 달하는 서식지에 살았지만 언젠가부터 반경 5킬로미터의 섬 안에 갇혀 살게 되었고 여기에는 어느 정도 고양이의 책임이 있다.[74] 같은 나라에서 살다가 이제는 지구상에서 완전히 사라져버린 작은나뭇가지둥지쥐보다는 그나마 나은 운명이다.

오스트레일리아는 멸종 위기종을 고양이로부터 보호하기 위해 섬으로 이주시키기도 했다. 또한 "전기 충격을 견딜 수 있고 땅을 팔 수 있으며 수직면을 오르고 1.8미터 이상의 높이를 뛰어오를 수 있는"[75] 고양이의 습성을 염두에 두고 제작된 첨단 고양이 방지 펜스를 세웠다. 얼마 남지 않은 밝은색들쥐들이 피난해 있는 웡갈라라 야생보호구역 같은 장소에서는 환경 활동가들이 플래시를 들고 개와 함께 이 펜스의 경계를 순찰한다.[76]

그러나 항간에는 "인간과 (이미 멸종된) 긴꼬리껑충쥐가 공들여 세운 계획은 종종 빗나간다"라는 말이 있다.

위험 상태에 있는 또 하나의 오스트레일리아 포유동물은 큰빌비이다. 수줍음이 많은 회색 유대류로 마치 생쥐와 토끼의 사생아같이 생겼다. 어딘가 어색해 보이고 주둥이가 꽤 긴 이 동물은 아주 귀엽기도 하다. 가까운 친척인 작은빌비는 오스트레일리아 야생동물보호협회의 마스코트로 세계자연기금의 판다와 비슷한 역할을 한다. 안타깝게도 작은빌비는 1960년대에 멸종했는데 그 원인 중 하나가 고양이의 포식 활동이었다. 큰빌비는 아직 버티고 있지만 한때 오스트레일리아 대륙의 70퍼센트에 걸쳐 있었던 활동 범위는 이제 턱없이 축소되었다.

고양이 먹잇감으로는 드물게 빌비는 애호가 단체가 있으며 최근에는 포일로 포장한 부활절 초콜릿을 얄미운 침입종인 토끼 모양으로 만들지 말고 빌비 모양으로 만들자는 전국적인 움직임도 일었다.[77] 빌비구조기금은 몇 년 전 퀸즐랜드에서 몇천 평쯤 되는 빌비 서식지 주위로 50만 달러를 들여 포식동물 방지 펜스를 설치하고 생존해 있는 귀중한 빌비 수십 마리를 이 안으로 몰아넣었다.[78] 천만다행히도 이 희귀한 유대류는 여기서 번식을 시작했고 2012년까지 100마리 이상의 새끼를 낳았다. 물론 야생 상태였을 때와 비교하면 부끄러울 만큼 적은 숫자이다.

그러나 빌비의 후원자들이 모르는 사이 폭우와 홍수로 고급 펜스에 녹이 슬어 구멍이 생겼다. 이후 경계가 뚫린 보호구역으로 들어간 연구자들은 고양이 스무 마리를 발견했고 새끼 빌비는 단 한 마리도 발견하지 못했다.

〰

오스트레일리아와 그 밖의 나라들의 생태학자들은 고양이의 포식 활동 자체에만 초점을 맞추다 보면 침입종이 생태계에 일으키는 연쇄적 교란 방식을 과소평가하게 된다고 지적한다. 몇 가지 연구 결과에 따르면 고양이의 존재만으로도 일부 조류는 겁을 먹고 번식을 하지 않거나 두려움에 새끼를 제대로 먹이지 못한다.[79] 피닉스제도의 센털넓적다리중부리도요는 안전하게 털갈이를 하기 위해 고양이의 영역을 완전히 피하는 법을 터득했다.[80] 타마왈라비는 고양이 소변 냄새만 맡아도 숨이 거칠어진다.

경쟁 관계에 있는 포식동물도 압박을 느낀다. 메릴랜드주의 한 연구에 따르면 고양이가 다람쥐를 너무 많이 먹어서 그 지역 매가 먹이를 명금류로 바꾸었는데 노래하는 새를 사냥하는 것은 훨씬 어려워서 새끼 매의 생존율이 감소했다고 한다.[81] 그리고 고양이는 마지막 남은 플로리다퓨마들에게 고양이백혈병을 옮긴 것으로 보이며[82] 광견병을 옮기기도 한다. 또한 흰고래부터 일반 돼지, 더 이상 야생에서 찾아볼 수 없는 하와이까마귀, 그리고 인간에 이르는 엄청나게 다양한 동물에게 톡소플라스마병이라는 고약하고 때로는 치명적인 질병을 전했다.

고양잇과 최상위 포식자가 외부에서 들어오면 식물도 위험에 빠질 수 있다. 발레아레스제도에서 고양이의 포식 행위는 씨앗을 먹고사는 고유종 도마뱀의 멸종을 재촉했다.[83] 그 도마뱀은 매우 희귀한 토종 식물이 씨앗을 퍼뜨리는 유일한 수단이었다. 하와이에서는 배설물이 중요한 비료 역할을 하는 바닷새 무리가 위험에 처해 있다.[84]

대륙에서의 고양이의 포식 행위에 대해서는 상대적으로 연구가 미흡한데 고양이와 잠재적 먹이동물의 숫자가 워낙 엄청나기 때문에 연구 주제로 삼기가 어렵다는 점이 그 이유 중의 하나다. 스미스소니언 협회와 정부 소속 연구자들이 실시한 2013년 미국의 포식 행위에 대한 메타분석은 수십 개의 자연보호 단체가 주인 없는 고양이를 모든 연방 소유의 땅에서 몰아내자는 서명운동에 나서게 했다. 발표 즉시 논란이 된 이 연구의 대상은 좁은 영역에 국한돼 있었고 여기서 나온 결과를 기초로 드넓은 본토 전체에 대해 추정을 했기 때문에 그 결론은 "폭넓은 다양성과 불확실성"[85]을 내포한다고 『뉴욕 타임스』는 실었다. 오하이오주립대학교의 스탠리 거트는 희망에 찬 기색으로, 미국 본토의 또 다른 중요한 포식동물인 코요테 덕분에 스미스소니언 연구 결과가 보여주는 것보다 고양이의 숫자가 더 잘 조절되고 있을 수 있다고 말했다. 코요테는 실제로 서식 범위가 과거에 비해 늘어나고 있는 대형 육식동물이다. 그러나 여러 보전생물학자들은 연구 데이터를 그대로 받아들인다.

섬 생태계가 준 교훈은 미국 본토에 점점 더 의미 있게 적용할 만하다.[86] 일부 과학자들은 미국 본토가 수많은 "섬으로 바뀌는" 과정 중에 있다고 말한다. 높은 기온, 밝은 불빛, 시끄러운 소음, 풍부한 물과 음식은 우리의 마을과 도시를 주변과 완전히 다른, 몹시 불안정하기는 해도 고유한 생태계로 만든다.

마찬가지로, 남아 있는 자연 또한 서식지 분열로 인해 섬이 되어가고 있다. 강과 바다가 아닌 도로와 도시 구획으로 분리되었다는 점이 다르지만 그곳에 사는 동물에게 효과는 비슷하다.

많은 경우 21세기 미국 본토에 적응해야 하는 야생동물은 태평양에 표류된 동물과 상황이 크게 다르지 않다.

〰

여러 멸종 위기종의 마지막 생존 개체들을 보호하는 데 실패하면서 전 세계 생태 운동가들은 일부 지역에서 본격적인 고양이 학살을 시도하고 있다. 이들은 표적 바이러스나 치명적인 독으로 고양이 은신처를 폭격한다. 산탄총과 사냥개로 고양이를 총공격하기도 한다. 싸움의 선두에는 오스트레일리아가 있다. 오스트레일리아에서 고양이 발톱을 제거하는 것은 불법이지만, 오스트레일리아 정부는 고양이 잡는 신약을 개발하는 연구에 자금을 지원한다. 캥거루고기로 만든 독성 소시지 '이래디캣'의 개발이 여기 포함된다.[87] '캣어새신'이라는 금속 터널도 개발되어 시험 중인데 고양이를 꾀어 터널 안으로 끌어들인 뒤 약을 뿌리는 장치이다.[88] 과학자들은 태즈메이니아데빌을 본토로 불러들여 고양이를 찢어 죽이게 하는 것도 고려했다.[89]

문제는 고양이가 생태계에 한번 뿌리를 내리면 뽑기가 거의 불가능하다는 점이다. 고양이는 살아 있는 짐승을 먹이로 선호하기 때문에 약을 섞은 미끼는 거의 효과가 없다. 게다가 가공할 만한 번식능력이 있기에 생화학 전쟁에서 두어 마리만 살아남아도 언제 그런 일이 있었냐는 듯 다시 원래대로 불어날 것이다.

아주 작은 섬에서는 고양이를 추방하는 일이 가능하지만 2.6제곱킬로미터당 약 10만 달러의 비용이 소요된다.[90] 과정은 대충 이렇다.[91] 1977년 남아공 과학자들은 무인도 매리언섬에 사는 고양이 수천 마리를 없애기 위해 범백혈구감소증을 일으키는 치명적인 고양이 바이러스를 도입했다. 이것은 개체 수를 약 615마리로 떨어뜨려 놓았지만 충분히 낮은 숫자가 아니었다. 그래서 고양이 박멸 운동가들이 온갖 덫을 놓았고 개를 동원하거나 때로는 개 없이도 사냥을 했고 독약도 썼으며 밤낮을 가리지 않고 총을 쐈다. 1986년에서 1990년 사이에는 사냥꾼 여덟 팀이 8개월씩 네 번 파견되어 혹독한 기후의 벌판을 누볐다. 872마리를 죽이고 80마리를 생포하는 데 도합 1만 4728시간이 걸렸다. 마지막 한 마리를 1991년 7월에 죽였지만 확실히 하기 위해 사냥꾼 열여섯 명이 이후 2년간 계속해서 섬을 뒤졌다. 다른 침입종이라면 과도한 박멸이라고 할 수 있겠지만 고양이의 경우는 다르다.

캘리포니아 앞바다에 있는 샌니컬러스섬에서도 비슷한 일이 있었다. 이곳에서 고양이를 상대로 힘겹게 얻어낸 승리는 미국 해군의 "기념비적 업적"이라고 섬에 있는 미사일 시험장을 감독하던 지휘관이 말했다.[92] 고양이를 쫓아내기 위해 수년간 계획하고 18개월간 포획했으며 총 300만 달러를 들였다. 고양이는 섬의 고유종인 사슴쥐와 연방 정부의 보호를 받는 밤도마뱀을 사냥했다. 고양이 사냥꾼들은 아메리카 원주민의 유적을 건드리지 않도록 조심해야 했으며 잘못해서 해군 무기를 작동시키는 일이 없도록 특별한 무선통신 채널을 이용해야 했다. 한편, 싸움을 통해 단련된 고양이들은 게릴라 전법을 쓰면서 사냥개는 물론 특수 제작된 전자식 덫을 피했고 "고양이 유인 음향", 즉 디지털로 녹음된 고양이 울음소리를 들은 체도 하지 않았다. 결국 전문적인 보브캣 사냥꾼이 일을 마무리했다.

지금까지 고양이가 추방된 섬은 100군데 가까이 된다.[93] 서인도제도의 롱케이섬에서는 터크스케이커스바위이구아나가, 캘리포니아만 코로나도섬에서는 코로나도사슴쥐가 새 삶을 찾았다. 갈라파고스제도에서도 고양이 제거가 이루어지고 있다. 그 밖에도 수많은 멸종 위급 단계의 동물들이 구원을 기다리는 중이다. 마르가리타캥거루쥐, 암스테르담앨버트로스, 산로렌소쥐가 여기 포함된다. 한편, 대규모 소탕 작전 중 약 20퍼센트는 완전히 실패했다. 뉴질랜드의 리틀배리어섬에서 고양이들은 1968년 유입된 범백혈구감소증 바이러스를 훌훌 털어버렸고 1974년에 이르자 80퍼센트까지 감소했던 개체 수가 원상 복귀되었다. 고양이로 들끓는 생태계가 이미 너무 망가져서 고양이를 제거하면 이득보다 피해가 더 큰 경우도 있다. 매쿼리섬에서 2000년 고양이 소탕 작전이 성공한 뒤 토끼 개체 수가 하늘로 치솟았고, 토끼들이 섬의 초목을 40퍼센트가량 먹어버리는 바람에 산사태가 일어나 펭귄 서식지를 덮쳐버렸다.[94] (이 참상은 우주에서도 보일 정도의 규모였다.[95])

그러나 고양이의 제거를 방해하는 가장 큰 장애물은 고양이 자체의 놀라운 복원력보다 고양이를 사랑하는 사람들이다.

어떤 사람들은 개인의 이익과 관련된 꽤 논리적인 이유로 고양이 제거 노력에 반감을 갖기도 한다. 섬에서든 본토에서든 사람들은 자기 지역에서 고양이 독약이 공중 살포되어 사슴고기가 오염되는 일을 바라지 않으며 총을 든 고양이 사냥꾼들이 돌아다니는 것이 반가울 리 없다.

그러나 무엇보다도 과학자들이 "사회적 용인"[96]이라고 부르는 좀 더 민감한 문제가 있다. 평생 내 삶에 들어와 있었던 친근한 존재인 고양이들이 침입종으로 취급된다는 사실을 알았을 때 나 또한 기분이 좋지 않았다. 알고 보면 나만 그런 것이 아니다. 크로

커다일레이크에서 나는 정부에서 발행한 팸플릿을 보게 되었는데 여기에는 플로리다의 위험한 침입종으로 "외래 자색쇠물닭"과 "토종이 아닌 감비아도깨비쥐"가 언급되어 있었지만 숲쥐를 쫓아내고 있는 고양이는 없었다. 너무 큰 논란을 불러올 수 있는 대상이기 때문인 듯했다.

사람들은 고양이가 죽임을 당하기를 원치 않는다. 온 섬에 학살당한 치토스가 널려 있다고 상상했을 때 보통의 고양이 주인이라면 속이 울렁거리거나 화가 치솟을 것이다. 실제로 여론과 운동은 반대 방향으로 달려가고 있다. 사람들은 우글우글한 고양이 자체를 위험에 처한, 생태학자들로부터 구해내야 하는 동물로 대한다. 그래서 캘리포니아 해군기지에서 붙잡힌 반항아 고양이들은 가스실에서 죽지도 않았고 총을 맞거나 약이 든 캥거루 소시지를 먹지도 않았다. 그 대신 본토에 있는 고양이 보호소로 보내졌다.

이런 무혈 제거 방식조차도 반대 여론에 부딪힐 때가 있다.

"총기 소지 반대 운동을 하는 것 같은 느낌이에요."

자선가 게러스 모건의 말이다. 그는 뉴질랜드에서 자유롭게 나다니는 고양이들을 중성화와 자연 감소를 통해 없애자는 캠페인 '캐츠투고'를 시작했다.

"모든 동물이 이 세상에 자기 자리가 있지만 고양이는 너무 보호를 받아서 도를 넘을 정도로 번성했어요."

오스트레일리아 생태학자 존 워이나스키는 내게 보내는 편지에서 이렇게 물었다.

“특정한 동물에게는 넘치는 애정을 보이고 신경을 쓰면서 다른 동물의 안녕을 무시하는 것은 왜일까요?”

대부분의 오스트레일리아 사람들은 자국 토종 동물에 대한 “애착이 없어서 그런 동물을 잃는 것을 상대적으로 하찮게” 여긴다고 한다.

“우리는 모든 생물을 공평하게 대우하고 있지 않아요.”

하와이에서 보낸 편지에서 보전생물학자 크리스토퍼 레프치크는 말한다.

“우리는 어떤 동물을 좋아할지 고르고 선택하죠.”

우리가 좋아하는 동물은 다름 아닌 고양이인 것이다.

5 고양이 로비스트

내가 애니를 처음 만났을 때 애니는 보호소 우리 뒤쪽 구석에 처박혀 있는 감자튀김 상자 안에 홀로 움츠리고 있었다. 엄마가 키우던 고양이 무리가 최근 몇 년간 줄어들어 있었고 나는 새로운 새끼 고양이를 데려와 머릿수를 채워주겠다고 약속한 터였다. 태어난 지 8주 된 이 줄무늬 고양이는 형형한 초록 눈 주위로 클레오파트라 같은 아이라인이 있었고 턱이 작고 뾰족했다.

"재를 데려갈게요."

내가 선언하듯 말했다.

보호소 직원들은 시선을 교환했고 마침내 그중 한 명이 이렇게 말했다.

"개는 야생이에요."

다른 직원은 길이 든 새끼 고양이 형제자매를 두 팔 가득 안고 와서 그 애들이 얼마나 더 온순한지 보여주었다. 반면 줄무늬 새끼는 내 손길을 거부했고 어떻게든 내 시선을 피했다. 사회화 최적 기간이 거의 지났으므로 입양해서 키우기에는 좋지 않을 거라고 보호소 직원들은 말했다. 근처 숲에서 같은 통덫에 붙잡힌 애니의 엄마는 이미 안락사를 당했다고도 말했다.

안락사라는 말이 나오자 나는 포기하기는커녕 오히려 꼭 데려와야겠다는 생각이 들었고 공기구멍을 뚫은 종이 상자에 애니를 넣어 집으로 돌아왔다. 거의 15년이 지난 지금 애니는 혼자 있는 것을 과하게 좋아하기는 해도 우리 가족의 소중한 반려동물이고 나는 애니를 선택할 기회가 주어졌던 것이 기쁘다. 당시에는 선행을 한다고 생각했다.

그러나 동물복지 분야에는 이 이야기를 듣고 고개를 절레절레 흔들 사람이 제법 있을 것이다. 그런 사람들은 사회화가 되지 않은 고양이는 밖에서 사는 것이 맞고 애초에 보호소 안에 갇힐 이유가 없으며 안락사 문제는 거론조차 되지 않아야 한다고 생각한다. 완벽한 세계였다면 애니와 애니의 엄마는 숲속에 남아 함께 살았을 것이다.

직관에 반하는 것 같지만 고양이를 사랑하는 방식 중의 하나인 이런 관점을 이해하려면 고양이의 이른바 '집사'가 밥을 주는 사람과 수의사뿐만 아니라 변호사와 로비스트까지 포함하는 영역, 좋은 애완동물이 될 수 있는가와는 별개로 고양이의 가치가 결정되는 영역으로 들어가야 한다.

이 관점을 옹호하는 사람들은 고양이가 지금보다 더 사랑받을 자격이 있다고 생각한다. 옛말대로 정말 사랑한다면 자유롭게 놓아주라는 것이다.

~

힐턴크리스털시티호텔에서는 익숙한 광경이 펼쳐지고 있다. 이름표와 마이크, 워크숍, 패널토론, 네트워킹 시간, 연회장, 전시장 등 전문가들이 참가하는 정상급 학회에서 갖출 것은 다 갖추었다. 다만 여자 화장실 줄이 평소보다 길다는 점이 좀 다르다. 생각해보니 남자는 거의 보이지 않는다. 몇 안 되는 남자 중에 한 명은 사람이 빽빽하게 들어찬 연회장 한구석에서 개회 기조 강연에 사용할 동영상을 띄우려고 진땀을 흘리고 있고 그 모습을 수많은 여성이 바라보고 있다. 지켜보는 눈은 또 있다. 안내 책자에서 올려다보거나 포스터에서 내려다보고 있는 고양이의 시선이 온 사방에서 느껴진다. 눈꼬리가 올라간 투명한 초록 눈으로 사람들에게 최면을 걸고 있는 듯하다.

어색한 침묵이 흐르는 가운데 갑자기 한 여자가 홀로 목소리를 높인다.

"부드러운 고양이, 따뜻한 고양이!"

TV 드라마 「빅뱅이론」에 나오는 고양이 노래이다. 후렴구의 "가르릉, 가르릉, 가르릉!"에 다다랐을 때는 이미 여성 수백 명이 따라 부르고 있다.

앨리캣앨라이(길고양이 동맹)의 제1회 전국 콘퍼런스가 막을 올린 것이다. '고양이를 위한 변화의 설계'라는 제목 아래 미국 전역뿐만 아니라 캐나다와 이스라엘의 고양이 애호가들까지 수백 명을 불러들인 이 행사는 가을의 연휴 기간에, 워싱턴과 강 하나를 사이에 둔 버지니아주 알링턴에서 개최되었다. 정치적 세력을 과시하는 동시에 워싱턴시의 고양이 정책에 찬성하는 의미에서 개최지를 이곳으로 선정한 것일 수도 있다. 최근 들어 미국의 수도 워싱턴은 고양이에 관대한 여러 정책을 수립해 수백 개가 넘는 고양이 집단이 번성하는 도시로 유명해졌다.

앨리캣앨라이와 관련 단체들은 '고양이 로비스트'로 일컬어지기도 하고 때로는 서로를 '고양이 마피아'라고 부른다. 활동가들은 각계각층 출신이다. 수녀도 있고 여대생도 있으며 은퇴한 해군 장성, 교도관도 있다. 임시 자원봉사자도 있고 이 일이 직업인 사람도 있다. 모두가 앨리캣앨라이 소속은 아니지만 이 단체는 후원자가 수만 명에 달하고 전국적인 영향력을 갖고 있다. 포샤 드 로시, 앤절라 킨지(NBC 드라마 「오피스」에서의 고양이 애호가 역할로 유명하다), 티피 헤드런(앨프리드 히치콕의 「새」에서 조류의 공격을 받았던 배우이자 야생 큰고양이를 위한 보호구역을 조성한 동물 애호가) 같은 스타들도 이 단체를 지지한다.

앨리캣앨라이는 모든 고양이의 권리를 위한 운동을 하지만 특히 자유롭게 사는 길고양이를 옹호한다. 이 같은 주인 없는 고양이들의 사진이 호텔 곳곳에 걸려 있는데 대개 왼쪽 귀의 끝이 잘려 있다. 왠지 이 작은 흠으로 인해 고양이 얼굴의 "무시무시한 대칭"이 더 강조되는 것 같다.

오늘날 미국에는 수천만 마리, 어쩌면 1억 마리에 가까운 고양이가 자유롭게 돌아다니고 있으며 이것은 주인 있는 고양이의 수와 거의 완벽히 일치한다. 길고양이들은 주차장에서 자연보호구역까지 살지 않는 데가 없다. 반면에 배회하는 개들은 현대 미국과 선진국 대부분의 풍경에서 거의 사라지다시피 했다.[1] 방랑하는 고양이를 어떻게 다룰 것이냐 하는 문제는 고양이와 인간이 함께한 역사 대부분에 걸쳐 무시되었지만 오늘날 점점 논란을 가중시키고 있다.

나는 커피에 넣을 크림을 찾아 헤매지만 두유밖에 찾을 수 없다. 육식동물의 우두머리를 위한 이 회의에서 인간의 음식은 철저히 채식이다. 복도에서 "내가 돌보는 집단에 대해 알려드릴까요"라고 적힌 티셔츠를 입은 여성들이 동네에 두고 온 여러 고양이들의 안부를 확인하기 위해 낮은 목소리로 통화를 하고 있다. 멀찍이 공식 고양이 애호남, 동물 채널 애니멀플래닛의 「사랑할 수밖에 없는 고양이」 진행자 존 풀턴이 돌아다니고 있다. 콘퍼런스 책자에 실린 사진 속에서 존 풀턴은 자신과 똑같은 녹갈색 눈을 가진 새끼 고양이와 함께 포즈를 취했다. 여성들이 토마호크 통덫에 대해, 또는 참치 미끼와 고등어 미끼의 차이에 대해 논의하는 동안 존 풀턴은 몸을 사리는 듯 보인다. 괜히 나서지 않는 편이 현명한 행동일 수도 있다.

콘퍼런스에서는 새끼 고양이가 떼 지어 태어나는 철을 무사히 넘기기 위한 팁, 전국고양이지원센터 현황, 퍼펙트팰의 교도소 내 고양이 돌봄 프로그램 진행 상황 보고와 같은 여러 실질적인 문제가 논의된다. 그러나 노하우를 공유하고, 수다를 떨고, 웃고 때로는 울고 하는 와중에 강경한 정치적 전략을 짜는 자리이기도 하다. 사람들은 "혁명", "과업", "운동"을 입에 올리고 "패러다임 전환", "임무 표류", "번아웃 증후군", "장기적인 목표" 등을 논한다. 참가자들은 고양이 권리장전을 공부하고 수의사를 활동가로 바꾸는 법, 시의회를 설득하고 시장(市長)을 흔드는 법을 배운다.

활동가들의 핵심 목표는 미국의 동물 보호 시스템을 혁신하고 고양이 안락사를 중지시키는 것이다. 고양이가 생존 능력이 뛰어나다는 것이 입증된 오늘날 우리는 주기적으로 고양이를 제거한다. 미국은 집이 없는 건강한 고양이를 매년 수백만 마리씩 죽이고 있다. 이 숫자는 보호소에 들어가는 고양이의 대략 절반이며[2] 주인을 찾아주기 특히 어려운, 사회화가 되지 않은 고양이는 거의 100퍼센트 안락사를 당한다.[3]

고양이 로비스트의 주장에 따르면 더 나은 방법이란, 고양이를 밖에 살게 내버려두되 그 놀라운 번식력을 억제하는 것이다. 강연자들은 대중을 상대로 이야기할 때는 약어를 쓰지 말라고 당부하지만 어쨌든 활동가들 사이에서 이 전략은 TNR이라고 불린다. '잡아서(Trap), 중성화하고(Neuter), 풀어준다(Release)'를 줄인 말로, '풀어준다' 대신 '돌려보낸다'(Return)를 선호하는 사람도 많다. 활동가들은 "동네 고양이" 혹은 "야생고양이"라고도 부르는 떠돌이 고양이들을 덫으로 잡아 생식기능을 제거한 뒤 (수술을 했다는 표시로 귀 끝을 자르고) 원래 "소속된 곳인 자연의 일부"로 돌려보내 여생을 살게 한다.[4]

중성화한 뒤 풀어주는 이 방법은 전국으로 급속히 퍼져나갔고[5] 최근에는 여러 주요 도시들이 받아들였다. 워싱턴에 이어 뉴욕, 시카고, 필라델피아, 댈러스, 피츠버그, 볼티모어, 샌프란시스코, 밀워키, 솔트레이크시티 등이 TNR 정책을 채택했다. 미국 전역에는 약 250개의 TNR 관련 조례가 있는데 앨리캣앨라이의 주장에 따르면 이 숫자는 2003년에서 2013년 사이에 열 배로 증가한 것이며, 공식적으로 TNR 사업에 관여하기 위해 등록된 비영리단체가 약 600개에 달한다.[6] 레이더에 잡히지 않은 채로 TNR을 시행하고 있는 단체는 훨씬 많다. 이탈리아는 전국적으로 이 전략을 도입했다.[7]

앨리캣앨라이의 공동 창립자 베키 로빈슨은 아주 짧은 머리를 한 아담한 체구의 중년 여성으로, 사뿐히 걷는 모습을 보면 자동적으로 고양이가 떠오른다. 콘퍼런스장에서 로빈슨은 고양이 애호남보다 훨씬 더 인기가 많다. 늘 주변에 사람들이 구름처럼 몰려드는 로빈슨을 나는 먼발치에서 바라볼 수 밖에 없었지만, 강연은 들을 수 있었다. 로빈슨은 25년도 더 지난 과거의 어느 날 골목에서 새끼 길고양이 슈거베어와 그렘린을 발견한 이야기를 들려주기도 했고 진실과 정의에 관해 강의하기도 했다.

개회식에서는 이렇게 말했다.

"중요한 것은 우리가 인간이라는 점입니다. 우리는 감정이

격한 존재입니다. 그리고 도덕적 기준이 있습니다." 고양이와 관련해서 사람들은 "옳은 일을 하고 싶어 하지만 뭐가 옳은지 모른다"라는 것이 로빈슨의 주장이다.

"그걸 보여주는 게 우리 역할입니다."

~

현대의 동물복지 운동은 농경 지역에서 도시로의 이주가 이어지던 빅토리아시대 영국에서 시작됐다.[8] 야생의 위험으로부터 벗어나고, 마당을 채운 가축의 생사를 날마다 확인해야 하는 농장의 현실에서 멀어진 사람들은 동물을 새로운 관점에서 바라보기 시작했다.

영국인이 해외에서 호랑이를 학살하고 태평양 곳곳에 혈기 왕성한 외래종 고양이를 심는 동안 국내에서는 바람직한 가정에 대한 감상적인 태도가 길러졌는데, 역사가 캐서린 그리어는 이런 가정을 "에덴동산 같은 집"[9]이라고 부른다. 이 이상화된 생태권은 최고의 현모양처와 더불어 애완동물도 포함하는바 이 동물을 상냥하게 대우하지 않으면 가장의 품위가 의심받게 된다. 이런 생각은 곧 대서양을 건너 미국으로 옮아갔고 육아 지침서는 어느새 아이들에게 동물을 상냥하게 대하는 법을 가르쳐야 한다고 강조하기 시작했다. 한 기초 육아 서적은 베네딕트 아널드(미국 독립군을 배신하고 영국군으로 넘어간 것으로 유명한 인물)

가 어렸을 때 "얌전한 가축을 고문"하기 좋아했다고 경고했다.[10]

그리어의 설명에 따르면 미국에서는 남북전쟁 직후 동물 권리 단체들이 생겨났다. 그러나 이 선구자들은 애초에는 고양이나 심지어 개에게도 별 관심이 없었다. 가령 1866년 미국 동물학대방지협회가 설립된 것은 마차를 끄는 말을 보호하기 위해서였다.

고양이가 동물복지라는 이 과감하고 새로운 영역에서 어떤 위치에 있었는지 단언하기는 어렵다. 수천 년 넘게 인간과 어울려온 것은 사실이지만 그때까지만 해도 고양이는 다른 동물과 달리 제대로 된 반려동물 취급을 받지 못했기 때문이다. 그리어는 18세기 필라델피아에 살던 어느 가족이 황열병이 유행할 때 애완고양이를 데리고 피난을 갔다고 적고 있지만[11] 다른 대부분의 고양이는 스스로 알아서 살도록 남겨졌을 것이다. 사람들은 고양이를 축복해주었지만 고양이는 생활의 배경처럼 존재했을 뿐 세세하게 보살핌을 받지는 않았다. 고양이는 애완동물이라기보다 그저 늘 곁에 있는 존재였다. 미국에서 발행된 초기 애완동물 관리 안내서에는 고양이에 관한 내용이 거의 나오지 않는데[12] 이것은 생애 대부분을 밖에서 사는 고양이는 따로 관리할 필요가 없었기 때문일 수 있다. 고양이는 애완동물 구매자를 위한 19세기 카탈로그에서도 존재감이 크지 않았다.[13] 애완견 서른네 개 품종, 다람쥐 일곱 종, 원숭이 네 종을 수록해놓은 이 책자에서 고양이는 두 종류밖에 찾아볼 수 없다. 고양이가 이미 워낙 많았기 때문에 돈을 주고 더 산다는 것은 아마도 정신 나간 생각으로 여겨졌을 것이다.

사람들은 고양이에게 "야옹이"나 "나비"처럼 흔한 이름을 붙인 반면 개에게는 "폼페이"같이 특이하고 거창한 이름을 지어주었다.[14] 애완동물 주인들은 개와 함께 더 많은 사진을 찍었다. 그런데 사실 1900년대 초반 미국에서 가장 인기 있는 애완동물은 개도 고양이도 아닌 새장에 갇힌 새였다.[15] 새들은 외로운 주부들을 노래로 위로해주었다.

호강하는 애완고양이는 예외적인 경우였고 대부분의 고양이는 주인이 없었기 때문에 20세기 초 대부분의 지방자치단체는 길고양이 개체 수에 신경조차 쓰지 않았다.[16] 그러다 새로운 대도시가 생겨나고 이어서 교외 주택지가 발달함에 따라 길고양이도 함께 늘어갔다. 개 포획 전문가를 고용하고 들개를 줄이기 위해 관련 조례를 만드는 도시들은 있었지만 고양이를 포획하는 사람은 없었다. 자유롭게 나다니는 고양이들은 개보다 훨씬 눈에 덜 띄었고 위험하지도 않았기 때문이다. 물론 잡아들이기도 훨씬 어려웠다. 무료 쥐잡이로서의 명성도 어쩌면 한몫했을 것이다.

사람들은 길고양이를 "떠돌이"(tramp)라고 불렀다.[17] 숫자가 불어나면서 유행병에 취약한 거대도시들이 때때로 당황하기는 했다. 사람들은 고양이가 소아마비 같은 병을 옮긴다고 오해했으며 1911년 공포가 확산되자 뉴욕 동물학대방지협회는 뉴욕시 고양이 30만 마리를 가스실로 보냈다.[18]

당시에는 고양이 애호가들도 그런 학살을 지지했다. 노예제에 반대한 활동가이자 초기 동물권 지지자였던 해리엇 비처 스토 역시 새끼 고양이를 적지 않게 익사시켰다. 스토는 누구도 원치 않는 고양이의 생을 끊는 일이 "인간다운 진정한 용기"[19]라고 말한 적도 있다. 근대 동물권 운동이 싹튼 이후 사람들은 고양이를 위한다는 명목으로 길고양이를 학살해왔다. 새로이 미화된 가정 안에서의 삶이 아니라면 살 가치가 없다고 믿었기 때문인지 모른다. 1930년대에는 많은 여성이 선한 의도를 가지고 뉴욕시의 골목길을 누비며 가스실로 보낼 고양이들을 잡아들였다.[20] 따뜻한 마음씨에서 우러나온 행동이었다. 당시 유행하던 동물복지 방식이 이러했을 뿐이다.

초기의 고양이 애호가들 가운데 소수는 질식사 이외의 방법으로 길고양이를 도울 길을 찾았다. 1948년 미국고양이협회 회장 로버트 켄델은 넘쳐나는 미국 고양이를 비행기에 잔뜩 실어 보내 전후 유럽의 쥐 문제 해결을 돕자는 계획을 공개했다.[21] (켄델은 전쟁으로 유럽의 고양이 수가 바닥났다고 믿었지만 주제넘은 생각이었던 것 같다. 런던에 처음 터를 잡은 고양이 집단 몇몇은 영국 대공습 때부터 대를 이어 자리를 지키고 있다고 한다.[22] 고양이는 대피를 모르기 때문이다.) 미국 국무부가 유럽으로 고양이를 보내자는 켄델의 계획에 대한 자금 지원을 거부했을 때 외국 정부들은 별로 아쉬워하지 않았다.

개체 수 과잉의 문제는 고양이가 애완동물로서 큰 인기를 누리기 시작한 20세기 후반에 심각해졌다. 기술 발전이 이런 변화를 가속화했을 수도 있다. 1947년 고양이 전용 모래가 발명되면서[23] 고양이는 집 안에서 좀 더 품위 있는 삶을 영위할 수 있게 되었고 이따금씩 방문하는 존재가 아닌 늘 곁에 있는 반려동물이 될 수 있었다. (앨리캣앨라이는 고양이 모래의 발명이 마치 청동이나 바퀴의 발명처럼 새로운 시대를 열었다고 생각할 정도다.) 이 무렵 효과적인 쥐약이 나와 쥐잡이 역할에서도 완전히 해방된 고양이들에게 인간의 난롯가만큼 은퇴하기 좋은 곳은 없었을 것이다.

좀 더 폭넓은 사회적 변화도 이런 경향을 부추겼다.[24] 계속되는 도시화로 강아지 놀이터 근처에 100층 넘는 고층 건물이 우후죽순 들어서면서 고양이는 애완동물로 점점 더 각광을 받았다. 여성이 일터로 진출하면서 집에 남은 바둑이에게 밥을 줄 사람이 없어진 상황도 고양이에게는 축복이었다. 서구 사회의 급속한 노령화도 마찬가지였다. (아무리 노쇠한 사람이라도 고양이 사료 캔은 뜯을 수 있다.) 그리하여 1970년대 이후 애완고양이 숫자는 빠르게 솟구쳤다.

이 운 좋은 동물은 이제 상당한 법적 권리까지 누린다. 고양이는 미국 내 여러 주에서 재산을 상속받을 수 있으며 수의사나 이웃집 사람이 고양이에게 해를 입혔다가는 고소를 당할 수 있다. 그러나 일반적으로 애완고양이가 많다는 것은 고양이가 남아돈다는 뜻이며 누구도 원치 않는 새끼 고양이가 계속 태어난다는 뜻이다. 적극적인 중성화 수술 장려 운동이나 보호소의 입양

프로그램 덕분에 개체 수의 상승이 어느 정도 둔화되기는 했다. 오늘날 주인 있는 고양이의 약 85퍼센트가 중성화 수술을 거친다.[25] 그러나 안타깝게도 자유롭게 나다니는 고양이는 겨우 2퍼센트만이 중성화 수술을 받는다.[26] 고양이 개체 수 과잉에 대한 미국의 해법이 안락사가 된 지는 오래됐다. 캘리포니아주만 해도 매해 25만 마리를 죽이며[27] 어떤 관할구역에서는 그 숫자가 증가하고 있다고 한다.

오늘날의 또 다른 '인도적인' 대안은 주인 없는 고양이를 죽이지 않고 보호소에 수용하는 것이다. 고양이 애호가들이 소중한 반려동물을 이같이 대우하는 방식에 불만이 많다는 사실은 납득할 만하다. 밀도가 높은 대형 보호소는 복잡하고 시끄럽고 고양이 사료와 살균제 냄새로 진동하는 데다 대개의 경우 고양이와 기질이 여러모로 정반대인 개를 위해 고안된 20세기 유물이기 때문이다.[28]

전후 영국에서 시작된 TNR은 가장 그럴듯한 제3의 방식으로 떠올랐다. 지구의 지킴이로서 인간의 책임감과 귀여운 고양이를 죽이지 않으려는 욕망을 결합하는 TNR의 논리는 충분히 합리적으로 들린다. 고양이를 중성화시켜서 문제의 싹을 자르되 살게 내버려둔다. 이 방식은 또한 인간에게 '회귀'의 의미를 가진다고 말해지기도 한다. 애완동물로 살 필요 없이 인간 문명을 들락날락하면서 우리 곁에 머무는 방식이 고양이가 인간과 교류하는 좀 더 전통적이고 자연적이며 나은 방식이라는 것이다.

"고양이든 다른 어떤 생물이든 이미 적응한 환경에 존재하도록 내버려두는 것은 유기가 아닙니다. 그것이 유기라면 우리는 산토끼를 유기하고 있는 것입니다."[29]

수의사 케이트 헐리는 TNR에 관한 온라인 세미나에서 이렇게 말한다.

1993년 샌프란시스코가 대도시로는 처음으로 공공단체에 의한 길고양이 집단의 관리를 승인했지만 실질적인 변화는 최근 몇 년 사이에 일어났다. 법은 지역에 따라 다르다. 일부 지방정부는 고양이 집단의 관리를 허용하는 수준에 그치는가 하면 비용을 지원하는 곳도 있다. 그러나 정식으로 법적 발판을 마련하지 않은 도시에도 무리를 지어 사는 고양이는 온 사방에, 슈퍼 뒷골목에, 철길 옆에, 부둣가에 그리고 내 집 뒷마당에 있다. 워싱턴에는 관리를 받고 있는 집단이 수백 개에 이르고[30] 캘리포니아주 오클랜드에는 스물네 개 집단을 홀로 감독하는 여성도 있다.[31]

집단 관리의 공식적인 목표는 대량 중성화이지만 현실 속에서 관리자들은 고양이들과 다양한 관계를 맺는다. 중성화 수술을 시키고 바로 다음 날 놔주는 사람도 있고 고양이들에게 이름을 지어주고 매일 접촉하는 사람도 있다.

고양이를 지키는 사람들은 길고양이가 자연이 정한 대로 살고 죽을 권리가 있다고 말한다. 그러나 길고양이는 사실 야생동물이 아니다. 가축화의 결과가 몸과 뇌 그리고 DNA에 새겨져 있다. TNR은 모든 것을 자연에 맡기는 방식이 아니다. 고양이 집단을 관리하는 사람들은 고양이에게 먹이를 줄 뿐만 아니라 위급할 때 수의사에게 데려가고 추위를 막아주는 집이나 코요테를 피할 수 있는 시설물 등을 제공한다.[32] 케이트 헐리가 언급한 산토끼에게는 좀처럼 주어지지 않는 편의다. 기후가 혹독한 곳에서 고양이 도우미들은 마실 물이 얼지 않도록 통기 장치를 설치하거나 실내에 고양이 침대를 마련해놓기도 한다.

기후가 온화한 지역에서 사는 고양이들이 보살핌을 덜 받는다는 의미는 아니다. 내가 묵은 마이애미비치의 호텔은 판자를 깐 산책로(마침 이 산책로에는 동물 출입 금지라는 표지판이 공들여 세워져 있었다)에서 일광욕을 하는 길고양이들에게 큼직한 열대식물 나뭇잎 위에 올린 야외 아침식사를 대접했는데 그곳 레스토랑에서 파는 브런치보다 훨씬 화려한 차림새였다.

허리케인이나 토네이도가 와서 날씨가 궂을 때면 앨리캣앨라이는 고양이 이재민을 위한 구호 사업에 나선다. 또한 해안에 사는 고양이 집단을 관리하는 회원들을 대상으로 고양이들을 대형 파도로부터 지키는 법을 가르친다.[33] 자연의 분노가 설 틈이 없다.

〰

고양이 집단을 보호하는 법적 장치가 점점 늘어나면서 동물복지 활동가들은 앞으로의 전략을 놓고 심히 분열된 상황이다. '동물을 인도적으로 사랑하는 사람들'(PETA)은 길고양이 집단 관리에 반대하는데, 꾸준한 의료 혜택을 받을 수 없는 등의 동물복지 관련 문제를 우려하기 때문이다. (집단 관리를 비판하는 다른 사람들은 반대로 길고양이의 생활 여건이 꽤 좋다고, 사실상 지나치게 좋다고 주장한다.) 미국 휴메인소사이어티는 고양이 집단 관리에 찬성하지만 생태계를 고려한 규제가 있어야 한다고 말한다. 미국수의사협회는 입장을 보류하고 있다.

"수의학계는 아직 고민 중입니다."

코넬대학교 고양이보건센터 수의사 브루스 콘라이시가 말한다.

"TNR에 찬성하는 사람들은 굉장히 열성적이에요. 의도만 보면 굉장히 인도적이고 따뜻한 마음에서 출발한 것이 맞지요."

동물 애호가들 가운데 가장 극렬하게 TNR에 반대하는 측은 당연히 새를 좋아하는 사람들이다. 길고양이 문제를 놓고 두 집단은 최소 1870년대 후반부터 서로 물어뜯을 듯이 굴었다.[34] 이 당시, 일명 '조류방어군'은 미국 어린이를 대상으로 "새를 위한 완벽한 평화"를 요구하는 "대원 명부"에 이름을 올리도록 권유했고 배회하는 고양이에게 약을 먹이거나 고양이를 사살하자는 제안을 했다. 미국의 가장 인기 있는 애완동물이었던 새들이 이제는 말랑하고 도도한 고양이에게 안방을 내주었을지 몰라도, 취미활동으로서의 야외 조류 관찰은 점점 인기가 높아지는 추세이며 미국에서만 약 5000만 명이 즐기고 있다.[35] 망원경으로 새를 관찰하다 보면 오늘날의 중성화된 고양이가 안락사를 당하던 과거의 고양이에 비해 눈에 띄는 골칫거리라는 점을 알아차리게 된다. 계속해서 사냥을 하기 때문이다.

밀물처럼 늘어나는 고양이와 싸우기 위해 미국조류보호협회는 '고양이는 집 안에'라는 캠페인을 진행하고 있다. 여기서 홀로 실무를 담당하는 청년의 이름은 그랜트 사이즈모어이다.

"제 역할을 설명하기는 쉽지 않아요."

워싱턴의 비좁은 사무실 안에서 만난 사이즈모어는 이렇게 말한다. 외교적인 제스처로서 협회는 사이즈모어가 집 안에서 키우고 있는 고양이 아멜리아 베델리아와 함께 찍은 사진을 웹사이트에 올려놓았다. ("정확하게는 제 여자친구 고양이예요. 좋게 말하면 꽤 까탈스러워요. 하지만 절 진짜 좋아해요.") 사이즈모어는 '고양이는 집 안에' 캠페인이 마주한 난관에 대해서 이렇게 이야기한다.

"고양이를 정말, 정말, 정말 좋아하는 사람이 많고 누군가 고양이를 잡아가려는 어떤 시도라도 하려고 들면, 약간 총기 문제처럼 되어버려요."

사이즈모어의 역할은 '침입종 바로 알기의 날'에 어떤 활동을 한다든가 공익광고 영상을 찍는다든가 길고양이에 반대하는 내용의 자료를 배포한다든가 하는 것이다. 그가 건넨 캠페인 안내문은 두 가지였는데 배포 대상이 다른 듯했다. 한 안내문에 그려진 만화 속에는 빨간 하이힐을 신은 여자와 고양이 세 마리가 창문 밖에 있는 새 모이통을 바라보고 있다. 설명은 이렇다.

"현관문 밖 세상은 사랑하는 애완동물에게 잔인한 곳일 수 있습니다. 동물에게 해를 입히려는 잔인한 사람들이 있으니까요. 매년 동물보호소와 동물병원에서 치료하는 고양이 중에는 총을 맞거나 칼에 찔리거나 심지어 화상을 입은 고양이도 있습니다…."[36]

또 다른 안내문은 좀 더 직설적으로 캠페인의 메시지를 전한다.[37] 세련된 빨간 구두는 온데간데없고 만화도 없으며 땅에 떨어진 새와 훼손된 토끼 사체 그리고 배불리 먹는 포식자의 사진만을 보여준다.

사이즈모어는 약간 일에 시달리는 듯하고 전혀 과격해 보이지 않았지만 어떤 새 애호가들은 때때로 터무니없는 극단으로 치닫곤 한다. 최근 갤버스턴조류학회 회장은 길고양이를 총으로 쏘아 죽였다는 혐의를 받았고 스미스소니언 철새연구소의 어느 연구원은 한 고양이 집단 전체를 학살하려다 형을 선고받았다.[38] 조류 잡지 『오듀본』의 한 기자는 가정에 흔히 있는 진통제를 써서 고양이를 죽일 수 있다는 내용의 칼럼을 썼다가 논란에 불을 붙였다.[39]

어느 야생동물 학자 모임은 일부 생태학자들이 자기들끼리 쉬쉬하는 이야기를 과학 저널에 실어버렸다. 길고양이 집단을 관리하는 행위는 "벽만 없다 뿐 고양이 호딩(집착적으로 동물을 모으는 일)"[40]이나 다름없다고 쓴 것이다.

코넬대학교 수의사 콘라이시는 좀 더 조심스러운 말로 반대 의견을 피력한다.

"수학적 모델과 연구에 따르면 최적의 방법은 아니에요."

~

문제는 물론 고양이의 생존 능력이 너무 뛰어나다는 점이다. 중성화로 길고양이 숫자를 효과적으로 줄이려면 전체 개체 수의 약 71퍼센트에서 94퍼센트를 붙잡아 수술해야 하고[41] 거의 모든 암컷이 여기 포함되어야 한다. 그 이하로는 소용이 없다. 수술받지 않은 고양이들이 번식을 늘리고 결국에는 주변 환경이 지탱할 수 있는 수준까지 고양이의 숫자가 다시 늘어난다.

"고양이는 번식 기계예요."

터프츠대학교 수의사 로버트 매카시가 말한다.

"암컷이 있고 수컷이 있으면 개체 수는 줄지 않아요. 제가 온갖 논문을 다 찾아봤어요. TNR이 효과가 있다는 데이터는 전혀, 하나도 없어요. 효과가 있을 만한 수준으로 실행하는 것은 불가능해요. 고양이가 100마리 있고 그중에 서른 마리를 중성화한다고 문제가 30퍼센트 나아지는 게 아니에요. 아무 영향이 없어요. 어떤 발전적인 변화도 일어나지 않았어요. 달라진 게 전혀 없어요."

마당에 길고양이가 한두 마리 있는 정도라면 성공적일 수 있다. 또는 대학 캠퍼스와 같이 경계가 뚜렷한 넓은 영역이라면 아주 꾸준하게 시행할 경우 효과를 볼 수도 있다. 수의사 줄리 레비는 플로리다주 게인즈빌에 있는 8제곱킬로미터 규모의 플로리다대학교 내에서 20년 가까이 부지런히 TNR을 시행해왔다. 정력적인 관리와 봉사자들의 꾸준한 도움, 무료 수술, 적극적인 입양 전략 등을 통해 레비는 캠퍼스 내 고양이 개체 수를 줄였다. 레비가 발표한 연구들은 긍정적인 결과를 보여준 몇 안 되는 TNR 연구 사례에 속한다.

"성실하게 시행하려고 노력한다면 몇 제곱킬로미터쯤은 문제없어요. 문제는 더 넓은 지역사회예요."

레비의 말이다. 캠퍼스 고양이를 집중적으로 치료하는 레비의 병원에서는 중성화 수술이 매년 3000건 정도 행해진다. 그러나 게인즈빌과 주변 지역에만 길고양이가 약 4만 마리 있을 것으로 레비는 추정한다. 레비의 성과는 분명 대단하지만 지역 전체로 봤을 때 사실상 무의미하며, 생태학자들이 말하는 목표치에 한참 미달한다.

게인즈빌과 같은 작은 도시에서도 그런 목표치에 도달한다는 것은 거의 불가능하다. 그토록 많은 고양이를 붙잡아 중성화하는 것은 너무 어렵고, 너무 많은 비용과 시간이 요구된다. 게다가 중성화된 고양이는 시간이 흐르면서 하나둘 죽고 번식 가능한 새로운 고양이들이 시시때때로 집단으로 유입된다. (게인즈빌에는 애완고양이도 7만 마리가 산다. 이 중 전국 평균인 85퍼센트가 중성화 수술을 마쳤다고 치면 번식 가능한 나머지 1만여 마리가 잠재적 길고양이라는 뜻이다.) 이와 동일한 시나리오가 훨씬 더 큰 도시에서 펼쳐진다고 생각해보자. 레비는 인구를 6으로 나누어 자유로운 바깥 고양이의 숫자를 계산한다. 15로 나누어 계산하는 단체도 있다. 레비의 계산법에 따르면 뉴욕시에만 바깥 고양이가 140만 마리 정도 있다. 그렇다면 뉴욕과 그 주위에서 100만 마리 이상을 붙잡아 중성화해야 효과를 체감할 수 있을 것이다.

회의론자들은 또한 고양이를 중성화해서 풀어주는 행위가 실상은 개체 수 과잉 문제를 악화시킨다고 주장한다.[42] 중성화된 고양이는 호르몬 변화로 습성이 바뀐다. 거리로 돌아온 고양이들은 수컷의 경우 더 차분해지고 암컷의 경우 더 이상 지속적인 짝짓기 스트레스를 느끼지 않는다. 이같이 중성화로 덜 공격적이게 된 고양이들이 포함된 집단에 불가피하게 새끼 고양이가 태어날 경우 새끼들의 생존 확률이 높아진다. 게다가 집단에 먹이를 공급하는 사람들 덕분에 새끼를 포함한 주변의 모든 고양이는, 중성화가 되었든 안 되었든, 운 좋게 영양가 높은 음식을 먹을 수 있다. (공짜 먹이는 고양이를 키우기 싫어진 주인들에게 버릴 핑계가 된다고 짐작하는 사람도 있다. 이러한 유기는 번식 이외에 바깥 고양이 개체 수를 늘리는 요인이다.)

집단 내 새끼 고양이의 생존율이 높아지는 동시에 중성화된 고양이는 수명이 늘곤 한다. 짝짓기에 관심이 없으므로 싸움도 전처럼 많이 하지 않는다. 이 문제에 관한 논문에서 터프츠대학교의 매카시는 TNR의 환경영향을 "고양이가 산 날수"의 증가라는 관점에서 산출한다. 고양이 옹호자에게 "고양이가 산 날수"가 늘어난다는 것은 매우 반가운 소식이다. 앨리캣앨라이는 종종 턱시도 고양이 쉰네 마리로 이루어진 1세대 골목 고양이 집단이 얼마나 오래 살았는지 자랑한다. 마지막 세 마리는 각각 14, 15, 17년을 살았는데 몇 년에 불과한 길고양이의 평균수명을 고려하면 굉장히 장수한 것이다.

중성화된 고양이들이 짝짓기에 대한 욕망은 완전히 잊었다고 해도 남은 일생 동안 사냥은 계속할 수 있다.

실태를 체감해보기 위해서 나는 중성화 작전을 실행에 옮기는 앨리캣앨라이 사람들을 몇 차례 따라나섰다. 처음으로 동행했던 어느 겨울 오후의 작전은 대성공이었다. 목표물이 완벽하게 붙잡힌 것이다. 메릴랜드주의 교외 마을에 사는 의뢰인 가족은 아직 다 성장하지 않은 솜털로 뒤덮인 야생고양이 무리에게 먹이를 주고 있었다. 이 고양이들은 뒤뜰 수영장을 마치 세렝게티의 물웅덩이처럼 사용하고 있었다. 몇 달 더 어렸다면 사회화를 시켜 입양 보낼 수도 있었겠지만 이미 공격성을 띠었고 거의 새끼를 낳을 수 있을 만큼 성장해 있었다. 앨리캣앨라이 회원들은 토마호크 통덫 대여섯 개를 설치했고 우리는 의뢰인 부부와 그들이 키우는 샴고양이들이 있는 따뜻한 선룸으로 피신해 함께 지켜보았다.

"먹이를 먹으러 돌아와야 할 텐데!"

기다리는 동안 여자가 초조한 듯 말했다. 해질녘이 되고 수영장 둘레에 심은 조화가 조명을 받아 빛나기 시작할 무렵 통덫이 하나둘 닫히는 소리가 난다.

"들어가라, 착하지!"

마지막 고양이가 살금살금 덫으로 다가가자 덫을 설치한 회원이 흥분해서 속삭인다.

두 번째 작전은 볼티모어 시내에서 펼쳐졌다. 여러 날에 걸쳐 여러 단체가 공동으로 벌이는 포획 시도였고 목표 지역은 도심의 작은 행정구역 전체였다. 나는 한 고양이 호더의 집에서 볼일을 마치고 나온 팀과 동행하기로 했다. 그 집에서 회원들은 소파를 해체해 새끼 고양이 두 마리를 꺼냈다고 한다. 다 함께 차를 타고 향한 곳은 분위기가 다소 험한 동네였다. 볼보와 프리우스, 그리고 간고등어 냄새가 진동하는 샛노란 고양이 호송차 각 한 대로 구성된 대열은 쓰레기가 널린 골목으로 들어서면서 적잖은 눈길을 끌었다.

도착한 곳에서 우리는 모호크라는 한 노인이 돌보는 길고양이들을 붙잡아야 했다. 노인은 다진 소고기 덩어리를 구워 고양이들에게 먹이고 있었는데 다 합해서 몇 마리인지 스스로도 알지 못한다. 여남은 마리로 추정할 따름이다. 노인은 고양이들을 전부 피피라고 부른다. 그러나 한 거대한 회색 수고양이만은 뚱보라는 이름이 따로 있다. 뚱보는 사람 분유를 먹여 키운 모호크에게 큰 빚을 지고 있다. (볼티모어의 고양이들은 다양하고 창조적인 먹이로 영양을 공급받고 있었다. 중국요리, 추수감사절을 지내고 남은 음식, 시나몬토스트크런치 시리얼 등.)

노인이 사는 골목을 따라 들어가면 철제 펜스가 쳐진 목재 야적장이 나오는데 약간 숲 느낌이 난다. 노인은 여기 뱀과 매도 산다고 말한다. 몹시 추운 날씨지만 쓰레기가 넘쳐 흘러내리는 쓰레기통 위에서 고양이 몇 마리가 주변을 관찰하고 있다. 나는 그 쓰레기통이 처음에는 더러워진 눈 더미인 줄로만 알았다. 노인이 도리토스 과자 봉지를 소리 나게 흔들자 안 보이던 고양이들까지 우르르 모여든다. 뚱보, 뚱보의 형제, 뚱보의 다른 형제 그리고 많고 많은 피피들.

"생각하시는 것보다 고양이가 훨씬 더 많은 것 같아요."

한 구조원이 말한다.

"오늘 할 일이 굉장히 많겠어요."

노인도 동의한다.

구조원들이 포획한 고양이들을 호송차에 싣는다.

"다시 데리고 오는 거죠?"

노인이 묻는다.

"가족 같은 애들이에요."

구조원들은 데리고 올 거라고 약속하고 채식용 피자와 통덫도 더 가져오겠노라고 말한다. 중간에 한 이웃과 격한 언쟁이 벌어졌는데, 구조원들이 데려가 중성화를 시키려던 고양이 중에 주인 있는 고양이 스노볼이 있었던 것이다. 어쨌든 몇 시간의 작전 수행 끝에 고양이 상당수를 호송차에 태웠지만 노인이 돌보는 고양이들 중 몇 마리가 아직 펜스 저편에 숨어 있는지 알 수 없는 노릇이었다.

볼티모어시 인구는 60만 명이 넘는다. 레비의 계산법에 따르면 길고양이 숫자는 약 10만이다. 과자 봉지가 부스럭거리는 소리에 모여들도록 훈련된 고양이들 덕분에 한 골목에서만 꽤 많은 고양이를 붙잡았지만, 여러 날에 걸쳐 여러 단체가 협력한 이번 포획 작전을 통해 중성화 수술을 받게 된 고양이는 100마리 남짓이다. '인간이 산 날수'로 환산하면 수십 일에 달하는 중노동의 결과가 겨우 그 정도였다.

~

집단을 이루어 사는 고양이들을 중성화하는 사업이 홍보와 달리 효과가 없다면 미국의 주요 지자체들뿐만 아니라 국가까지 나서서 좌우 가리지 않고 이를 장려하는 것은 왜일까? 부분적으로는 여론과 관계가 있다. 2011년 AP통신이 실시한 설문조사에 따르면 미국의 애완동물 주인 열 명 중 일곱 명은 "아프거나 공격적인" 동물만 안락사를 허용하는 것에 찬성했다.[43] 이러한 여론은 실질적인 영향력을 갖는다. TNR이나 안락사나 비용이 많이 들기는 마찬가지여서 양쪽 모두 자원봉사자들의 역할이 매우 중요하다. 그리고 동물 애호가는 고양이를 죽이지 않으면서 개체 수를 조절하는 시나리오에 동조할 확률이 특히 높다. 또한 정치인들은 반(反)고양이 법을 제정해서 고양이 애호가들의 미움을 사려고 하지 않는다. 4000만 미국 가정에 고양이가 살고 있으며,[44] 후원금 모금 능력이 뛰어나고 대중적 인기를 몰고 다니는 고양이 애호가들은 고양이와 달리 주저하지 않는다. 주머니가 두둑한 TNR 후원자 중에는 펫스마트자선기금과 매디펀드 등이 있다. 매디펀드는 안락사를 시행하지 않는 동물 구조 단체로서 한 억만장자의 슈나우저를 기리기 위해 설립됐다. 앨리캣앨라이의 연간 예산은 약 900만 달러로 다양한 용도에 사용되지만 그중 일부는 여러 전문가로 구성된 법무팀, 사내 디자인 부서, 홍보 담당자, 소셜미디어 담당자 등을 두는 데 들어간다.

콘퍼런스에 참석한 뒤 나는 앨리캣앨라이의 이메일 소식지 구독 신청을 했다. 그리고 어느새 이 단체의 이메일을 아주 좋아하게 되었다. 대개 베키 로빈슨이 직접 보내는 편지 형식이고 "고양이를 위하여"라는 말로 끝맺었다. 어떤 편지는 다정하고 어떤 것은 슬펐으나 하나같이 몹시 결의가 넘쳤다. "새끼 고양이 안전 긴급 경보"도 있었고 기부를 요청하는 메일도 매우 많았다.

"후원은 우리가 모든 새끼 고양이들에게 도움이 될 수 있는 유일한 방법입니다. 35달러 이상을 후원하시려면 여기를 클릭하세요."

뉴욕주 용커스에서 스무 마리 넘는 고양이 사체가 나무에 매달린 채 발견됐을 때 앨리캣앨라이는 추모식에서 "죄 없는 고양이를 상징하는" 흰 꽃을 나눠주었다. 나도 이메일로 배포할 수 있는 흰 전자 장미를 받았다.

마음이 너무 약하다는 비판을 받을 때도 있지만 앨리캣앨라이를 위시한 고양이 옹호 단체들은 충돌을 두려워하지 않는다. 그들은 진통제로 고양이를 죽이자는 칼럼을 쓴 『오듀본』 기자 테드 윌리엄스의 해고를 요구했다. (윌리엄스는 정직을 당했지만 후에 복직되었다.) 또한 스미스소니언 내 조류 단체가 미국 본토 내 고양이의 포식 활동에 대한 메타분석을 내놓자 로빈슨은 몸소 스미스소니언이 위치한 내셔널몰에서 "쓰레기 과학"에 반대하는 시위를 벌였으며 5만 5000명의 분노 어린 서명이 담긴 탄원서를 제출했다.

지지자들은 앨리캣앨라이의 이상에 부합하지 않는 방식으로 통제 불능이 된 고양이 개체 수의 조절을 시도하는 민간 사업체나 시민들을 상대로도 영향력을 행사한다. 2008년, 버지니아주 챈틸리의 이동식 주택 단지에서는 TNR을 시행한 지 5년이 지났음에도 여전히 번성하고 있던 고양이 200마리를 쫓아내려고 시도했다. 그러자 『워싱턴 포스트』가 제보를 받아 취재에 나섰고,[45] 단지 관리소는 사흘간 부정적인 "지역적·전국적 관심"을 받은 끝에 손을 들었다.[46] 신문의 헤드라인에 "야생고양이"로 언급된 이 고양이들은 단지 내 금어초 꽃밭에 똥을 누는 일상으로 돌아갔다.

"심지어 유럽에서도 항의 메일이 왔어요."

내가 방문했을 때 관리 사무소 책상에 앉아 있던 남자는 이렇게 말했다.

고양이 로비스트의 분노를 불러일으킨 주체는 그 밖에도 노인 주거 시설, 콘크리트 공장, 그리고 디즈니 과학자들이 불운한 숲쥐를 보살폈던 보호시설에서 멀지 않은 곳에 있는 올랜도의 로우스호텔 등이 있다.

민간 조직이 물러서지 않을 경우 고양이 옹호자들은 종종 선출직 공무원들에게 연락을 취한다. 정치인들은 이 같은 시민 활동을 매우 진지하게 받아들인다. 앨리캣앨라이의 콘퍼런스에서도 적절한 정치적 통로를 이용하는 방법을 강조했고, 웹사이트에는 시민 활동을 위한 지침서가 마련되어 있다.[47] 고양이 문제는 더 이상 소수의 사람들에게 국한된 것이 아니다. 스티븐 하퍼가 캐나다 총리였을 때 총리 부인은 고양이를 위한 기금 마련 만찬장에서 연설을 했다. 그러자 이번에는 인간의 복지를 중시하는 한 사람이 항의하듯 외쳤다.

"하퍼 부인, 고양이 복지에 대한 인식을 향상시키는 일이 총리님의 재선 전략으로는 좋을지 몰라도 원주민 여성의 실종 및 사망 실태에 대한 조사에 지지를 표명하는 게 더 중요하지 않을까요?"[48]

당시 고양이 귀 모양의 머리띠를 하고 있었던 것으로 알려진 하퍼 부인은 이렇게 대답했다.

"그것도 무척 중요한 일입니다. 그러나 오늘 밤 우리는 집 없는 고양이를 위해 모였습니다."

미국의 경우 고양이에 관한 법안들은 시와 카운티 수준에서 결정되므로 앨리캣앨라이와 같은 전국적인 단체는 대개 작은 단위의 지방 정치에 관여하게 된다. 고양이 로비스트들의 심기를 거스르는 행동은 한 지역에 터를 잡고 활동하는 정치인들에게 모험이 될 수 있다.

나는 미시간주 스털링하이츠의 임시 시장이었던 마이클 테일러와 대화를 나누었다. 당시 30대 초반의 테일러는 '청년 공화당원'의 모교 지부에서 활동하다가 둥지를 떠난 지 얼마 되지 않은 상태로, 도서관 도서 구매나 포트홀 보수와 같이 중차대한 문제를 다루는 데 익숙한 사람이었다. 고양이를 키우고 있기도 했다. 그러나 머콤카운티 동물보호소에서 TNR 모델로 전환하겠다는 발표를 했을 때 테일러와 시의회는 말썽 피우는 고양이를 깨끗이 처리해줄 다른 보호소와 계약을 맺었다. 사실 테일러의 결정은 무엇보다 정치적인 동기에서 나온 것이었다. 테일러는 "동네를 위협하는 고양이"를 붙잡아 중성화 수술을 마친 뒤 영원히 그 동네에 살도록 즉각 되돌려놓는다면 유권자들이 반발하리라고 생각했다. 이후 테일러와 시의원들은 집단 중성화의 이점을 뒷받침하는 논리를 검토하기 시작했지만 설득당하지 않았다.

"제가 보기에 증거는 없고 전부 원초적인 감정에 호소하는 내용뿐이었어요."

지역 고양이 애호가들의 주장도 들어보고 심사숙고한 뒤 의회는 "길고양이들을 되돌려놓지 않겠다고 발표했다"라고 테일러는 회상했다. 얼마 지나지 않아 수백 마일 떨어진 곳에 거주하는 나의 이메일 보관함에 "길고양이를 향한 폭력"이 일어나고 있다는 내용의 소식지가 도착했다. 또 다른 이메일에는 이렇게 적혀 있었다.

"우리 앨리캣앨라이가 어떤 단체인지 여러분은 알 겁니다. 머콤카운티에서든 어디에서든 고양이가 위험에 처해 있다면 우리는 물러서지 않을 것입니다. 고양이의 목숨과 안전을 위해 싸우러 나설 것입니다."

트위터에서는 테일러와 일부 고양이 옹호자들 사이에 작은 설전이 벌어졌다.[49] 그러자 테일러는 현명하지 못하게도 그들을 "악플러"라고 부르고는 그저 "농담"이었다고 말했다. 지역 TV 방송국에 "선출직 공무원이 고양이 옹호자들을 괴롭히고 있다"라는 제보가 들어갔다고 테일러는 말했다.

"그 기자는 물론 신이 나서 보도했지요."

이야기는 퍼져나갔고 이 젊은 임시직 시장은 곧 전국에서, 심지어 해외에서 보내온 분노에 찬 이메일을 받게 되었다. 보낸 사람이 고양이로 된 편지도 있었다. 한 여자는 이렇게 썼다.

"콩 심은 데 콩 나고 팥 심은 데 팥 난다! 너도 죽음과 파멸의 벌을 받을 것이다!"

인터넷에는 테일러가 에이즈에 걸리기를 비는 사람마저 등장했다. 한 유권자는 "고양이 죽이는 마을에서 내 고양이가 포획당하는 걸 보느니 내가 죽겠다"라고 테일러의 면전에서 말하기도 했다. 테일러는 주민소환 신청을 하겠다는 협박을 받았고 재선을 막기 위한 정치 행동 위원회가 결성되었다는 소식도 들었다. 스털링하이츠 관광 상품에 대한 보이콧이 시작될 예정이라는 말도 있었다.

"때로는 현실이 소설보다 더 이상할 때가 있어요. 그 사람들이 나를 상대로 그런 전면전을 펼치지 않았다면 그럴 수도 있다는 걸 몰랐을 겁니다. 그 사람들은 몰아붙이면 다 포기하는 법이라고, 내가 두 손을 들 거라고 생각했겠죠."

테일러의 말이다.

스털링하이츠는 포기하지 않았지만 인접한 다른 도시들은 손을 들었다. 테일러로서는 큰 실망이었다.

"제가 '끝까지 버텨야 한다!'고 말했지만 압박이 너무 심했어요. 앨리캣앨라이처럼 많은 사람이 덤비면 선출직 공무원을 상대로 굉장한 영향력을 행사할 수 있어요. 도시를 한 번에 하나씩 굴복시켜서 그들이 원하는 조례를 만들게 한 다음 다른 도시로 향하는 거예요. 그런 점은 대단하다고 인정할 만해요."

스털링하이츠 고양이 소동은 2014년 초에 벌어진 일이다. 2월 14일, 테일러의 꽉 찬 이메일 보관함에 또 한 통의 메일이 도착했다. 제목에는 이렇게 적혀 있었다.

"앨리캣앨라이로부터 전자 카드가 도착했습니다."

밸런타인 카드였다. 수북한 빨간 장미 위에서 놀고 있는 복슬복슬한 흰 고양이 아래에 이렇게 적혀 있었다.

"제발 날 죽이지 말아요! 난 살고 싶을 뿐이에요. :) 야옹?"

~

메릴랜드주 베세스다의 번화한 시내에 있는 앨리캣앨라이 본부는 사무용 건물의 한 층 반을 사용하고 있다. 미국조류보호협회 그랜트 사이즈모어의 칸막이 쳐진 고독한 자리와 놀라운 대조를 이룬다. 입구는 터피베이지, 다스베이더, 배시풀을 비롯해 사망한 것으로 추정되는 고양이들을 기리는 동판 추모패로 장식되어 있다. ("잘 자, 제인 그레이, 나의 왕자님", "나의 왕, 블랙잭 하트웰" 등.) 사무실 안은 아방가르드한 고양이 가구로 터져나갈 듯한데 정작 왕족은 가구 근처에 보이지도 않는다. 왕족이란 사무실 고양이 세 마리를 말한다. 오늘 왕족은 서류 상자 안에 둥지를 튼 모양이다. 사무실 곳곳에 일정한 간격으로 베갯잇처럼 생긴 가방들이 걸려 있다. 모든 직원은 화재가 날 경우 왕족을 붙잡아 이 가방에 넣고 안전한 곳으로 이동시키라는 교육을 받았다. 그렇지만 불구덩이가 코앞이 아니라도 이것은 어려운 일일 터다. 왕족은 사회화 최적 시기가 지난 직후에 사람 손을 탄 녀석들이라 여전히 다루기가 힘들고 뭐든 스스로 알아서 해결하기 때문이다.

나는 베키 로빈슨을 만나러 이곳에 왔다.

약속 시간이 한 시간도 더 지났을 때 로빈슨이 귤색 재킷을 휘날리며 사무실에 도착한다. 신중하면서도 피곤하고 우아해 보인다. 먼저 물을 권하고 당황스럽게도 입 냄새 제거용 민트도 권한다. 로빈슨은 내가 만나본 가장 카리스마가 넘치는 사람들 중 한 명이다. 갈색 눈을 반짝이며 큰 소리로 소탈하게 웃는 로빈슨은 언변이 뛰어나다.

로빈슨이 질문지를 미리 꼭 달라고 해서 보냈지만 대화는 질문지와 상관없이 진행되었다. 적어도 처음에는 그랬는데 로빈슨은 어린 시절 이야기를 들려주고 싶어 했다. 캔자스주 시골 농촌에서 태어난 로빈슨은 어릴 때 어머니가 떠났고 아버지는 재혼을 했다. 이후 때때로 할머니와 고모의 돌봄을 받으며 그곳에서 죽 자랐다. 프레리도그 굴 앞을 하염없이 지키고 있거나 매가 사냥하는 모습을 지켜보면서, 그야말로 방목형 유년기를 보냈다.

로빈슨가 사람들은 지역 유지였다. 교회 장로를 맡았고 병원에서 봉사를 했다. 또한 무엇이든 살리고 싶어 하는 사람들이었다. 심지어 마을의 낡은 오페라극장도 살리고 싶어 했다. 매년 방울뱀 사냥철이 시작되기 전에 방울뱀들을 잡아다가 위험이 지나갈 때까지 보호하기도 했다.

로빈슨의 고모는 특히 마음씨가 따뜻했다. 로빈슨가 아이들을 데리고 마을에 장을 보러 나갈 때면 제일 먼저 덕웰스 잡화점으로 향했다.

“큰길가에 있는 작은 상점이었어요.”

로빈슨이 말한다.

“그 가게 제일 안쪽에 뭐가 있었는지 맞혀보세요.”

로빈슨이 엷은 미소를 짓는다.

“동물이요. 애완동물을 팔았어요. 새도 있고 쥐도 있고 생쥐도 있었죠. 매일 거기부터 들르는 게 당연했죠. 쇼핑 목록을 가지고 갔지만 일단 뒷주머니에 넣어두고 덕월스 잡화점 안쪽으로 들어갔죠. 눈에 보이기도 전에 냄새부터 코에 닿았어요.”

로빈슨의 고모는 매번 상점 관리자를 불러내 우리를 청소하고 먹이를 잘 챙겨 주라고 당부했다.

“동물들을 살펴본 뒤에는 온갖 식물들에 물을 주었어요. 식물도 생명이니까요.”

로빈슨이 기억을 더듬어 말한다.

로빈슨은 이후 사회복지 관련 학위를 따고 사회복지사가 되었지만 끔찍한 아동 학대 사례들을 감당하기가 너무 버거웠다.

“너무 힘들었어요. 사회복지사로 계속 일할 수 없었어요. 그만두고 떠났죠.”

로빈슨은 동물복지 단체를 찾아 워싱턴으로 이사했으며 1990년 앨리캣앨라이를 창립하고 TNR을 본격화하기 위한 전국적인 운동을 시작했다. 로빈슨은 이를 “일생일대의 프로젝트”라고 말한다.

TNR을 비판하는 사람들에 맞서 이 방식을 변호해달라고 부탁하자, 로빈슨은 인간이 지구에 어떤 짓을 했는지 고려한다면 지구적 환경 재앙을 초래한다는 이유로 고양이를 탄압하는 행위는 불합리하다고 말한다. 동시에 사람의 도리에 대한 설득력 있는 주장을 전개했다. 로빈슨이 보여준 온라인 자료에 포함되어 있던 사진은 그 후로 며칠이 지나도록 내 머릿속에서 사라지지 않았다.[50] 복슬복슬한 털을 가진 온갖 빛깔의 고양이와 새끼들이 딱딱하게 굳은 채 산처럼 쌓여 있는 모습을 담은 사진이었다. 캘리포니아주의 한 보호소에서 오전 한나절 동안 나온 사체들이었다. 우리의 사랑을 받는 이 반려동물에게 가장 큰 위협이 되는 것은 질병이 아니라 인간이 주사하는 독극물과 소각장이다.[51] 로빈슨의 시각에서 오늘날의 여러 동물보호소는 도살장보다 나을 것이 없다. 미국인은 인정 많은 사람들이고 이런 국민의 세금이 공권력에 의한 폭력에 쓰여서는 안 된다고 로빈슨은 말한다. 게다가 대다수는 이런 폭력이 저질러진다는 사실을 잘 알지도 못한다.

"그래서 우리가 있는 거예요."

로빈슨은 앨리캣앨라이의 목적에 대해 이같이 말한다.

"그런 상황을 깨부숴야 했어요. '고양이를 내버려두자, 밖에 살게 하자'고 말해야 했어요. 가족이니까요! 고양이도 다양한 방식으로 존재할 수 있어야 해요."

최소한 지역 시설들이 살처분하는 고양이의 숫자를 의무적으로 공개하게 해야 한다는 것이 로빈슨의 주장이다.

로빈슨의 가장 강력한 논리는 이렇다. 길고양이 집단을 중성화하는 방식이 효과가 없다고 한다면 안락사 또한 효과가 없다. TNR에 회의적인 사람들도 이것을 인정한다. 개체 수에 영향을 줄 정도로 고양이를 붙잡아 중성화시키기도 어렵지만 붙잡아 죽이기도 똑같이 어렵다는 것이다. 한 연구 모델에 따르면 전체의 97퍼센트를 제거해야 비로소 살처분이 최선의 개체 수 관리 방식이 된다.[52] 그러나 미국 길고양이의 대부분은 동물 관리국 직원들과 마주치지조차 않는다.

"전부 잡아들이는 건 절대 불가능해요."

로빈슨이 점점 목소리를 높이며 말한다.

"고양이는 수백 수천만 마리라고요!"

"좋든 싫든, 용납할 수 있든 없든, 키우든 안 키우든, 고양이는 환경의 일부예요. 그건 어떻게 할 수 있는 문제가 아니에요. 언제나 환경의 일부였어요. 우리가 그걸 바꿀 수 있다는 사고, 그런 인간 중심적이고 오만한 사고, 하루아침에 어떻게든 뒤엎어 고양이를 없애버리겠다는 생각은 솔직히 굉장히 어처구니없죠. 아주 기가 막혀요."

~

TNR에 대한 반발은 계속 이어지고 있다. 로스앤젤레스와 앨버커키에서는 환경 관련 소송이 진행 중이다. 앨리캣앨라이의 핵심 세력권인 워싱턴시에서도 최근 고양이 집단에 우호적인 정책을 재고 중이다. 새로이 제안된 야생동물을 위한 행동 계획에서는 길

고양이를 가물치와 같은 우려스러운 외래 침입종과 동일하게 취급한다.[53]

동물복지 활동가, 수의사, 과학자들은 계속해서 다른 개체 수 조절 해법을 고민하고 있다. 한 가지 대안은 주인 없는 고양이들을 대상으로 중성화 수술을 하는 대신 정관절제술이나 자궁적출술을 시행하는 것이다.[54] 정관절제술은 더 많은 비용이 들고 복잡하지만 이 수술을 하면 고양이의 호르몬 분비는 정상적으로 유지되어 중성화된 고양이의 높은 생존율을 어느 정도 상쇄할 수 있을지 모른다. 수의사 로버트 매카시의 말에 따르면 이 방식은 일본 후쿠시마 일대에서 실행에 옮기기 위해 논의된 바 있다. 이 지역에서는 살인적인 쓰나미와 원전 노심용융 사고 이후 고양이 집단이 번성했다.

모든 사람이 찾고 있는 이 분야의 '성배'가 있다면 바로 피임 백신이다. 사슴에게 때때로 사용되는 것과 비슷한 백신이 되겠지만 문제는 고양이의 아랫배에 접근하기가 어렵다는 점이다. 그뿐만 아니라 TNR 찬성자이자 피임 기술을 연구한 경험이 있는 수의사 줄리 레비에 따르면 호르몬 통로 하나를 막는 것만으로 고양이의 욕망을 잠재우기는 힘들 것으로 보인다.

"모든 동물의 생리는 생식을 기반으로 해요. 우리가 시도하려는 것은 생명을 유지하는 힘을 억누르는 행위나 마찬가지예요."

여러 피임 방법이 연구되는 동안 일부 동물복지 단체에서는 야생동식물 생태학자들과 협력해 개체 수 영향에 대한 조사를 실시하고자 했다. 그러나 이런 관계는 곤란해지기가 쉬운데 생태학자들은 고양이 활동가들이 정말 고양이 개체 수를 줄이고 싶어 하는지 끊임없이 의심하기 때문이다.

그럴 만도 하다. TNR 방식을 관통하는 논리에 비추어보면 새로 태어난 새끼 고양이는 절망감을 불러일으켜야 한다. 털이 보송보송한 새끼 고양이들은 TNR 방식의 결점에 대한 방증이기 때문이다. 그러나 많은 사람에게, 특히 고양이 옹호자들에게 새끼 고양이는 세상에서 가장 귀여운 존재다. 아무리 아픈 새끼 고양이라도 어떻게든 살려보려고 브래지어 안에 넣어서 체온을 유지시키는가 하면 의료용 알코올을 이용해 고열로 뜨거워진 귀를 식히는 등 온갖 애를 쓴다는 사실은 놀라울 것도 없다.

앨리캣앨라이 콘퍼런스에서 나는 토마호크 통덫 안에 설치하는 발판이나 수술 후 체온 유지법 등 TNR 기술과 관련된 굉장히 전문적인 발표를 들었다. 진지한 파워포인트 발표를 마친 발표자가 갑자기 갓 태어난 매우 귀여운 고양이 사진을 띄웠다.

"이 아이는 제 새끼 고양이 렉스입니다!"

발표장을 메운 청중은 자지러졌다.

마치 마약과의 전쟁에 대한 발표의 끝에 불붙인 코카인 파이프의 사진을 보여주는 것 같았다. 그러고 보면 이것은 적절한 비유일 수 있다. 고양이가 길거리에서 불법 거래되는 마약처럼 우리의 정신을 손상시켰다는 임상적 증거가 실제로 존재하기 때문이다.

6 톡소플라스마 조종 가설

나는 고양이 밥이 될 뻔한 적이 있다.

2009년 탄자니아에서였다. 잡지 기사 취재를 위해 유명한 세렝게티 사자 프로젝트의 연구원들과 함께 랜드로버를 타고 돌아다니며 보낸 즐거운 한 주가 끝나갈 무렵이었다. 나는 업무차 동행한 사람답게 웅장한 연구 대상 동물을 보고도 탄성을 꾹 참으며 점잖은 태도를 유지했지만 몇 차례는 터져 나오는 한숨을 멈출 수 없었다. 그래도 그럭저럭 말없이 잠자코 있으면서, 사자의 수염 구멍을 세거나 안전한 트럭에 잠복한 채 물웅덩이를 지켜보는 데 동참했다.

내가 떠나기 전날 밤, 우리는 차에서 나와 초원 한가운데에 있는 큰 바위 더미에 올랐다. 일몰 전에 시원하게 펼쳐진 사바나를 감상하는 동시에 사자들이 몇 세기에 걸쳐 발톱을 다듬는 데 쓴 고목을 관찰하기 위해서였다.

그런데 바위 언덕에 오른 우리는 뜻밖의 놀라운 광경을 목격했다. 바위틈의 움푹 팬 곳에 새끼 사자 두 마리가 덩그러니 웅크리고 있었던 것이다. 우리는 우연히 사자 굴로 들어간 셈이었다. 어미 사자는 어디에도 보이지 않았다.

생물학 박사나 야생에 관해 글을 쓰는 사람이 아니더라도 이 상황이 안전한 상황은 아니라고 느꼈을 것이다. 이 지역 사자들은 과학자를 지겹게 보기 때문에 대개 무시해버리고 말지만 암사자와 취약한 새끼 사자들 사이에 끼어드는 행동은 아주 심각한 결과를 초래할 가능성이 있었다. 어미가 그늘 속에서 쏜살같이 달려 나오기 전에 서둘러 발꿈치를 들고 슬며시 차로 돌아가는 쪽이 현명한 대처였을 것이다. 우리에게는 무기가 없었다. 과학자들이 때때로 대담해진 사자를 상대로 휘두르곤 하는 우산조차도 없었다.

그렇지만 나는 빨리 자리를 떠야 한다는 생각을 하지 못했다. 묘한 희열이 나를 사로잡았고 암사자가 날 보고 군침을 흘릴 가능성이 갑자기 조금도 걱정스럽지 않았다. 나는 바위들 사이에서 자세를 바꾸어가며 온갖 각도로 사진을 찍었고 새끼 사자들은 몇 미터 떨어지지 않은 곳에서 내 어깨 너머를 바라봤다. 나는 연구원들에게 조금만 더 있다가 가자고 애원했다. 마치 사자에게 먹히고 싶어 안달인 사람 같았다.

고양잇과 동물은 오래전부터 최면술과 연관되곤 했다. 신비로운 고양이가 서구의 마법 이야기나 미신에 단골로 등장하듯이 사자는 다양한 아프리카 전통에서 샤먼으로 등장하고, 아마존의 예언자는 재규어로 변신한다. 고양잇과 동물은 어쩐지 우리의 이성을 갖고 장난을 치는 것 같다. 마치 마법사처럼 우리를 매혹하는 까닭에 고양이는 지난 수천 년에 걸쳐 우리를 그렇게 많이 잡아먹고 또 그 밖에도 여러 방면으로 인간을 이용할 수 있었는지 모른다.

그게 아니라면 과학에 해답이 있을지도 모른다. 고양이 기생충이라고 부르기도 하는 톡소플라스마 곤디이에 대해 처음 읽었을 때 나는 나의 경솔함으로 사자에게 잡아먹힐 뻔했던 이례적인 경험이 문득 떠올랐다. 고양잇과 동물이 퍼뜨리는 수수께끼 같은 이 미생물은 현재 미국인 6000만 명을 포함하여[1] 인간 세 명 중 한 명의 뇌 속에 산다고 여겨진다.[2] 이 기생충이 설치류의 몸 안에 들어가면 기이한 행동을 하게 만든다고 한다. 감염된 동물은 고양이에 대한 본능적인 두려움을 상실하고 심지어 고양이에게 '끌려' 먹이가 될 확률이 높아진다는 것이다. 일부 과학자들은 이 기생충이 인간에게도 마찬가지로 기이한 영향을 끼친다고 생각한다. 지나친 위험을 감수하게 만들어서 잔인한 죽음을 맞을 확률을 높이거나 심지어 우리를 미치게 할 수 있다는 것이다.

나는 세렝게티에서 했던 무모한 행동을 돌이켜보면서 궁금해지기 시작했다. 내 집에서 치토스를 통해 옮은 고양이 병이 나로 하여금 훨씬 큰 고양잇과 동물의 저녁식사로 나를 바치도록 이끈 것은 아닐까? 그렇다면 나의 뇌 속에 들어간 어떤 벌레가 다른 방법으로는 설명하기 힘든, 내가 오랫동안 고양이에게 느껴온 '끌림'을 설명해줄 수도 있지 않을까? 구체적인 예를 들자면 나는 치토스의 초상화를 정식으로 의뢰하는 취미가 있고, 치토스가 혹시라도 납치된다면 몸값으로 얼마까지 지불할 수 있을지 밤잠도 자지 않고 뜬눈으로 고민하는 이상한 습관이 있다.

그런데 알고 보니 이런 의심은 나만 하는 것이 결코 아니었다. 여러 고양이 애호가들은 작지만 잔인한 최상위 포식자에 대한 자신의 조건 없는 애정을 돌아보며 머리가 약간 이상한 게 아닌지 혼자서 고민하곤 한다. 그러다가 저녁 뉴스나 공영 라디오를 통해 눈에 보이지 않지만 매우 넓게 퍼져 현재 우리들 상당수의 머릿속에 살고 있는, 고양이가 옮기는 생물에 대한 정보를 접하게 되는 것이다. 고양이가 심지어 "뇌를 조종"할 수도 있다는 식의 기사 제목들은 흡사 호러영화를 떠올리게 한다.

아마도 지구상에서 가장 성공적인 기생충이라고 할 수 있을[3] 톡소플라스마의 급속한 세계적 확산이 인간과 고양이의 교류가 낳은 더없이 기이한 결과라는 데에는 의문의 여지가 없다. 그러나 이 기생충이 인간 행동에 주는 영향에 대한 이론들은 과연 과학적으로 말이 되는 이야기일까? 아니면 고양이의 신비로운 힘을 합리화하려는 또 하나의 그릇된 시도에 지나지 않을까?

이 같은 질문을 놓고 고민하는 연구자들은 전국적으로 적지 않은데, 이들 또한 뇌에 톡소플라스마 기생충이 살고 있기 때문일 수도 있다.

~

차가 꽉 막힌 워싱턴시의 경계를 조금만 넘어가면 미국 심장부의 정취를 느낄 수 있다. 옥수수밭과 저장탑, 소 떼가 펼쳐지는 풍경이 운치 있는 이곳은 다름 아닌 미국 농림부의 메릴랜드주 연구소이다. 나는 여기서 톡소플라스마 기생충에 관한 세계 제일의 전문가 J. P. 두베이의 실험실을 찾았다.

말씨에 인도 억양이 희미하게 남아 있는 두베이는 나이가 많은 편이지만 기운이 넘친다. 그는 1960년대부터 톡소플라스마를 연구했다. 그 당시 연구자들은 인간 기형아의 원인으로 이미 악명 높았던 이 기생충의 존재를 잘 알고 있었지만 그것이 어떻게 퍼지는지에 대해서는 오리무중이었다. 두베이는 최초로 고양이를 이 기생충의 매개체로 지목한 국제 연구팀의 일원이었다.

톡소플라스마는 종을 막론하고 모든 온혈동물에게 감염될 수 있지만 오로지 고양이의 배 속에서만 번식한다. 낙타, 스컹크, 혹등고래, 인간 등에 이르는 이 기생충의 '중간숙주'는 고양이에서 고양이로 건너가기 위해 잠시 머무는 곳에 지나지 않는다. 감염된 고양잇과 동물의 내장 속이 바로 이 기생충의 대량 번식이 벌어지는 곳이다. 광란의 생식을 통해 새로 태어난 10억 마리의 톡소플라스마는 대변을 통해 생태계로 쏟아져 나온다.

어떤 고양잇과 동물이라도 상관없다. 호랑이부터 오실롯까지 모든 고양잇과 동물이 이 단세포생물의 '종숙주'이다. 그러니

고양이의 가축화와 전 지구적 침투야말로 톡소플라스마의 현기증 나는 확산에 핵심적인 역할을 했을 가능성이 높다. 오늘날 톡소플라스마는 아마존에서 남극까지 온갖 새와 포유동물을 감염시키는 지구에서 가장 널리 분포하는 기생충일 것이다. 고양이를 키우는 사람보다 이 기생충이 옮기는 톡소플라스마병에 걸린 사람이 더 많다.

거의 50년이 지난 지금도 여전히 두베이는 이 기생충이 먹이그물 안에서 하는 역할을 조사하고 있다. 톡소플라스마가 전파되는 주요 경로는 두 가지다. 고양이 배설물을 통해 10억 마리씩 방출되는 기생충을 사람이나 동물이 뜻하지 않게 섭취하거나, 감염된 중간숙주의 고기를 먹으면 전염이 된다. 첫 번째가 훨씬 더 위력이 크다. 이론적으로 10억 마리는 동물 10억 마리를 새로이 감염시킬 수 있지만, 고기를 통해서 감염되는 경우 병은 단지 먹이동물 한 마리에서 포식자 한 마리로 옮겨가는 것이기 때문이다. (기관총과 총검의 차이와 비슷하다.) 그러나 여러 가지 전파 방식이 함께 작용하기에 톡소플라스마를 막는 것은 물론이고 연구하기도 어렵다.

"굉장히 영리한 기생충이에요."

두베이가 희미한 미소를 지으며 말한다. 두베이 역시 1969년부터 감염된 상태다.

뇌를 파고드는 기생충은 거의 예외 없이 매우 지독하다.[4] 가령, 미국 남부의 물웅덩이에는 뇌를 먹는 희귀한 아메바가 살아서 매해 여름 물놀이를 나온 사람들을 죽인다. 톡소플라스마도 마찬가지로 무시무시한 느낌을 준다. 동물의 뇌와 근육 조직에 치료 불가능한 포낭을 형성하는 톡소플라스마는 가축을 해할 뿐만 아니라 까마귀에서 왈라비까지 다양한 야생동물에게 치명적일 수 있다.

톡소플라스마병을 치료할 방법은 없으며 최초 감염이 자연적으로 가라앉은 이후에도 뇌와 몸속에 생긴 포낭은 영원히 사라지지 않는다. 그러나 건강한 성인에게 매우 흔한 이 질병은 오랫동안 무해한 것으로 여겨졌다. 감염 급성기에는 대개 가벼운 단핵구증과 비슷한 불편을 초래하거나 아무 증상도 초래하지 않으며 곧이어 휴면 상태로 들어간다. 가장 위험한 경우는 면역체계가 완전하지 않은 발육단계의 태아에게 감염되었을 때다. 임신부에게 고양이 화장실을 멀리하라고 경고하는 것도 이런 이유에서다. 간단한 피검사를 통해 병에 걸린 적이 있는지 확인할 수 있지만 대부분의 건강한 사람들은 굳이 확인하려고 하지 않는다. 조금 있으면 나 또한 이 검사를 받을 것이다.

그러나 최근 들어 과학자들은 무해하다고 알려진 이 기생충을 점점 더 수상하게 여기기 시작했으며 장기적인 뇌 감염이 인간의 신경 또는 행동에 변화를 초래하는지 조사 중이다.

두베이는 이 연구의 결과를 기다리고 있지 않다. 두베이의 목표는 기생충의 전파를 차단하는 것이다. 그는 나에게 복잡한 실험실 내부를 구경시켜준다. 실험실에는 스페인, 인도, 브라질에서 온 방문 과학자들이 있다. 세계 각지의 감염률은 기후와 문화권에 따라 차이가 있다. 예를 들어 특정한 식이 습관, 특히 날고기나 살짝 익힌 고기, 그중에서도 돼지고기와 양고기를 즐겨 먹는 문화는 십중팔구 기생충의 확산과 직결된다. 남미와 남부 유럽, 아프리카 일부 지역은 감염률이 높은 편으로 인구의 80퍼센트가 감염된 국가도 있다. 미국의 감염률은 10에서 40퍼센트 사이이고[5] 한국은 약 7퍼센트로 아마도 톡소플라스마가 가장 드문 국가일 것이다.[6]

가까운 실험대 위에 맛있는 딸기 바나나 스무디처럼 생긴 것이 잔뜩 담긴 믹서가 여러 개 놓여 있다. 그레나다에서 공수해 온 닭의 심장이다. 실험실에서는 이것을 분홍색 수프처럼 변할 때까지 잘 간 다음 기생충의 흔적을 찾는다. 가죽이 벗겨진 채 다리를 벌리고 있는 쥐의 형체도 보인다. 톡소플라스마 양성반응이 나타난 이 쥐의 뇌는 이미 제거된 상태다. 두베이는 그 뇌가 곧 실험용 고양이에게 먹이로 주어질 것이라고 말한다. 새로이 톡소플라스마에 감염되겠지만 그것만 빼면 건강한 이 고양이는 며칠 안으로, 눈에 보이지 않는 알 형태의 톡소플라스마 접합자낭(oocyst) 수백만 개를 배변하기 시작할 것이다. 두베이의 팀은 이 접합자낭을 채취해서 연구하게 된다.

"고양이를 봐도 될까요?"

내가 두베이에게 물었다.

"안 보는 게 좋을 것 같아요. 고양이 보안에 굉장히 신경을 쓰거든요. 보려면 옷도 갈아입으셔야 하고요. 이 접합자낭은 굉장히 감염이 쉽고 잘 죽지 않아요. 죽일 수가 없어요. 락스에 담가도 아무 일도 일어나지 않아요. 아무 문제 없이 잘 살죠."

두베이의 대답이다. 실험실 안에서도 규정이 철저하다.

"이 안에 있는 모든 것은 태워 없앨 거예요."

두베이가 쥐의 사체와 종이 타월을 가리키며 말한다.

"여기서 나가는 모든 것은 소각해야 해요."

~

1938년 뉴욕시 베이비스병원의 병리학자들은 태어난 지 사흘 만에 경련 발작을 일으키기 시작한 어느 신생아를 검사했다. 검안경으로 들여다본 아기의 눈에는 병변이 있었다. 신생아는 한 달 후에 사망했고 부검 결과 비슷한 병변이 뇌를 뒤덮고 있는 것이 발견됐다.[7]

이것은 아마도 의학계가 인간 톡소플라스마병을 진단한 최초의 사례 가운데 하나일 것이다. 신생아는 이 병의 가장 잘 알려지고 가장 심각한 형태인 무시무시한 선천성 톡소플라스마병에 걸렸던 것이다. 기생충이 고양이에서 임신한 인간으로, 그리고 태내의 아기로 옮겨져 감염되는 선천성 톡소플라스마병은 갑작스러운 유산, 사산, 그리고 시각장애와 지적장애 같은 심각한 합병증을 일으킨다. 이 질환이 어떻게 나타나며 어디에서 옮는지가 밝혀진 것은 그로부터 몇십 년 후였다.

1950년대에 이르러 과학자들은 육식과의 연관성을 의심했다. 쓰레기에 들어 있던 완전히 익지 않은 고기를 먹은 돼지가 높은 감염률을 보이는 것을 발견했기 때문이다. 1965년 파리의 한 병원 연구자들은 이 가설을 시험해보기로 하고 어린 결핵 환자 수백 명에게 거의 익히지 않은 양갈비를 먹였다. (날고기 식단은 결핵 치료에 효과가 있는 것으로 여겨졌으므로 이 실험은 적어도 당시에는 윤리적으로 문제가 되지 않았다.) 이후 환아들의 톡소플라스마병 감염률이 수직 상승한 것으로 보아 일부 고기에 조직포낭(tissue cyst)이 들어 있었던 것이 분명했다. 그러나 전파를 담당하는 핵심 동물이 무엇인지는 여전히 수수께끼로 남아 있었다.

그러다 개를 연구하던 스코틀랜드의 한 기생충학자가 문득 고양이로 연구 대상을 바꿔볼까 마음먹었고 아주 우연히 고양이의 대변에서 톡소플라스마를 발견한 덕분에 마침내 돌파구가 마련됐다. 두베이와 다른 연구자들은 이 행운의 단서를 놓치지 않았고 1969년에 이르자 여러 연구팀이 고양이가 이 기생충의 종숙주이며 고양이의 배 속에 사령탑이 있다는 공통의 결론에 다다랐다.

일찍이 중세의 종교재판관들도 확보하지 못했던 결정적인 증거였다. 고양이가 아기의 숨을 훔쳐 간다는 소문이 돌았던 적은 있지만 이제는 고양이가 태어나지도 않은 아기의 눈을 멀게

하고 뇌를 파괴한다는 확실한 증거를 찾은 것이다. 과학 저널『사이언스』가 이 연구 결과를 출판하자 "많은 고양이가 죽임을 당했지만 그것은 사람들이 이해를 잘 못 했기 때문"이라며 두베이는 당시를 회상한다.

고양이는 이처럼 이미지에 먹칠을 당하고도 극복해내고 1970년대에는 오히려 한층 더 빠른 속도로 증가했다. 이 사실은 고양이가 우리의 애정을 얼마나 기이할 정도로 듬뿍 받는지 보여주는 또 하나의 증거이다. 이제 우리는 특정한 방식으로 고양이를 키운다면, 특히 집 안에서만 키운다면 그다지 위험할 것이 없다는 것을 안다. 실제로 평균적인 고양이 주인의 경우 감염률이 특별히 높지도 않다.[8] 집 안에서만 사는 고양이는 대체로 시판 음식을 먹는데 이런 음식은 기생충을 죽이기 위해 얼리거나 고온에서 조리하거나 그 밖의 방법으로 공장에서 처리되어 나온다. 게다가 집에 사는 고양이는 밖에 사는 동물과 자주 접촉하지 않는다. 이런 고양이가 감염이 되는 사례는 아주 드물다.

톡소플라스마를 인간에게 옮기는 고양이는 주로 바깥을 돌아다니며 감염된 먹이를 잡아먹는 고양이다.[9] 이런 고양이가 눈에 보이지 않는 접합자낭을 배변하면 주인은 화장실을 청소하다 의도치 않게 이 미생물을 접촉할 수 있고, 정원 일을 하다가 오염된 흙을 만진 옆집 사람이 섭취할 수도 있다. 양과 같이 우리의 먹이사슬에 있는 다른 동물이 섭취할 수도 있다. 그러면 우리는 양고기 버거를 먹다가 감염이 된다. 중간숙주가 또 다른 중간숙주를 먹는 경우이다. (생쥐를 제대로 잡지도 못하는 헛간 고양이가 톡소플라스마를 가축에 전달할 수도 있다. 두베이는 이 질병에 특히 취약한 돼지로부터 고양이를 떼어놓으라고 권한다.)

고양이는 대개 일생에 한 번만 감염이 되고 접합자낭을 배출하는 기간은 몇 주에 그친다. 그 뒤에 기생충은 휴면 상태가 된다. 그러나 지금 이 순간에도 지구상의 고양이와 새끼 고양이 약 1퍼센트는 이 기생충을 옮기고 있다고 과학자들은 추정한다.[10] 이것만으로도 생태계에는 톡소플라스마가 차고 넘친다. 미국에서는 펜실베이니아주 흑곰의 약 80퍼센트가 감염되었다.[11] (이 지역의 흑곰은 온갖 쓰레기를 먹는 데다 고기를 완전히 익혀 먹는 방법을 알 리 없다.) 또 다른 연구에 따르면 오하이오주에 사는 사슴의 거의 절반이 톡소플라스마병에 걸렸다.[12] 고양이 대변에 오염된 풀을 뜯어 먹어서 걸렸을 확률이 높다.

인간은 사슴이나 곰보다 위생적이지만 톡소플라스마병에 걸리지 않기란 생각보다 쉽지 않다. 가령 오늘날 임신을 하면 좋은 점 중에 하나는 9개월이라는 축복의 시간 동안 의학적인 사유로 고양이 화장실을 치우지 않아도 된다는 것이다. 하지만 나처럼 집 안에서만 고양이를 키운다면 사실 이런 조치는 별 의미가 없다. 진정한 위험은 다른 데 도사리고 있다.

덜 익힌 고기를 먹지 않는 것이 더 중요하다. 그러나 채식주의자라고 해서 예외는 아니다. 이따금씩 일반인을 대상으로 톡소플라스마병에 대한 강연을 하는 스탠퍼드대학교의 미생물학자 존 부스로이드는 이렇게 말한다.

"채식주의자들이 우쭐한 표정을 짓기 시작할 때가 있어요. 그러면 저는 당근 사진을 보여주죠."

흙이 묻은 채소에는 고양이가 배출한 접합자낭이 가득할 수 있다. 인도의 한 연구에 따르면 채식주의자나 육식을 하는 사람이나 감염률은 비슷비슷했다.[13]

사실상 물만 마셔도 병에 걸릴 수 있다. 캐나다의 한 오염된 저수지 물을 100명 이상의 사람들이 마시고 집단 발병한 사례는 잘 알려져 있다.[14] 고양이 배설물에 오염된 수자원은 특히 개발도상국에서 중대한 전파 경로가 될 수 있다. 때로는 숨을 쉬는 것조차 안전하지 않을 수 있다. 조지아주 애틀랜타에서 유행한 톡소플라스마병을 면밀히 연구한 결과에 따르면 사람들은 고양이가 살고 있는 마구간의 먼지를 들이마신 것만으로 감염이 되었다.[15]

고양이와 톡소플라스마가 언제 그리고 왜 힘을 합쳤는지는 아무도 모른다. 둘의 관계는 아마 상당히 오래되었을 것이다. 사자와 표범을 비롯한 여러 야생 고양잇과 동물이 한때 지구 대부분을 지배했기에 이 기생충은 고양이가 인간 정착촌에 처음 발을 들여놓기 훨씬 전부터 이미 확산된 상태였을 것이다. 실제로 우리 DNA는 톡소플라스마가 영장류의 진화에 영향을 주었다는 사실을 보여주는 특징을 갖고 있는데, 감염을 더 잘 버텨내기 위해 유전자 하나가 작동을 멈춘 것으로 보인다. 이 유전자는 오늘날 여전히 우리 세포의 일부로 존재하지만 발현되지 않는 '죽은 유전자'가 되었다.

그러나 이 기생충이 어디에나 존재하게 된 것은 무엇보다 아주 최근에 이르러 인간과 고양이가 맺게 된 진화론적으로 대단히 특별한 관계에 기인한다. 원시 상태의 자연에서는 고양잇과 동물이 먹이사슬의 꼭대기에 있는 다른 동물에 비해서도 매우 희귀했기 때문에 고양잇과 동물에 의존하는 기생충의 확산은 한계가 있었다. 그러다 인간 문명이 생겨났고 오늘날 도심에서는 1제곱킬로미터당 수천 마리의 애완고양이가 살게 되었다. 톡소플라스마는 우리가 고양이를 데리고 새로운 생태계에 들어설 때마다 따라왔다. 이제 이 기생충은 심지어 북극권에 서식하는 흰고래 및 기타 생물에서도 발견된다.[16] 토종 고양잇과 동물이 없는 오스트레일리아와 같은 지역에서 톡소플라스마는 특히 파괴적이다. 고양잇과 동물과 공진화를 거치지 않은 캥거루 같은 동물은 종종 톡소플라스마병으로 죽는데 면역체계가 이런 외래 질병에 저항할 수 없기 때문이다.

우리가 고양이를 여기저기 끌고 다니면서 이 기생충의 생물학적 구조도 따라 변이했을 가능성이 높다. 예를 들어 브라질로 항해한 유럽의 식민지 이주민들은 배에 살던 고양이를 뭍으로 데려갔고 고양이는 그곳의 재규어나 퓨마로부터 다른 계통의 톡소플라스마에 감염되었을 것이다.[17] 고양이 일부가 브라질 계통에 감염되었을 당시 이미 유럽 계통을 몸속에 지니고 있었다면 둘은 고양이의 장 속에서 섞일 초유의 기회를 얻었을 것이며 잠재적 적응력이 훨씬 뛰어난 새로운 돌연변이를 낳았을 수 있다.

그렇다면 고양이의 장내 환경은 왜 이 기생충에게 그토록 적합할까?

"아마 다양한 이유가 있을 겁니다. 체온부터 식습관, 고양이의 장 속에 사는 다른 미생물도 포함해서요."

부스로이드의 말이다. 또한 숙주의 체내에 오래 머무는 동안 발생한 돌연변이 덕분에 이 기생충은 고양잇과 동물에 "더 미세하고 정교하게 적응"할 수 있었을 것이라고 그는 말한다.

다른 여러 동물의 배 속에도 톡소플라스마와 비슷한 생물이 산다. 닭은 닭의 내장이 최적의 서식 장소인 기생충을 배설한다. 그런데 이 기생충은 닭의 몸속에서만 산다. 인간은 물론 다른 가축은 감염되지 않는다. 한 종류의 기생충이 종숙주 외에도 그토록 광범위한 관계망 속에 있는 중간숙주 동물들을 감염시킬 수 있다는 것은 매우 대단한 일이다.

이런 관계망 효과의 핵심에는 아마도 고양잇과 동물의 왕성한 육식 활동이 있을 것이다.

한 생쥐가 우연히 닭이 배설한 기생충을 섭취했다고, 그리고 닭 기생충이 생쥐의 몸속에서 사는 법을 터득했다고 상상해보자. 이것은 엄청난 도약이다.

"다행히도 흔히 일어나는 일은 아니죠."

부스로이드의 말이다.

그러나 그런 도약이 일어난다고 해도 아무런 의미가 없다.

생쥐의 몸속으로 들어간 닭 기생충은 거기서 꼼짝하지 못한다. 또 다른 닭이 생쥐를 먹을 리가 없으니 닭 기생충은 천국 같은 닭의 배 속으로 돌아갈 수가 없다. 돌아가지 못하면 수십억 마리의 자손을 번식할 수도 없고, 생쥐의 몸속에 더욱 잘 적응할 수 있는 신통한 돌연변이를 낳을 수도 없다.

고양이 기생충이 같은 생쥐의 몸속에서 그런 돌연변이를 만들어내며 살아남는다면 훨씬 더 다양한 가능성이 생긴다.

"고양이는 육식을 하기 때문에 쥐가 고양이에게 먹혀서 원하는 곳으로 돌아갈 확률이 생깁니다."

그리고 거기서 무한히 번식할 수 있다고 부스로이드는 말한다. 생쥐의 몸은 막다른 곳이 아니라 기회의 장소인 셈이다.

일부 중간숙주들은 이 기생충에게 정말 막다른 곳이 되기도 한다. 혹등고래의 몸속에도 톡소플라스마가 살 수 있지만 사자조차도 혹등고래를 사냥하지는 않는다. 그러나 고양잇과 동물이 워낙 다양한 육류를 섭취하기 때문에 기생충의 입장에서는 그물을 넓게 펼칠 만하다. 수십억 번 가운데 한두 번만 걸려들어도 성공이기 때문이다.

그렇다면 고양이와 유사하게 톡소플라스마 역시 정교하게 적응한 생물이면서도 유연성이 뛰어나고, 또 까다로우면서도 문란한 존재라고 할 수 있다.[18] 톡소플라스마와 사촌 관계인 말라리아가 적혈구만 찾아 공격하듯이 여타의 단세포 기생충은 단 한 종류의 인간 세포에 집중하는 데 반해 톡소플라스마는 우리 몸속에 있는 거의 모든 종류의 세포를 공략한다. 위와 간, 신경, 심장 세포 등 가리지 않는다. 톡소플라스마의 움직임을 고배율로 확대 포착한 영상을 보니 우리 치토스와 좀 닮았다는 생각도 들었다. 콩깍지 모양의 작고 통통한 이 기생충은 훨씬 더 큰 인간 세포에게 다가갈 때 마치 배고픈 고양이가 인간의 발목 주변을 서성이는 것처럼 꼬물꼬물 미끄러지듯 움직인다. 그러다 갑자기 세포를 들이받으며 그 안으로 비집고 들어간다. 마치 문에 난 작은 구멍으로 억지로 밀려 들어가는 물풍선 같다.

면역세포 안으로 침입할 수도 있다. 뇌로 몰래 들어가기 위해서 면역세포를 이용하는 것으로 보인다. 뇌는 대부분의 기생충이 침투하지 못하는 곳이다. 우리 몸의 가장 중요하고도 취약한 기관인 만큼 매우 다행스러운 일이다. 뇌에서는 면역반응이 약한데 그 이유는 면역반응이 일어나면 뇌가 부어오르고 이는 좁은 두개골 안에서 치명적이기 때문이다. 따라서 최선의 전략은 애초에 침입자가 들어오지 못하게 막는 것이다. 뇌와 몸 사이의 장벽은 특수한 막을 가진 혈관이 철저하게 감시하고 있으며 뚫기가 거의 불가능하다.

그러나 톡소플라스마는 인체의 신뢰를 받는 면역세포를 트로이의 목마처럼 이용해 장벽 너머로 잠입한다. 이렇게 들어가고 나면 뇌는 별수가 없다. 기생충은 거기 눌러앉는다. 무장을 한 조직포낭 속에서 동면을 하며 고양이에게 먹힐 때까지 인내한다.

〰

기생충이 마냥 때를 기다리기만 하는 것은 아닐 수도 있다. 무대 뒤에서 줄을 당기거나 자기에게 유리하도록 속임수를 써서 고양잇과 동물의 먹이가 될 확률을 높이고 있을 수 있다. 이것이 바로 1990년대에 화제가 된 실험의 요지였다.[19] 옥스퍼드대학교 과학자들은 일련의 실험에서 톡소플라스마 양성반응을 보인 쥐들을 고양이 소변에 노출시켰다.

고양이는 쥐잡이로서 그다지 뛰어나지 않지만 한 가지 면에서는 유해 동물을 몰아내는 데 쓸모가 있다. 설치류에게 고양이 소변 냄새는 세상 그 무엇보다 끔찍한 냄새이기 때문이다. 심지어 고양이의 손아귀에서 멀리 떨어져 조상 대대로 인간에게 사육되며 살아온 실험용 쥐도 고양이 소변 냄새를 맡으면 도망간다.

고양이 대변을 통해 전파되는 기생충의 입장에서 이 같은 고양이 소변에 대한 선천적 공포는 "전파를 막는 거대한 장애물"일 수 있다고 옥스퍼드대학교의 연구를 이끌었던 조앤 웹스터는 말한다.

"우리는 기생충이 그 공포를 줄일 수 있을지 궁금했어요."

관찰 결과는 공포의 완화에 그치지 않았다. 기생충은 쥐의 본능적 공포를 완전히 소거해버리는 것처럼 보였다. 감염된 쥐들은 더 이상 고양이 소변을 피하지 않았다.

"오히려 끌렸어요."

웹스터의 말이다. 고양이 소변에 가까이 다가간 쥐들은 사회적 행동에는 변화가 없었고 여타의 쥐 퇴치제에 대한 경계도 늦추지 않았다. 고양이 소변에 대한 공포만이 싹 사라진 것이다. 연구자들은 이 현상을 고양잇과 동물의 "치명적 유혹"(Fatal Attraction)이라고 이름 지었고 언론의 관심을 붙잡았다.

다른 여러 실험실에서도 거듭 확인된 이 연구 결과는 이른바 '조종 가설'에 대한 과학자들의 높아져가는 관심에 부합했다. 알려진 바에 따르면 특정 기생충은 숙주의 행동을 조종해 스스로 생존에 유리한 위치에 선다. 때때로 운 나쁜 숙주 동물은 자기를 희생양으로 바치기까지 한다. 잘 알려진 예를 들자면 어떤 흡충은 개미를 감염시킨 다음 개미가 풀을 타고 올라가도록 자극하는데, 그러면 흡충이 선호하는 숙주인 양이나 소에게 먹힐 확률이 높아지기 때문이다.

톡소플라스마에 감염된 쥐는 고양이 소변 주변에서 전에 없이 대담하게 행동할 뿐 아니라 활동량도 늘어난다는 사실을 연구자들은 발견했다. 과학자들은 쥐들의 무모한 행동이 고양이에게 먹힐 확률을 높이기 위해 설계된 행동일 수 있다고 가정한다.

이 가정이 옳다면 연구 결과는 그야말로 상상 이상이다. 조종 가설의 가장 전형적인 사례는 불운한 개미들과 같이 단순한 생물에서 발견된다. 포유류 중에서 기생충이 숙주를 이토록 본격적으로 조종하는 사례는 또 없다.

이렇게 해서 나는 몹시 개인적인 나의 궁금증으로 되돌아왔다. 만약 이 고양이 기생충이 생쥐를 마치 꼭두각시처럼 이용했다면, 사람도 이용당할 수 있지 않을까? 만약 내가 사자 굴에서 나를 '희생'하도록 신경을 조종당했다면? 오싹한 호기심에 사로잡힌 나는 우리와 가장 가까운 영장류 친척에 관한 연구 논문을 읽어보았다. 결과에 따르면 톡소플라스마에 감염된 침팬지는 주요 포식자인 표범의 소변 냄새에 끌린다고 한다.[20]

안타깝게도 사자의 먹이가 된 재수 없는 사람들 중 몇 명이 톡소플라스마 양성이었는지를 분석한 결과는 아직 없다. 그러나 이 기생충과 이 기생충에 감염된 사람들의 무모한 행동에 관한 흥미로운 연구는 제법 있는데, 감염된 사람들은 실로 다양하게 격렬한 방식으로 죽음을 맞이한 듯하다.

예를 들면 톡소플라스마병을 가진 사람은 자살률이 높고[21] 감염률이 높은 국가는 자살률과 살인률이 높았다.[22] 동일한 패턴이 자동차 사고 통계에도 나타나는데 톡소플라스마병에 걸린 사람들은 교통사고를 당하는 비율이 두 배 이상 높았다.[23]

재규어를 타고 가다가 사고를 내는 행위가 재규어의 먹이가 되는 일의 현대판일까? 그럴 수도 있다.

"톡소플라스마에 감염된 사람의 경우 본능적으로 꺼려야 할 행동을 꺼리지 않고, 가령 관성력을 이용해 몸을 허공에 날린다든지 하는 바보 같은 행동을 하는 경향을 보일 수 있어요."[24]

스탠퍼드대학교 신경생물학자 로버트 새폴스키는 한 인터뷰에서 이렇게 말한다.

일부 과학자들은 부주의하게 운전하는 사람들이 (그리고 기타 감염된 인간이나 동물이) 기생충의 조종을 받는다기보다 훨씬 더 평범한 증세를 겪고 있을 가능성이 더 높다고 이야기한다. 짧은 기간 한차례 앓고 마는 대부분의 감염자들과 달리 면역반응이 떨어진 상태가 오래 지속되는 데 원인이 있을 수 있다는 것이다. 이처럼 병세가 심한 사람들은 애초부터 면역체계가 약하거나 민감했을 수도 있고 톡소플라스마 감염으로 인해 몸 상태가 계속 안 좋은 것일 수도 있다. 사고를 잘 내는 운전자들의 경우 반응시간이 느려진 탓에 도로에서 위험을 잘 피하지 못할 가능성이 있다는 뜻이다.

이 두 번째 가설은 또 다른 소름 끼치는 데이터가 뒷받침한다. 몬터레이만에 사는 톡소플라스마에 감염된 해달은 감염되지 않은 해달보다 최상위 포식자에게 먹혀 죽을 확률이 세 배나 높지만 그 포식자가 고양잇과 동물은 아니다. 감염된 해달을 먹는 주체는 백상아리이다.[25] 고양이 기생충이 먹이동물을 조종해서 거대한 물고기에게 '끌리게' 만든다는 것은 이상하다. 병에 걸린 해달이 약간 정신이 없고 혼란스러워서 더 쉬운 표적이 된다는 가정이 더 그럴듯하다.

더 쉬운 표적이라는 말이 나왔으니 말인데, 내가 사자 굴에 들어간 일에 대한 나만의 가설을 이야기할 때마다 과학자들은 시원하게 웃는다. 그들은 톡소플라스마가 특정 중간숙주의 몸 안에서 자기에게 유리한 방향으로 적응해갈 수는 있지만 아마도 인간의 몸에서는 그럴 수 없을 것으로 추측한다. 그런 식의 적응은 생쥐나 비둘기처럼 훨씬 더 흔하고 사냥감이 되기 쉬운 동물 안에서만 일어난다고 해야 말이 된다. 오늘날 인간은 크든 작든 고양잇과 동물의 먹이가 되지 않는다. 어리석은 기자를 사자 굴로 유인하도록 설계된 톡소플라스마가 실제로 있다고 해도 이미 오래전에 사라졌을 것이다. 10억 마리씩 태어나는 기생충에게 인간의 수는 미미하기 그지없다.

인간과는 별 상관없는 기생충이라는 뜻은 아니다. 임신부만 톡소플라스마병을 조심하면 된다는 합의는 1980년대 HIV 유행 당시 심한 타격을 입었다. 면역체계가 손상된 에이즈 환자의 몸 안에서 이 기생충은 아주 제멋대로 굴 수 있었고 테니스공 크기의 뇌 병변을 만들기도 했다. 일부 유럽 국가에서는 에이즈 환자의 무려 30퍼센트가, 그리고 미국에서는 10퍼센트가 톡소플라스마 감염으로 사망했다.[26] 실제로 2016년 미국 대선 토론 때 이 미생물은 뜨거운 화제가 되기도 했다. 톡소플라스마병 치료제를 만드는 제약 회사가 면역체계가 손상된 사람들의 목숨을 구할 수 있는 몇몇 치료제의 가격을 갑자기 인상했기 때문이다.

면역체계가 건강한 사람에게서도 톡소플라스마와 다양한 질병 간의 상관관계가 속속 드러나고 있다. 알츠하이머병, 파킨슨병, 류머티즘, 비만, 뇌종양(뇌종양과의 연관성은 특히 논란이 심하다), 편두통, 우울증, 조울증, 불임, 공격성, 강박장애 등이 여기 포함된다. 시카고대학교의 최근 연구는 난폭 운전과의 연관성을 지적하기도 했다.

눈이 더욱 휘둥그레지는 연구도 있다.[27] 체코 과학자 야로슬라프 플레그르는 이 기생충이 우리의 성격을 형성하는 데 영향을 미친다고 생각한다. 이 과학자의 연구에 따르면 감염된 사람들은 남들보다 더 죄의식이 심하다. 감염된 남자는 의심이 많고 독단적인 경향이 있으며 감염된 여자는 좀 더 사회적이고 옷을 더 세련되게 입는다. 플레그르는, 아마도 불가피하게, 연구 대상자들에게 고양이 소변 냄새를 맡게 했는데 감염된 남자들은 이 냄새를 꽤 좋아한 반면 여자들은 좋아하지 않았다.[28]

이 유별난 주제에 관한 연구는 결코 여기서 그치지 않는다. 또 다른 톡소플라스마 연구자는 사람들이 소비뇽 블랑을 좋아하는 이유가 이 기생충에 감염되었기 때문이라고 추측한다.[29] 이 백포도주의 향기가 고양이 소변 냄새와 비슷하다는 것이다. (아니나 다를까 내가 즐겨 구입하는 와인 중 하나의 이름이 "구스베리 덤불에 묻은 고양이 오줌"이다.) 소비뇽 블랑은 뉴질랜드의 대표 품종인데 공교롭게도 세계에서 인구 대비 고양이를 키우는 사람이 가장 많은 나라가 뉴질랜드이고[30] 톡소플라스마 전국 감염률은 약 40퍼센트에 달한다.[31]

이런 신기한 연구 결과들이 보다 정밀한 검증을 통과한다고 쳐도, 쇼핑 습관이나 와인 저장고의 내용물이 고양잇과 동물의 먹이가 될 확률과 과연 무슨 상관이 있을까? 아마 상관없을 것이다. 톡소플라스마는 여러 중간숙주가 다양한 변화를 겪도록 촉진할 수 있을 테지만 그런 변화가 다 이 기생충에게 유리하게 작용하라는 법은 없다.

인간의 뇌는 동물계에 비교 대상이 없기 때문에 해달이나 왈라비와 같은 다른 숙주 동물이 경험하지 않는 미묘한 영향을 경험할 수 있다. 이런 잠재적인 톡소플라스마 합병증 가운데 가장 자세히 연구된 질환은 실로 염려스러운 조현병이다. 조현병과 톡소플라스마 사이에 지속적인 연관성이 나타나고 있는 것이다.

〰

E. 풀러 토리는 스탠리의학연구소의 부소장이다. 이 연구소는 조현병과 조울증 연구를 위한 자금을 지원하는 미국 최대의 민간 재단이다. 메릴랜드주 체비체이스에 위치한, 바람이 시원하게 통하는 토리의 사무실에는 여러 가지 아프리카 융단이 걸려 있다. 미국 평화봉사단 의사로 근무하던 시절의 추억이 담긴 물건들이다. 코끼리 떼를 그린 그림도 있지만 사자는 보이지 않는다. 그러나 X표가 쳐진 작은 고양이 사진은 있다.

토리는 고양이를 키우지 않으며 가족 중 누군가 고양이를 키우고 싶어 하면 안됐지만 키울 수 없다고 말한다.

"우리 손주들이 고양이를 안 키우는 이유는 제가 딸에게 고양이를 사주지 말라고 당부하기 때문이죠."

정신의학을 연구하는 토리는 이렇게 말한다.

"어느 집이든 어린아이가 있다면 밖으로 자유롭게 나다니는 고양이를 키우는 것을 권하지 않아요. 그리고 24시간 덮어두는 통에 담긴 것이 아니라면 모래를 가지고 놀지 말라고 해요."

반면 존스홉킨스대학교의 소아 바이러스학자이자 토리와 종종 공동 연구를 하는 로버트 욜컨은 집 안에서 고양이 시나몬과 티비를 키운다. 욜컨은 한때 장난으로, 책장에 꽂힌 토리의 수많은 저서가 쓰러지지 않도록 티비를 이용해 받쳐놓은 적이 있다.

각자 고양이와 나름의 관계를 맺고 있지만 두 사람 모두 고양이의, 나아가 톡소플라스마의 세계 정복에 대한 우려를 갖고 있다. 학술지 『기생충학 연구 동향』에 최근 수록된 논문에서 두 사람은 "역사상 이렇게 많은 고양이가 살았던 전례가 없다"라고 쓰면서 1986년에서 2006년 사이에 고양이 수가 50퍼센트 증가했다는 통계를 인용했다.[32] 우리는 이제야 그 여파를 파악하기 시작한 것일 수 있다.

토리는 조현병이 최근에 생긴 질환이며 1800년대 초 이전에는 거의 없었다고 생각한다. 1800년대 초의 사료에 처음 언급된 이 병의 잠재적 원인 또는 악화 계기는 현대사회의 다양한 요인이라는 것이다. 토리는 19세기에 유행한 특정한 생활 방식, 즉 고양이 소유의 증가에 특히 관심을 갖게 되었다. 앞서 살펴보았듯이 1800년대에 들어서면서 고양이는 우리의 돌봄을 받는 가족으로 취급받기 시작했다. 초기의 고양이 애호가는 예술가들이었다고 한다. 정신 건강이 좋기로 유명한 부류는 아니다.

"고양이가 애완동물로 대두된 시점은 정신이상의 증가와 밀접한 연관이 있다"라고 토리는 저서 『보이지 않는 역병』에서 이야기한다.[33]

욜컨과 토리는 "장티푸스를 옮기는 줄무늬 고양이"의 개념을 1995년 『조현병 회보』를 통해 의학계에 처음 소개했다.[34] 여기서 언급된 믿기 힘든 충격적인 현상 중에는 1944년과 1945년 네덜란드의 '굶주린 겨울' 동안 태어난 사람들 사이에 조현병 발병률이 치솟은 사례가 있다. 임신한 여성들이 굶주림에 고양이를 먹었다고 알려진 기간이었다.

더욱 설득력 있어 보이는 다른 연구 결과도 제시했다. 건강한 사람 가운데 38퍼센트가 어릴 때 고양이를 키운 경험이 있고 정신 질환이 있는 성인 가운데 51퍼센트가 같은 경험이 있다는 결과였다. (기타 유아기 경험 중에는 모유 섭취 여부만이 유의미한 차이를 나타냈다.) 논문의 결론은 이렇다.

"고양이는 조현병의 발병에 기여하는 중요한 환경적 요인일 수 있다."

이후 이 과학자들은 같은 연구를 반복했는데 이번에는 고양이를 키운 경험을 개를 키운 경험과 대조해보았다.[35] 조현병에 걸린 아이가 반려동물을 키울 확률이 대체로 높은지 검증하기 위해서였다. 그 결과 조현병 환자들은 어린 시절 고양이를 키웠을 확률이 높았고 개를 키웠을 확률은 건강한 사람과 비슷했다.

토리의 기억에 따르면 욜컨과 토리가 고양이를 병적 수준의 정신이상과 처음 연결 짓기 시작했을 때 “다들 완전히 미친 가설이라고 생각”했다고 한다. 두 사람은 처음에는 고양잇과 동물의 레트로바이러스가 조현병의 병원체가 아닐까 생각했다. 그러나 톡소플라스마 분야의 연구가 만개하면서 이 기생충이 조현병과 더욱 밀접하게 연결되어 있음이 드러났다.

조현병은 매우 지독하고 의학적으로도 헤아리기 힘든 질병으로 어림잡아 미국인 약 1퍼센트가 이 병에 걸려 환각과 망상 증세를 경험한다.[36] 물론 톡소플라스마병에 걸린 사람, 즉 전 세계 인구의 3분의 1 중 대다수는 조현병이 없으며 발병에는 유전적 요인이 주요하게 작용한다는 사실이 점점 더 많은 연구를 통해 밝혀지고 있다. 그러나 욜컨과 토리는 톡소플라스마병이 기타 환경적·유전적 요소와 결합해서 소인을 가진 사람들을 본격적인 정신 질환에 이르게 하는 결정적인 위험 인자일 수 있다고 믿는다.[37]

한 가지 흥미로운 사실은 톡소플라스마에 감염된 사람은 감염되지 않은 사람보다 조현병 진단을 받을 확률이 세 배 이상 높다는 점이다. 그러나 이러한 연구 결과도 생각만큼 간단하지 않다. 대개의 경우 조현병과 톡소플라스마병 가운데 어느 것이 먼저 생겼는지 알아낼 방법이 없다. 이 연구를 비판하는 사람들은 조현병 환자가 정신적 상태로 인해 개인위생에 철저하지 못하기 때문에 톡소플라스마에 감염될 확률이 높을 수도 있다고 말한다.

욜컨과 토리는 자신들의 이론에 무리가 있을 수 있음을 기꺼이 인정하면서도 가설을 뒷받침할 수 있는 다양한 상관관계를 풍부하게 제시한다. 1800년대에 갑자기 등장한 것으로 보인다는 점 외에도 조현병에는 다른 정신 질환에는 흔하지 않은, 의아한 계절적 요인이 있다. 조현병 환자들 중에는 겨울과 초봄에 태어난 사람들이 많다. 토리는 집 안팎을 오가는 고양이들의 경우 추운 계절에 사냥 활동을 하지 않는 것은 아니지만 집에서 좀 더 많은 시간을 보낸다고 말한다. 그래서 겨울이나 초봄에 태어날 아기가 임신 후기에 톡소플라스마에 감염될 확률이 높을 수 있다는 것이다. 이 시기에 감염되면 그 영향이 특히 심각하다고 한다. 임신부가 겨울에 톡소플라스마병에 걸릴 확률이 더 높다는 것은 여러 연구를 통해 제시된 바 있다.

그 밖에도 여러 증거가 조각조각 흩어져 있다. 급성 톡소플라스마병에 걸린 여성과 마찬가지로 조현병을 가진 여성은 유산을 더 많이 하는 경향이 있고 그 이유는 아무도 알지 못한다. 파푸아뉴기니의 고원과 같이 고양이가 (그리고 톡소플라스마가) 역사적으로 없었던 장소에서는 조현병도 꽤 드문 것으로 알려져 있다. 조현병처럼 톡소플라스마병은 집안 내력인 경우가 많은데 유전이 되기 때문이 아니라 한집안 식구들은 같은 음식과 물을 먹거나 같은 고양이와 함께 살기 때문일 것이다. 이러한 톡소플라스마의 전파 양상으로 인해 유전이 조현병의 원인으로 지목되는 사례도 있을 수 있다. 또한 이유는 명확하지 않지만 조현병은 식구가 많고 소득이 적은 가정에서 더 흔하다. 톡소플라스마병도 마찬가지다. 마지막으로, 일부 톡소플라스마병 환자는 정신이상 증세를 보이고, 정신이상 증세가 없더라도 (정신 질환을 치료하기 위해 만들어진) 항정신병 약을 먹으면 휴면 상태에 들어가기 전 몸속에서 퍼지고 있는 기생충을 이겨내는 데 신기하게도 효과가 있다.

여러 톡소플라스마 연구자들은 조현병 관련 가설이 적어도 아주 흥미롭다고 생각한다. 그러나 반론도 있다. 조현병은 도시에서 자란 사람들에게 더 흔한 반면 톡소플라스마병은 농촌 지역에 더 널리 퍼져 있다. 또한 에티오피아나 프랑스, 브라질처럼 톡소플라스마병 발병률이 굉장히 높은 나라에서 조현병 발병률은 높지 않다. 마찬가지로 미국을 포함해 고양이가 늘고 있는 일부 선진국에서, 아마도 육류 냉동 처리나 축산업 환경 개선 덕분에 톡소플라스마 감염률은 최근 들어 떨어지고 있는 반면에 조현병 진단 사례는 줄지 않았다.

확실한 증거를 분리해내기 어려운 이유에는 톡소플라스마병이 매우 보편적이라는 점도 있다. 욜컨과 토리는 데이터에서 나타나는 골치 아픈 모순의 일부는 진단 도구의 향상으로 해결될 수 있으리라고 생각한다. 톡소플라스마가 어떤 계통인지 알아내거나(일부 계통은 훨씬 악성이다), 정확히 몸의 어디에 있는지(간에 있는 포낭은 뇌 안의 포낭에 비해 신경학적 영향의 관점에서 중요성이 덜하다) 밝혀내면 된다는 것이다.

가장 문제가 되는 것은 톡소플라스마병 검사로는 감염 시기를 알 수 없다는 것이다. 조현병 증상은 대체로 청소년기에 발현되는데, 욜컨과 토리는 톡소플라스마가 특히 뇌가 형성되는 시기에 위험할 수 있다고 생각한다. 여기에는 태아뿐만 아니라 아기와 유아도 해당된다. (가령 생후 4주 때 감염된 생쥐와 생후 9주 때 감염된 생쥐는 매우 다른 결과를 보인다.) 두 사람은 유아기 감염에 점점 더 초점을 맞추고 있다.

물론 톡소플라스마 연구자의 사고력이 실험 쥐의 사고력만큼 손상되었을 가능성도 있다. 토리, 두베이, 플레그르를 비롯해 이 분야의 스타 학자들은 톡소플라스마에 감염되었고 그 사실을 알고 있다. 기생충이 연구를 조종하는 것은 아닐지라도 관찰자 편향이 작용할 수 있다. 고양이 똥에 사는 기생충이라는 렌즈를 통해 인간을 바라보다 보면 어느 순간 병적인 상태에 이를 위험이 있을 것이다.

나로 말하자면 두 번이나 검사를 하고 두 번 다 음성 판정을 받은 뒤에야 미생물의 조종을 받아 사자와 뒹굴려고 했다는 가설에 작별을 고했다. 그렇지만 솔직히 말하자면 지금도 완전한 확신은 들지 않는다. 욜컨과 토리도 말했지만 피검사 결과는 정확하지 않을 수도 있다.

일부 신경학자들은 톡소플라스마 연구 열풍이 거세질 경우 흥분한 고양이 소유주들뿐만 아니라 병세가 심각한 사람들에게도 오해를 불러일으킬까 염려한다.

"톡소플라스마병과 조현병 간의 연관성은 매우 약합니다."

애리조나대학교에서 톡소플라스마를 연구하고 환자도 진료하는 애니타 코시의 말이다.

"정말 가슴이 아파요. 조현병은 끔찍한 질병인데 그릇된 희망을 던져주는 것 같거든요."

﹀

한편 새로운 톡소플라스마 관련 가설은 계속해서 탄생하고 있다. 최근 한 칼럼은 브라질과 같은 특정 국가의 경우 마초적인 문화나 월드컵에서의 높은 성과가 남성의 높은 감염률로 인한 것이라고 주장하기도 했다.[38] (축구에서는 모험심과 공격성이 강한 쪽이 유리하다.)

이 기생충이 최초의 거대 문명에서 시작해 모든 인간 문명의 형성에 기여했는지도 모르는 일이다.

누구나 알다시피 고대 이집트인들은 고양이를 많이 키웠고 실제로 대량으로 교배하기까지 했다. 톡소플라스마가 현대 이집트에서 심각한 문제라는 점은 놀랍지 않다.[39] 토리와 풀러는 최근 이 지역에서 진행된 연구에 참여했고 톡소플라스마로 오염된 나일강 물의 위험성에 특히 관심을 기울이고 있다.

패트릭 하우스라는 스탠퍼드대학교의 젊은 연구자는 이집트의 미라에서 톡소플라스마를 찾고 있다. 특히 게으른 작업자들이 뇌를 꺼내지 않고 남겨둬서 가치가 떨어지는 미라들을 물색 중이다.

"제가 아는 모든 박물관에 있는 모든 미라의 목록을 만들었어요. 엑셀 파일로요."

하우스의 말이다.

톡소플라스마가 발견된다면 하우스는 고대 사람들 사이에 이 기생충이 널리 퍼져 있었는지, 그들이 어떤 계통에 감염되었는지, 그 계통이 어떻게 진화했는지 연구해볼 생각이다. 톡소플라스마병이 고대 이집트인들의 행동에 영향을 주었을지 상상해 보는 일은 매우 흥미진진하다. 하우스는 이렇게 말한다.

"제가 볼 때 이 연구는 어쩌면 인류의 역사를 다시 쓰다시피 할 수도 있어요."

처음에 나는 이 연구가 다소 터무니없다고, 심지어 좀 미친 것 같다고 생각했다.

그러다 새로운 소식을 들었다. 이미 다른 연구팀이 1000년 넘은 미라의 살을 검사해서 톡소플라스마를 확인한 바 있다는 사실이었다.[40]

7 고양이를 미치게 하는 것

퍼시 왕자는 가창력이 뛰어난 샴고양이로 아침식사가 차려지는 동안 마치 감사 인사라도 하듯 아리아를 열창했다. 퍼시는 우리 가족의 애완고양이로 17년을 살았고 나는 나의 어린 시절 전부를 퍼시와 함께 보냈다고 할 수 있다. 가벼운 사시를 가진 퍼시는 하늘색 눈동자로 우리의 시선을 적극적으로 좇았고 기회만 나면 무릎에 올라왔으며 우리가 집을 비우면 문 근처에서 서성거렸다.

집 안 생활과 사람을 좋아하는 이런 고양이를 누구나 하나쯤은 알고 있다. 이런 고양이는 '개 같다'는 말을 듣기도 한다. 그러나 고양이 같은 고양이도 많다. 알 수 없고 신비롭거나 신경질적이고 괴상한 녀석들.

내 동생이 키우는 피오나가 그렇다. 피오나는 낮이면 침대 밑 신발 상자 사이에 숨어 나오지 않는다. 그 좁은 공간의 공식 명칭은 "피오나의 사무실"이다.

아직 야생성이 반쯤 남아 있는 애니도 그런 고양이다. 일상에 약간의 변화라도 생기면 구토를 하는 바람에 우리 엄마는 토사물 청소용 특수 주걱을 들고 애니 뒤를 졸졸 따라다닌다.

나의 사랑하는 치토스 또한 집에 온 귀한 손님의 살갗에 송곳니를 박는 경향이 있다. 손님이 쓰다듬으려고 할 경우에 특히 그런다.

우리는 고양이가 어떤 가혹한 야생에서도 번성할 수 있다는 사실을 앞서 살펴보았다. 그렇다면 이 뛰어난 포식자는 과연 안락한 집 안에서 우리의 애완동물로 잘 살아가고 있을까? 우리는 실내에 머무는 고양이의 속사정에 대해, 고양이와 우리의 관계에 대해, 고양이가 우리와 공유하는 환경을 어떻게 느끼는지에 대해 어디까지 알고 있는 것일까? 고양이는 눈이 따갑지 않은 샴푸로 씻겨주는 것을 즐길까? 치즈, 파파야, 다시마가 들어간 자연방목 닭고기 식사를 좋아할까? 인간과 고양이의 동거는 어느 쪽에든 도움이 될까?

한 가지 진실은 페인트를 바른 밋밋한 벽으로 둘러싸인 공간에서 응석받이로 살아갈 수 있는 힘이, 바람이 할퀴는 아남극의 섬이나 화산 원뿔에서의 생존 능력 못지않게 급진적이고 대단한 진화의 결과라는 점이다. 때로는 고양이 때문에 미치겠다고 하는 사람도 있지만 고양이 역시 같은 기분일 수도 있다.

〰

나는 이 시대 온실 속 고양이의 마음을 알아보기 위해 글로벌펫엑스포를 찾았다. 박람회는 올랜도의 창문 하나 없는 거대한 컨

벤션센터의 그야말로 깊숙한 실내 공간에서 열렸다. 580억 달러 규모의 애완동물 관련 시장에서 가장 규모가 큰 박람회이다.[1] 끝없이 이어진 고양이 용품 부스들을 둘러보니 발톱에 씌우는 고스풍의 검은색 네일캡부터 치석 제거 도구, 바퀴가 쉽게 분리되는 유모차까지 있다. 호박이 천연 헤어볼 제거제이며 개다래나무가 새로운 캣닙 대체재라는 것도 배웠고 고양이 사료 속에 "새로운 단백질원"을 넣는 열풍 때문에 전 세계 물소와 캥거루가 긴장해야 할 수도 있다는 사실을 알게 되었다. 이따금 누군가가 사람이 먹을 수 있는 수준의 고양이 사료를 권하지만 나는 공손히 거절한다. 한 성인 남성은 세쿼이아처럼 거대한 캣타워를 타고 오르며 강도를 시험한다. 정상에 올라 두 팔을 들고 만세 포즈를 취하자 관중이 환호한다.

불과 얼마 전까지만 해도 가짜 나무가 우거진 캣타워 숲이나 수제 티피텐트, 귀리가 함유된 자외선 차단제는 고사하고 '고양이 용품'이라고 할 것이 거의 없었다.[2] 주로 개를 위해 개발된 의약품을 임시방편으로 썼고 고양이 이동장과 같은 기본적인 용품조차 귀했다. 고양이를 붙잡아 두어야 하면 낡은 장화에 쑤셔 넣는 식이었다. 시판용 개 사료는 1860년대에 처음 만들어졌지만 고양이 사료는 제2차 세계대전이 끝난 이후에도 좀처럼 나오지 않았다. 당연하게도 고양이는 스스로 먹이를 찾아 먹을 수 있다고 여겨졌다.

1960년대에 이르러서도 고양이 사료나 고양이 장난감 등 무엇이 됐든 '고양이'가 붙은 제품은 전체 애완용품 시장의 8퍼센트라는 놀랍도록 낮은 비중을 차지했다. 40퍼센트를 차지하는 개 용품에 한참 뒤처졌을 뿐 아니라 고양이의 오랜 원수인 새 용품이 차지하는 16.5퍼센트에도 미치지 못했다. 심지어 하위 먹이 동물인 파충류나 소형 포유류에도 못 미쳤다.[3]

그러나 오늘날 고양이는 엄청난 시장 점유율을 자랑하고 1위인 개와의 격차를 점점 좁혀가고 있다. 미국인들은 이제 매년 고양이 사료에만 66억 달러를 지불하고,[4] 고양이 화장실 모래만 해도 20억 달러 규모의 시장을 형성하고 있다.

무엇이 변한 걸까? 고양이 기저귀나 녹차 추출물이 들어간 고양이 에너지 음료, 진정 효과가 있는 가르릉 베개는 그 자체로도 꽤나 놀라운 발명이지만 이 모든 것의 존재 이전에는 실내 고양이의 발명이 있었다.

고양이를 집 안에서만 기르기 시작한 것은 아주 최근의 일이다. 1920년에 발간된 고양이 서적의 고전 『집 안의 호랑이』에서 칼 밴 벡턴은 곧잘 외출을 하는 집고양이의 유동적인 생활을 묘사한다. 100년이 채 안 된 가까운 과거이지만 그때만 해도 맨해튼 중심가처럼 복잡한 환경에서조차 이런 생활 방식은 일반적이었다. "거실의 실크와 새틴을 버리고 지붕 위에서 자유로운 삶을 즐기는 페르시아고양이들도 있다"라고 그는 적었다.

"집 안에 살면서 가족과 좋은 관계를 유지하는 수고양이도 지붕 위와 울타리 주변을 누비며 싸움꾼으로 이름을 날린다."[5]

오늘날은 미국 애완고양이의 60퍼센트 이상이 잠을 자지 않는 시간에도 실내에만 머물고[6] 나머지 수천만 마리 역시 하루의 대부분을, 또는 적어도 밤 시간은 집 안에서 보낸다. 지붕 위가 아닌 지붕 아래에서의 생활로 전환이 이루어지기 시작한 것은 불과 50년 전으로 처음에는 도시화가 이를 주도했다. (이것이 가능해진 것은 중성화 수술 덕분이다. 수술하지 않은 수컷이나 발정기 때마다 우는 암컷은 배려심 있는 룸메이트가 되기 힘들다.) 우리 인간이 정복된 자연에서 물러나 도시로 들어가면서, 그리고 점점 더 높은 층으로 하늘을 향해 이동하면서 수많은 고양이도 뒤따라왔다.

개개의 고양이의 관점에서 볼 때 실내로 들어가는 일은 힘겨운 도전이었는데 제일 잘하는 것들, 즉 짝짓기와 사냥을 할 기회를 빼앗겼기 때문이다. 그러나 고양이라는 종의 세계 정복이라는 관점에서 볼 때 집 안으로 들어간 것은 획기적인 전략이었다. 실내에만 사는 고양이는 전 세계 고양이의 작은 일부에 지나지 않지만 종 전체를 위한 매우 중요한 홍보 대사의 역할을 한다. 집 안 고양이의 외교 활동이 없다면 뒷골목의 고양이는 앨리캣앨라이와 같은 인간 협력자가 지금처럼 많지 않을 것이다. 그리고 정치적인 관점에서 보면 취약한 생태계에서 인간이 고양이를 제거하기가 훨씬 쉬울 것이다. 무엇보다도 오늘날의 고양이 열풍이 이처럼 본격적으로 불지 않았을 것이다.

야생에서도 야생의 가장자리에서도 고양잇과 동물은 눈에

잘 띄지 않는 동물이다. 실내에 갇힌 뒤에야 고양이는 비로소 예측할 수 없는 존재에서 진정한 애완동물로 탈바꿈한다. 우아하면서도 나른해 보이는 모습, 더할 나위 없이 도도한 태도를 비롯해서 숨어 있던 여러 사랑스러운 습관들을 갑자기 24시간 내내 볼 수 있게 된 것이다. 고양이가 집 안에 갇히면서 인류가 이미 오래전부터 품어왔던 고양이를 향한 애정은 이내 훨씬 더 집착적으로 변한다. 우리는 정신을 못 차리게 된 것이다. 최근의 연구 결과들에 따르면 사람들이 고양이를 실내에서만 키우는 이유는 이웃집의 동식물을 보호하기 위해서도, 식구들을 톡소플라스마병으로부터 지키기 위해서도 아니다. 오히려 너구리에게 당하거나 차에 치일 위험으로부터 내 자식 같은 고양이를 지키기 위함이다.[7]

이 같은 과도한 애정 때문에 고양이는 생식기를, 때로는 발톱까지 희생당하며 대개는 존엄 또한 포기해야 한다. 문이 닫히거나 엘리베이터가 올라가는 순간 이 최상위 포식자들은 모든 것을 인간에게 의존해야 하기 때문이다. 우리는 똥 눌 곳과 놀잇감 그리고 아주아주 다양한 먹이를 고양이에게 마련해준다.

글로벌펫엑스포에서 고양이는 최상위 킬러가 아닌 귀엽고 무능력한 게으름뱅이로 그려진다. 바나나 모양 캣닙 인형을 끌어안고 정신을 잃은 고양이, 흰살생선과 민트를 넣은 '냥이 모히토'에 취한 고양이 등이 모델로 등장한다. 고양이 출입문 코너는 슬플 지경이다. 이 작은 문은 푸르고 찬란한 뒤뜰로 나가는 통로가 아니라 지하실의 모래 화장실로 통하는 입구인 경우가 점점 더 많아지고 있다.

그러나 바로 여기에 마침내, 즉 주인과 애완고양이 간의 끈끈한 유대 속에, 인류가 지난 수천 년간 고양이와 맺어온 동맹 관계에 대한 어떤 상당한 보상이 있을지 모른다. 고양이들이 우리에게 주는 기쁨이 마침내 고양이에 대한 우리의 설명하기 힘든 집착을 정당화하지 않을까.

미국애완동물용품협회는 이런 생각을 장려하고 있는 듯하다. 이 업계 단체는 최근 인간과 동물 간의 상호작용을 연구하는 분야에 자금을 지원하기 시작했다. 인간과 인간이 키우는 동물이 서로 어떤 영향을 주고받는지 정식으로 연구하는 분야이다. 업계의 선두 주자들은 심지어 반려동물을 소유하는 데서 얻는 대가를 정량화하고 애완동물을 "인간과 동물의 건강에 도움이 되는 요소"로서 홍보하기 위해 비영리 연구 단체를 만들었다. 과학은 원래 한쪽 편만 들면 안 되지만 이 분야 연구들은 완강하게 긍정적이다. 협회의 웹사이트에는 이렇게 적혀 있다. "애완동물은 우리를 행복하게 합니다." "애완동물은 우리에게 유익합니다."

박람회 당시 협회 소속의 비영리 연구 단체는 처음으로 연구비 지원 대상자를 모집하는 중이었는데 나중에 결과가 나온 걸 보니 실망스럽게도 선정된 다섯 팀 가운데 네 팀의 연구 주제가 개였다. (개 연구는 최근 들어 성황을 이루고 있는데 미국 정부와 기타 단체들이 개의 뛰어난 능력을 활용할 새로운 방법을 계속해서 찾고 있기 때문이다.) 나머지 한 팀의 연구 주제는 말을 이용한 치료였다. 결국 미국의 가장 인기 있는 애완동물에 대한 연구를 하려고 했던 사람들은 아무런 소득을 얻지 못했다.

그런데 알고 보니 좁은 집 안에서 인간과 고양이가 맺는 관계를 살펴본 학자들이 이미 소수 있었다. 이들의 연구 결과는 마냥 따스하고 보드랍지만은 않다.

〰

미국 생물학자 데니스 터너는 인간과 고양이 간 관계 연구의 아버지라고 할 만하다. 터너는 1970년대에 전혀 다른 동물을 대상으로 연구 활동을 시작했다. 바로 흡혈박쥐였다. 터너는 코스타리카의 정글에 사는 흡혈박쥐가 "흡혈 대상"을 선정하는 방식과 기타 습성을 연구했다. 여러 차례 직접 흡혈 대상이 되기도 했다. 광견병에 감염된 박쥐에게 물린 뒤로는 백신을 스물한 차례나 지긋지긋하게 맞고 목숨을 건졌다.

잘은 모르지만 이 같은 현장 연구의 위험성 때문에 터너가 좀 더 귀여운 동물을 택했을 수도 있다. 안전한 집으로 돌아온 터너는 다른 여러 동물을 연구 대상으로 고려해봤고 한번은 그 유명한 세렝게티 사자 프로젝트를 이끌어달라는 제안을 받고서 고민한 적도 있었다.

"사자 프로젝트를 맡아볼까 고민하고 있을 때 우리 고양이가 책상 밑에서 나와 야옹 하고 울었어요."

터너가 기억을 되살려 말한다.

"그래서 제가 말했죠. '네가 내 사자 할래?' 바로 그때 생각이 정해졌죠."

고양이가 밖에서 무얼 하고 돌아다니며 사냥은 어떤 식으로 하는지를 연구하는 과학자들은 이미 소수 있었다. 터너는 집 안에서 점점 친밀해져가는 인간과 고양이의 관계에 더 관심이 갔다. 연구할 주제는 많았다. 사람 무릎을 싫어하는 고양이의 경우 체온조절에 문제가 있는 것은 아닐까? 주인의 성별이 놀이 역학에 영향을 미칠까? 터너는 "배우자와 고양이가 인간 감정에 미치는 영향" 등 독특하면서도 흥미로운 제목의 논문들을 발표했다.

세계 각지의 다른 실험실들도 터너의 뒤를 따랐고 이제 운 좋은 대학원생들은 연구를 위해 열심히 새끼 고양이들을 쓰다듬는다. 학자들의 이런 공동의 노력 덕분에 적지만 생생한 연구 문헌이 생겼다. 최근의 어느 연구에서 연구자들은 "커다란 유리 눈이 달린 새끼 부엉이 인형"을 집 안 바닥에 놓고 그 집 고양이들의 반응을 지켜보았다. 그러면서 입술을 핥거나 꼬리를 흔드는 등의 행동과, "우다다" 달리거나 평소보다 눈을 크게 뜨는 ("눈 튀어나옴") 등의 "사건"을 기록했다.[8]

고양이 학자들의 이런 노력은 인간과 동물의 상호작용이라는, 전혀 새롭지만 확장 중인 연구 분야와 적절히 맞닿아 있다. 농업과 축산업이 일상에서 멀어짐에 따라 봇짐이 아닌 마음의 짐을 나르게 된 새로운 동물들, 즉 집에서 키우는 애완동물들과의 깊어가는 관계를 이해해보려는 시도가 자연스럽게 생겨났다. 또한 인간은 인간 자신에 대한 관심이 매우 크기 때문에 애완동물이 인간의 건강에 미치는 측정 가능한 영향에도 특히 관심을 갖게 되었다.

1980년 이 분야에서 획기적인 논문이 발표됐다.[9] 에리카 프리드먼이라는 연구자가 심장마비 후 생존에 영향을 미치는 요소를 추적했는데 애완동물이 있는 환자 가운데 94퍼센트가 이듬해까지 생존했지만 애완동물이 없는 환자의 경우 72퍼센트만이 생존했다. 그 결과 '애완동물은 사람에게 유익하다'는 믿음이 굳어졌다. 유명한 수의사 마티 베커는 『애완동물의 치유력』이라는 책에서 그 믿음을 이렇게 요약한다.

"애완동물은 사람을 건강하게 만드는 기적의 치료제일 수 있다. 병원이 아닌 집에 있을 수 있게 도와주고 심장마비의 위험도 줄여준다.… 혀로 핥거나 꼬리를 흔들거나 리드미컬하게 가르릉대면서 … 돈도 많이 들지 않는다. 팬시피스트나 프리스키스 같은 캔 사료값이면 충분하다."[10]

나는 애완용품 업계의 새로운 연구 시도를 감독하는 일을 돕고 있는 퍼듀대학교의 동물생태학자 앨런 벡을 만났다. '염소에 대한 애정이 인간의 행복에 끼치는 영향'이라는 제목이 붙은 연구 논문의 요약문을 막 읽은 참이었다. (한 연구 대상자는 이렇게 말했다. "가장 아끼는 염소가 죽었을 때 엄마가 돌아가셨을 때보다 더 큰 상실감을 느꼈어요.") 벡 역시 기니피그와 자폐증, 수족

관과 알츠하이머병, 그리고 클라이즈데일 말과 또 무엇 등을 연구 주제로 삼은 바 있었다. 나는 라지 사이즈 커피를 주문하고 고양이와 관련된 짜릿한 연구 결과를 잔뜩 들을 마음의 준비를 했다. 그런데 고양이가 우리에게 어떻게 유익한지 묻자 놀랍게도 벡은 한동안 주저하며 말을 잇지 않는다.

"특정 동물이나 품종에 대해 안 좋은 말을 하기 시작하면 곤란해집니다. 정말이에요. 핏불 때문에 그런 경험을 했죠. 하지만…"

나는 귀를 한결 더 쫑긋 세운다.

"사실대로 말하자면 고양이가 건강에 유익하다는 증거는 많지 않아요."

벡은 서둘러 나를 안심시키면서, 사람들이 고양이를 좋아하지 않아서 그런 것은 아니라고 말한다.

"단지 사람들이 치료 효과를 볼 수 있는 방식으로 고양이를 활용하고 있지 않다고 생각해요."

사실 고양이를 이용한 정규 치료 요법은 엄연히 존재한다. 예를 들어 퓨시픽루서런대학교를 비롯한 여러 대학의 기말시험 기간이 되면 훈련받은 "위로 고양이"가 파견되어 쓰다듬을 받기도 한다. 그러나 한계는 뚜렷하다. 많은 사람이, 한 통계에 따르면 거의 20퍼센트에 가까운 사람들이 그저 고양이를 좋아하지 않는다.[11] 병적인 수준의 고양이 공포증은 놀라울 만큼 흔하고 연구 결과에 따르면 고양이는 때때로 자기를 싫어하는 사람에게 안기려고 한다.[12] (정규 고양이 치료의 대부분은 감옥에서 이루어지는 것으로 보인다. 이곳에서는 고양이도 인간도 싫다고 치료에서 빠질 수가 없다.) 따라서 고양이 치료사는 금세 역효과를 불러올 수 있다.

그런데 고양이에게 마음을 빼앗긴 주인들마저 '애완동물은 사람에게 유익하다'는 믿음이 암시하는 것만큼의 효과를 보지 못하는 듯하다. 오히려 반대다. 에리카 프리드먼이 1995년에 심장마비 연구를 반복하면서 일반적인 애완동물 소유 여부가 아닌 애완동물의 종류에 더 주의를 기울여보니 애완견은 실제로 환자들의 생존율을 높였지만 애완고양이는 살짝 낮추었다.[13] 또 다른 연구팀이 최근에 한 연구에 따르면 고양이는 심장에 상당히 좋지 않은 것으로 나타났다. 개를 키우거나 동물을 전혀 키우지 않는 것에 비해 고양이를 키우는 행위는 "사망이나 재입원의 확률과 상당한 연관성을 보였다"라고 연구의 저자들은 적고 있다.[14]

다른 연구자들도 마찬가지로 암울한 결과를 발표했다. 미국의 국민 의료 보조 제도인 메디케이드의 기록을 분석한 연구에 따르면 개를 키우는 사람은 병원에 가는 빈도가 낮아 건강이 남들보다 더 좋은 것으로 추정되지만 고양이를 키우는 사람은 평균적인 사람과 동일한 빈도로 병원에 드나들었다.[15] 네덜란드의 한 연구는 고양이를 키우는 사람이 특정한 진료 과목을 찾는 경향이 있다는 사실을 발견했다. 바로 정신과였다.[16] 또 다른 연구팀은 고양이를 키우는 사람이 혈압이 높다는 사실을 발견했다.[17]

노르웨이의 한 연구는 더욱 꼼짝 못 할 증거를 제시했다. 이 연구는 고양이 주인의 경우 혈압이 더 높다는 점을 확인했을 뿐만 아니라 체중이 더 많이 나가고 전반적인 건강 상태가 더 나쁘다는 사실도 알아냈다.[18]

"운동을 잘 안 하는 사람일수록 고양이를 키울 확률이 높다"라고 노르웨이 연구자들은 경고한다. 또한 유럽의 애완고양이 소유율이 높아지고 있다는 사실을 지적하며, 고양이를 키우는 사람들을 대상으로 더욱 면밀한 과학적 조사를 실시해서 "고양이로 인해 사람들이 집 안에 머무는 시간이 길어지고 그 결과 건강이 나빠지는지" 알아봐야 한다고 주장한다.

집 안의 고양이들은 정말로 고양이와 사랑에 빠진 인간들을 집 안에 가두어놓고는 체중이 늘고 혈압이 치솟을 때까지 놓아주지 않는 걸까? 마티 베커가 말하는 "팬시피스트나 프리스키스 같은 캔 사료"에 대한 보답이 진정 심정지란 말인가? 고양이를 사랑하는 나의 마음 또한 이런 연구 결과에 약간 싸늘해졌지만 비교적 덜 불길한 몇 가지 설명을 듣고 다시 기분이 좋아졌다. 고양이와 개 주인의 상이한 건강 상태는 부분적으로 개 산책이라는 습관 단 하나가 그 원인이었다. 한 연구에 따르면 개를 키우는 사람의 경우 애완동물이 없는 사람에 비해 약간의 걷기 운동이라도 할 확률이 64퍼센트 높았지만 고양이를 키우는 사람은 도리어 9퍼센트 낮았다. 그리고 고양이를 키우는 집단은 스스로의 선택에 의해 그 집단에 속하게 되었을 가능성이 높다. 원래 걷기를 좋아하지 않거나 이미 건강에 문제가 있어서 개보다는 고양이를 선택했을 수 있다는 의미이다.

또 다른 가능성도 있다. 운동을 더 하게 되는 효과는 제쳐놓더라도 개를 키우는 사람들은 강아지 공원이나 산책길에서 만나는 다른 사람들과 사귀면서 건강에 유익한 영향을 받을 수 있다. 반면 고양이를 키우는 사람들끼리 이런 식으로 어울리는 일은 딱히 흔하지 않다.

이런 변수를 적어도 일부는 통제한 뒤 진행한 실험에 따르면 개와 고양이가 인간에게 미치는 영향은 어쨌든 근본적으로 다르다고 말할 수 있을 듯하다. 이것을 "사회적 지지 이론"이라고 부른다고 벡이 말한다.

"우리는 다른 사람과 함께 있고 싶어 합니다. 그러면 외로움이 덜합니다. 신체적 접촉은 편안함을 주지요. 우리는 현재를 즐기기 위해 서로를 이용합니다. 애완동물과도 그런 관계를 맺지요. 고양이보다는 개와 그런 관계를 맺기가 더 쉬워요."

가족이 해체되고 사람들이 고립되고 전반적으로 권태로운 이 시대에 고양이보다는 개가 인간의 존재를 대체하기에 더 알맞은 듯하다.

고양이를 키우는 사람들의 상당수는 물론 이런 비판이 불쾌할 것이며, 그럴 수 있다. 나 역시 고양이가 위로가 되었던 여러 사례를 떠올릴 수 있다. 대학을 졸업하고 집에서 멀리 떨어진 곳으로 처음 이사를 갔을 때 나는 함께 살던 통통한 고양이 코비를 데리고 떠났고 마치 곰 인형처럼 밤새 껴안고 잤다. (그런데 이 기억을 떠올리면 떠올릴수록 점점 더 불편해진다. 첫 집의 암울한 환경 속에서 코비는 곧 풀이 죽었고 여위어갔기 때문이다. 나는 코비를 엄마에게 넘기지 않을 수 없었다.)

고양이를 집 안에 몰아넣기는 했으나 인간은 고양이보다는 개와 훨씬 더 많이 접촉한다는 사실이 문제일 수도 있다. 한 연구에 따르면 고양이를 키우는 사람들의 7퍼센트만이 고양이와 하루 종일 함께 있는 반면 개의 경우는 그 비율이 절반에 달했다.[19] 또 다른 연구가 밝혀낸 바에 따르면 210분의 관찰 시간 동안 고양이와 인간의 간격이 1미터 이하였던 적은 단 6분이었고 상호교류가 있었던 시간은 1분 이하였다.[20] 일본에서 실시한 어느 연구에서 학자들은 고양이의 귀 움직임을 분석해서 고양이가 주인의 목소리를 알아들으며 일부러 대답하지 않는 것뿐이라는 사실을 알아냈다.[21]

가까이 접근할 때조차 고양이는 인간과 다른 방식으로 관계를 맺는다. 최근 영국의 수의사 대니얼 밀스는 1970년대의 대표적인 일련의 실험들을 반복해보기로 했다. 부모에 대한 아이의 애착을 알아보는 실험이었지만 밀스는 아이와 부모 대신 고양이와 주인을 연구해보기로 한 것이다. 밀스는 개를 데리고 같은 실험을 이미 해봤는데 개는 어린아이와 매우 비슷하게 행동했다. 새로운 방을 탐험하면서 안심이 될 만한 것을 찾았고 낯선 사람을 피했다. 나와 대화할 당시 고양이 연구의 결과는 발표되기 전이었지만 실험 영상이 충격적이라고 생각한 누군가가 이를 '유출'했고 인터넷에서 화제가 되었다. 한 영상에서 고양이는 주인이 방에서 나가도 조금도 상관하지 않을뿐더러 애써 주인을 냉대하고 낯선 사람에게 애교를 부린다. 밀스는 낯선 환경에 처한 고양이가 개와 달리 주인으로부터 안정을 구하지 않고 어떤 사람하고든 즐겁게 논다는 결론에 이르렀다.

밀스는 이 연구로 인해 "굉장히 많은 혐오 메일을 받았다"라고 말한다.

"그렇지만 고양이가 우리로부터 안정감을 구하지 않는다고 확실히 말할 수 있어요. 고양이는 인간에게 집착하지 않아요"

고양이와 관련된 여느 문제와 마찬가지로 고양이가 다른 존재와 교류하는 방식, 또는 그 방식의 결여는 단백질 및 단백질 조달과 관련이 있다. 그 결여를 가장 잘 이해하는 길은 역시 개와 비교해보는 것이다. 개량된 늑대라고 할 수 있는 개들은 집단으로 사냥을 하면서 진화했다. 생존은 먹이를 잡기 위해 협동하는 능력에 달려 있었다. 소통과 협력은 개의 이빨만큼이나 생존에 결정적인 무기였다. 인간 역시 비슷한 진화 과정을 거쳤고 집단생활에 영향을 받았다. 함께 수만 년을 지내면서 인간은 심지어 개와 공진화했을 수 있다. 일본 학자들이 최근 밝혀낸 사실에 따르면 늑대들은 시선 접촉을 피하는 반면 개들은 오래전 가축화 단계에서 인간의 시선 중심적인 소통 방식을 배웠다고 한다.[22] 눈을 맞추는 행위는 이후 개와 인간의 상호 소통 언어에서 매우 핵심적인 부분이 되었기 때문에 이제 개는 주인과 눈이 마주치면 옥시토신이 분비된다. 주인 역시 시선을 되돌려주면서 기분이 좋아지게 하는 이 호르몬의 작용을 느낀다. (인간 부모는 자식과 같은 방식으로 유대감을 쌓는다.) 이런 식으로 개와 인간은 "사회적 파트너"가 되었다. 수천 년이 넘도록 이어진 인위도태 및 인간에 대한 상시적 의존 덕택에 개가 주인의 존재와 주인이 보내는 신호에 그 어느 때보다 민감해졌다는 사실에는 의심의 여지가 없다. 글로벌펫엑스포에서 나는 집에 없는 주인의 양말 서랍 냄새를 퍼트려주는 기계를 보았다. 개들은 이 냄새를 간식만큼 좋아한다고 한다.

그러나 앞서 살펴보았듯 고양이는 완벽한 외톨이다. 거의 모든 야생 고양잇과 동물은 자기만의 영역을 돌아다니면서 홀로 사냥하고 살아가며 동종의 다른 개체와 마주치는 일은 아주 드물다. 어떤 식으로든 협력은 거의 불가능하다. 집단을 이루어 사는 사자도 사냥할 때는 협력하지 않는다. 따라서 서열에 따른 위계는 있을 수조차 없다. 천생 은둔자인 고양이는 표현을 하도록 진화하지 않았다. 그 표현을 읽을 수 있는 다른 고양이가 주변에 없었기 때문이다. 고양잇과 특유의 무표정한 얼굴은 이 때문이다. 고양이는 꼬리를 흔들거나 귀를 쫑긋 세우거나 눈을 애처롭게 뜨지 않으며 그런 신호를 읽을 줄도 모른다. 고양이가 보내는 명확한 시각적 신호는 죽기 아니면 살기의 상황에서만 전달되곤 한다. 고양이가 등을 구부리고 털을 세워 복어처럼 몸을 부풀릴 때가 그때다. 게다가 고양이는 몸을 숨겼다가 습격을 하는 포식동물이므로 소리를 이용한 신호도 사용하지 않는다. 고양이의 주된 소통 수단은 페로몬, 즉 달갑지 않은 얼굴을 마주보지 않아도 주고받을 수 있는 냄새 메시지이다.

간단히 말해 고양이의 소통 방식은 인간이 원하는 사회적 교류를 제공하기에는 거의 유례없이 불충분하다. 고양이는 친구가 아닌 거리, 칭찬이 아닌 단백질을 원한다. 인간과 고양이는 생물학적으로 어울리지 않는 한 쌍이다.

"고양이는 인간의 행동이나 인간과 교류하는 최선의 방법에 대한 본능적인 감각이 조금밖에, 아니 전혀 없는 것 같다."

존 브래드쇼는 저서 『캣 센스』에서 이렇게 지적한다.

"대부분의 고양이는 사람과 애정 어린 관계를 갖는 것을 삶의 주된 목표로 삼지 않는다."[23]

그럼에도 소통에 집착하는 인간은 이 읽기 힘든 동물의 신호를 이해하려고 애쓴다. 그래서 학자들이 다음과 같은 학회 논문을 쓰는지도 모르겠다. "고양이의 동공 크기와 소아 및 성인의 정서적 태도 사이의 관계: 선행 연구 결과."

브래드쇼와 같은 저명한 고양이 습성 전문가에게도 인간 다리에 몸을 비비는 것과 같은 고양이의 습성은 풀리지 않는 수수께끼이다. 브래드쇼는 이렇게 한탄한다.

"수년간 연구했지만 고양이가 몸을 비빌 때 사용하는 각각의 신체 부위에 어떤 의미가 있는지는 불명확하다."[24]

고양이 편을 들자면, 그들이 냄새에 기반한 제한적인 표현 방식을 이용해 우리와 소통하려고 진심으로 노력한다는 증거도 일부 있다. 소변을 뿌리거나 얼굴, 엉덩이에 있는 분비선을 이용해 우리 다리에 미묘한 메시지를 쓴다는 것이다. 그러나 인간은 이런 단서를 눈치채기에는 너무 둔하다. 우리의 후각은 특히 무디다. (한 연구에 따르면 고양이 주인은 냄새의 깊은 의미를 이해하기는커녕 냄새를 통해 자기 고양이를 구별할 수조차 없었다.[25])

상호 소통의 실패는 집 안에서 사는 고양이를 위험한 위치에 놓는다. 집에 갇힌 고양이는 우리의 도움 없이는 살아갈 수가 없기 때문이다. 문제를 더 복잡하게 만드는 것은 고양이가 훈육할 수 없는 대상이라는 점인데 이것은 브래드쇼가 말하는 "취약한 사회적 능력"[26]에 기인한다. 고양이는 유일하게 먹이만 보상으로 여기기 때문에 훈련을 시키기가 매우 어렵다. 우리의 방식을 가르칠 수가 없는 것이다.

바로 이 지점에서 고양이와 인간의 상호작용에 관한 연구가 몹시 흥미로운 단계로 접어든다. 인류와의 관계에서 흔히 그래왔듯 고양이들이 나서서 우리를 길들이는 것이다. 집 안에 갇혀 다른 방도가 없는 모든 애완고양이는 아둔한 인간을 길들이는 벅찬 과제를 시작한다. 이것은 평범한 고양이의 (반)사회적 능력을 적잖이 벗어나는 일이니만큼 고양이는 거의 맨손으로 시작해서 인간을 상대로 여러 가지 실험을 벌여야 한다. 알고 보면 우리가 애정 표현이라고 여기는 고양이의 행동은 무조건적이지 않을 뿐만 아니라, 오히려 고양이가 우리에게 조건반사를 학습시키는 과정이다. 고양이가 실험의 설계자이고 우리는 파블로프의 개인 셈이다.

고양이를 사랑하는 사람은 이것을 어느 정도 당연하게 생각하고 심지어 사랑스럽게 여긴다.

"허니번은 정말 애굣덩어리예요."

어느 연구에서 한 고양이 주인은 이렇게 말했다.

"애정을 요구해요. 쓰다듬으라고, 또는 쓰다듬기를 멈추지 말라고 앞발로 사람을 '때리기도' 하죠."27

우리는 길들이기 과정의 대부분을 의식하지 못한다.

예를 들면 고양이는 인간이 소리에 잘 반응한다는 사실을 어떻게든 알아낸다. 고양이가 가르릉거릴 때의 듣기 좋은 떨림을 생각해보자. 성대주름에서 나는 음조가 있는 이 울림은 고양이들 사이에서는 어떠한 고정된 의미도 없다. "기분 좋아"일 수도 있고 "나 죽겠다"일 수도 있다. 그러나 사람에게 이 소리는 반가운 소리이며 심지어 달콤한 속삭임과도 같다. 이것을 아는 많은 고양이는 사람에게 들리는 곳에서 이 목적 없는 울림을 변형한다. 아주 가냘프지만 매우 거슬리는, 집요한 신호를 포함시키는 것이다. 아기의 칭얼거림을 닮은 이 소리는 주로 먹이를 요구할 때 쓰는 신호이다.

"우리가 평소에 듣기 좋아하는 소리에 울음소리를 삽입한 것은 반응을 불러일으키기 위한 꽤나 교묘한 방법입니다."[28]

가르릉 연구자 캐런 매콤의 말이다. 매콤은 이러한 "요구가 담긴 가르릉"에 사람들은 무의식적으로 반응하며 "소리가 덜 조화롭기 때문에 신경 쓰지 않기가 힘들다"라고 말한다. 결국 원하는 결과를 얻게 된 고양이는 이런 소리를 더 자주 써먹게 된다는 것이 매콤의 주장이다.

야옹 소리 역시 사람을 뜻대로 부리기 위함이다. 야생에서 잘 사용하지 않는 이 울음소리에는 별 의미가 없다. 그러나 여러 주인이 자기 고양이의 울음소리를 특정한 명령으로 해석하고 있으며 이것은 올바른 해석이다. 애완고양이는 길고양이나 야생의 고양잇과 동물에 비해 더 자주, 그리고 더 간절하게 야옹거릴 뿐만 아니라 자기 집 안에서 자기 주인에게 어떤 지시를 내릴 목적으로 독창적인 야옹 언어를 고안해낸다. 이런 독특한 신호는 다른 집에서는 통하지 않는다. 주인은 자기 고양이의 특정한 주문을 따를 수 있지만 옆집 고양이의 주문은 이해하지 못할 수 있다. "고양이의 울음소리의 분류는 공통적인 규칙의 습득이 아닌 특정 개체가 내는 소리의 습득에 달려 있다"라고 한 연구는 말한다.[29] 어김없이 고양이가 아닌 인간이 공부를 해야 하는 것이다.

소통에 과하게 의존하는 습성 탓에 인간은 고양이에게 착취를 당하기 딱 좋다. 기능적 자기공명영상(functional MRI)을 이용한 어느 조사에서는 우리 뇌의 혈류가 고양이 울음소리의 높낮이에 따라 변한다는 사실이 드러났다.[30]

〰

고양이의 영향 아래 있는 인간의 생활을 분석하는 제대로 된 연구도 드물지만 애완고양이의 사적 경험에 대한 연구는 더욱 드물다. 반사회적인 고도 육식동물인 고양이는 새로운 상황에서 순항하기 위해 여러 기발한 생존 전략을 사용한다. 예를 들면 고양이는 야행성을 버리고 주인의 생체시계에 맞춰 생활할 수 있다.[31] 바깥에서 사는 형제들의 1만분의 1 크기의 영역에서도 살 수 있다. 짝짓기도 포기한다. 무엇보다 고양이의 존재를 세포 하나하나까지 정의 내리는 활동, 즉 사냥을 거의 하지 않는다.

그런데 이것으로 충분할까? 브래드쇼가 지적하듯 사육 상태의 고양잇과 동물은 비참하기로 유명하다. 동물원에서 고양잇과만큼 비참한 동물은 곰이 유일하다. 곰 역시 홀로 살아가는 육식동물이다. 큰고양이가 불안감에 어슬렁거린다면 집고양이는 "무감각한 휴식" 상태로 들어간다. 심금을 울리는 표현이다. 나는 치토스의 거대한 오렌지색 몸집이 몇 시간이고 침대 위에 늘어져 있는 모습을 떠올린다. 필적할 상대가 없는 킬러가 달리 뭘 하면서 시간을 보내겠는가? 집 안에만 사는 고양이는 주인과 더 많이 상호작용을 하는 것으로 밝혀졌는데 아마도 대안이 거의 없기 때문일 테지만 "실내 고양이가 '재미로' 하는 일에 대한 보호자들의 인식"이라는 꽤 인상적인 연구도 있다. 이 연구에 따르면 고양이들 가운데 80퍼센트 이상이 창밖을 바라보면서 하루 다섯 시간까지 보내는데, 처마 끝에 달린 종이나 나비를 보기도 하지만 때로는 전혀 "아무것도" 보지 않는다.[32]

아늑한 우리의 집 안이 지루하기 때문만은 아니다. 인간은 짐작조차 하기 힘들지만, 집 안에는 가축화가 덜 된 예민한 사냥꾼들에게 스트레스가 되는 요소들이 곳곳에 있다. 냉장고나 컴퓨터를 비롯한 가전에서는 고양이가 어떻게든 견뎌내야 하는 고주파 소음이 발생한다. 글로벌펫엑스포에서 만난 한 여성은 플루트와 하프 소리가 주가 되는 '고양이 교향곡'을 작곡한 사람이었는데 이 음악은 고주파 소음을 덮어준다고 한다. 집 안 먼지와 특정 독소, 특히 간접흡연은 고양이에게 천식이나 더 심한 병을 유발하기도 한다. 명절은 고양이에게 특히 더 곤혹스럽다. 우리는 부활절에 독성이 있는 백합을 집으로 들여오고 독립기념일에는 귀청이 터질 듯한 불꽃놀이를 벌이기도 한다. 연말이 되면 호기심 많은 우리 털복숭이들은 촛대 주변을 기웃거리다가 불이 붙기도 한다.

그러나 일부 고양이들이 인간의 집에서 가장 불쾌하게 여기는 대상은 단연코 다른 고양이다.

고양이를 키우는 집의 대다수는 두 마리 이상을 키운다.[33] 개의 경우 친구가 있으면 더 좋아할 수 있는데도 한 마리만 키우는 집이 많다. 고양이는 본능적으로 동종의 개체도 혐오하는 경우가 흔하고 아무리 넓은 영역이라도 기꺼이 공유하려 들지 않는다. 그러나 고양이의 독립성을 외로움으로 오해하는 인간은 첫째와 꼭 달라붙어 지내길 바라면서, 완전무장을 한 또 다른 최상위 포식자들을 꾸역꾸역 집으로 밀어 넣는 비뚤어진 고집을 피운다. 많은 고양이들이 눈을 직접 마주치는 행위를 공격으로 해석하며, 말 그대로 서로를 꼴도 보기 싫어한다. 어떤 연구에 따르면 한집에 사는 고양이들은 가까운 거리에 있더라도 서로의 시야에 들어가지 않으려고 기를 쓰는 경우가 절반에 달했다.[34]

물론 고양이는 놀라울 만큼 적응력이 뛰어나다. 누구나 고양이가 다른 고양이와, 또는 개와, 때로는 심지어 햄스터와 '우정을 나누는' 모습이나 영상을 본 적이 있을 것이다. 그런 장면이 흥미로운 이유는 특수한 경우이기 때문이다.

사람을 마치 자기 소유인 양 여기고 좋아하는 고양이도 있는 반면 어떤 고양이는 진짜 인간 알레르기가 있어서 사람이 가까이 가면 숨을 몰아쉬고 재채기를 한다.[35] 인간 비듬에 이런 반응을 보이지 않는 고양이라도 인간과의 우정은 질색할 수 있다. 일부 고양이는 다른 고양이의 시선을 회피할 뿐만 아니라 인간과 눈을 마주치는 것도 싫어한다.[36] 누가 쓰다듬는 것을 싫어하는 고양이도 있다. 고양이 배설물의 코르티솔 수치를 측정해서 스트레스 정도를 알아보는 방식으로 연구자들은 고양이가 많은 집 안에서 사는 일부 소심한 고양이의 경우 영역을 공유해야 하는 모욕적인 상황임에도 불구하고 더 잘 지낸다는 사실을 발견했다.[37] 대개는 주인이 다른 고양이들을 쓰다듬기 때문일 것이다.

결국 실내 고양이는 자연스럽게 행동장애를 얻게 되고 그 때문에 「지옥에서 온 우리 고양이」 같은 TV 프로그램이 만들어진다. '공격성 전이'(redirected aggression)라는 현상은 뭔지 모를 어떤 것이 고양이의 심기를 건드려서 고양이가 가까운 인간에게 화풀이를 할 때 나타난다.

"예를 들어 한집의 고양이 두 마리가 서로 싸우면 패배한 고양이가 흥분을 가라앉히지 못하고 집 안의 어린이에게 다가가 공격할 수 있다"라고 한 동물복지 웹사이트는 설명한다.[38]

아마도 최근 몇 년 사이 가장 악명을 떨친 고양이 폭력배는 시애틀에 사는 히말라야고양이 럭스일 것이다. 럭스가 7개월 된 아기를 물자 온 가족은 럭스를 피해 침실로 들어갔고 거기서 구급대를 불렀다. 이 전화 통화의 녹음 내용은 인터넷에서 화제가 되었다.[39]

"고양이가 경찰을 공격할 것 같습니까?"

비상 상황실 근무자가 물었다.

"네."

럭스의 주인은 확신을 갖고 대답했으며 방 밖에서 10킬로그램이 넘는 고양이가 목청 높여 우는 소리가 들렸다.

2008년 고양이 항우울제에 관한 『뉴욕 타임스』 기사에 등장한 고양이 뿌뿌를 주인은 "쪼그만 퓨마 같은 미친 스토커 녀석"이라고 불렀다.[40] 주인 더그는 다른 사람과 물리적 접촉을 하고 오면, 그 사람이 향수를 뿌린 여자일 경우 특히, 곧바로 손을 씻거나 때로는 온몸을 씻어야 했다. 뿌뿌가 주로 폭력을 통해 더

그를 길들인 결과였다. 부유한 사업가인 더그는 사업에 미칠 영향을 우려해 성은 공개하지 않았다.

그러나 씻는 것으로 충분하지 않았다. 할퀴고 무는 행위가 갈수록 심해지자 더그는 "두꺼운 방탄 나일론을 덧댄" 바지를 입어야 했다.

폭력적인 뿌뿌와 럭스의 사례는 극단적일 수 있지만 고양이의 일탈은 드물지만은 않다. 정신 나간 애완고양이에게 진공청소기를 들이대거나 마시던 차를 뿌려 제지해야 했던 사람들의 사연도 잘 알려져 있다. 어떤 연구에 따르면 고양이의 거의 절반이 주인을 할퀴거나 깨문다고 한다.[41] 개가 그랬다면 어땠을지 상상도 할 수 없다. 고양이가 난폭한 행동을 하는 "가장 흔한 상황은 쓰다듬거나 놀아줄 때"였다. "사람 손길을 견디지 못하는 성향" 말고도 난폭한 행동을 유발하는 환경적 요건에는 중성화 여부, 외출 허용 여부, 집을 방문한 손님의 존재, 다른 고양이의 존재, 환경 중 납 농도, 고주파 소음, 낯선 냄새 등 여러 가지가 있었다. "댈러스 내 고양이 교상 신고 사례: 고양이, 피해자, 공격 발생 정황의 특징"이라는 연구에서 드러난 결과에 따르면 피해자는 대체로 21세에서 35세 사이의 여성이며 여름날 아침에 공격을 받았다. 길고양이가 문 사례도 많이 기록되어 있었지만 집고양이가 더 큰 피해를 입히는 경향이 있었다. 실내에 사는 고양이에게 물릴 경우 "얼굴 또는 여러 군데를 한꺼번에" 물릴 확률이 높았으며 피해자가 응급실에 갈 확률도 더 높았다.

분노 조절 문제뿐만 아니라 실내 고양이에게 생길 수 있는 새로운 질환 중에는 이른바 '톰과 제리 증후군'[42]도 있다. 간질과 비슷한 이 불가사의한 질환은 최근 영국에서 수면 위로 떠올랐다. 가구에 부딪치거나 경련을 일으키는 등의 이상행동은 거의 항상 집에서 날 수 있는 평범한 소리에 자극을 받아 시작된다. "신문이나 감자칩 봉지"가 바스락거리는 소리가 자극이 된다는 증언도 있었으며 "컴퓨터 마우스의 클릭 소리", "알약 포장을 터트리는 소리", "못을 박는 소리", 그리고 "주인이 이마를 치는 소리" 등도 문제가 됐다.

도시에 사는 고양이는 고소추락증후군을 앓기도 한다. 높은 층에서 떨어지는 병이다. (그러나 고양이이다 보니 10층 이상의 높이에서 떨어져도 살아남곤 한다.) 이런 고양이들은 펜트하우스에 갇혀 지내다 보니 너무 지루해서 멍하니 있다가 실수로 창문 밖으로 떨어지기도 한다. (한참을 지켜보던 비둘기를 마침내 덮치려다 떨어지는 경우도 있다.)

그러나 현대 고양이의 가장 심각한 질병은 고양이 특발성 방광염, 다른 말로는 판도라 증후군이다.

~

판도라 증후군은 고양이가 소변을 볼 때 피가 섞여 나오거나 고통스러워하는 것이 주요 증상이다. 그리고 종종 화장실 밖에 소변을 보기도 한다. 매우 흔하며 치료비가 비싼 질환으로서 보통 동물보험 보험료 지급 사유 1위를 차지한다. 때로는 도시 전체에 이 병이 창궐하기도 한다. 이 병을 연구하는 데 평생을 바친 오하이오주립대학교 수의사 토니 버핑턴에 따르면 이 병은 오랫동안 고양이의 주요 사망 원인이었다. 질병 자체는 치명적이 아니지만 소변으로 얼룩진 카펫에 질린 수백만 명의 주인들이 치료가 불가능하다는 생각에 안락사를 택했기 때문이다.

화장실 문제가 가장 확연하기는 해도 고양이 특발성 방광염은 위장, 피부, 신경 등에 발생하는 다양한 문제와 연관되어 있다. 그래서 '판도라' 증후군이라는 이름이 붙었다. 상자에 작은 틈새라도 생기면 무한한 질환이 쏟아져 나온다. "폐 증상, 피부 증상을 비롯한 온갖 애매한 증상"이 나타난다고 버핑턴은 말한다.

판도라 증후군을 연구하기 시작했을 때 버핑턴은 "모두가 그랬듯 이것이 하부 요로 질환이라고 생각"했다고 한다. 그는 연구를 위해 이 병에 걸린 고양이들을 모으기 시작했는데 조금도 어렵지 않았다. 첫 연구 대상은 타이거라는 이름의 얼룩무늬가 있는 페르시아고양이로 버핑턴의 이발사가 키우던 고양이였다. 버핑턴은 타이거를 비롯한 고양이들을 연구실 내 스파르타식 생활 시설에 수용했다. 각 고양이는 폭 1미터의 우리 안에 살았고 같은 사람이 매일 같은 시간에 주는 간단한 식사를 먹었으며 장난감으로 가득한 공용 복도에 정기적으로 나올 수 있었다.

이제 이 불가해한 질병을 어떻게 연구할 것인가 고민해야 할 시점이었다. 그런데 바로 그때 놀라운 일이 일어났다.

"고양이들이 다 나은 거예요."

연구 시설에서 약 6개월간 생활하면서 고양이들의 요로 질환이 해결됐을 뿐만 아니라 호흡기 및 수많은 잡다한 질환이 깡그리 사라졌다. 버핑턴이 이런 사태의 급변을 경이롭다는 듯 설명하자 나는 올리버 색스의 『깨어남』이 떠올랐다. 이 책은 수면병 환자들이 실험 단계에 있던 신약 덕분에 정신이 돌아온 사건을 담은 회고록이다. 그러나 이 고양이들의 경우 어떤 약물도 필요 없었다. 고양이들의 달라진 건강 상태와 행동은 연구 시설에 머무는 한 변함없이 지속되었다. 한때 못 말리는 고양이였던 타이거는 너무나 사랑스러운 애완동물로 변한 나머지 버핑턴은 타이거를 죽이고 해부하려던 계획을 접었다. 타이거는 여생을 시설 안에서 살았다.

버핑턴은 아주 우연히 치료법을 찾은 셈이었고 그것을 기초로 원인도 찾아냈다. 우리의 집이 고양이들을 아프게 하고 있었던 것이다.

"치료법은 더 좋은 환경을 만들어주는 거예요."

버핑턴은 말한다.

연구 문헌을 살펴보던 버핑턴은 이 질환과 실내 거주의 관련성이 드러난 적이 있다는 사실을 알아냈다. 1925년 한 수의사는 특정 요로 질환을 "좁은 집 안에만 갇혀 지내는 생활"[43] 탓으로 돌렸다. 그 시각에서 보니 문득 이 질환이 유행병처럼 퍼진 이유가 납득 가능해졌다. 1970년대의 영국이나 1990년대의 부에노스아이레스처럼 이 질환의 타격을 크게 입은 지역은 대개 그 당시 빠른 도시화 과정을 지나고 있었다. (고양이 주인들이 집단 발병의 원인을 사료로 돌리자 절박해진 아르헨티나의 고양이 사료 회사가 버핑턴에게 연락을 해 왔다고 한다.) 도시로 이주해 온 사람들이 아파트에 살기 시작하면서 고양이들이 철저한 실내 고양이로서의 삶에 적응해가던 시기였던 것이다.

고양이가 잃어버린 바깥 삶을 그리워한다는 것은 고통스러우리만치 분명한 사실이다. 그러나 버핑턴은 새를 사냥하거나 정원을 배회하게 함으로써 연구 대상들을 치유한 것이 아니다. 평균적인 동물 보호시설보다 좀 더 평화롭기는 해도 소박하기 그지없는 연구 시설 내 우리가 우리의 호화로운 거실보다 더 매력적이었던 걸까?

그렇다고 한다.

"고양이에게 가장 중요한 것은 일관성과 예측 가능성이라는 사실을 발견했어요."

버핑턴의 말이다. 집 안의 고양이는 피라미드가 없는 최상위 포식자이나 영토가 없는 군주이다. 그러나 경쟁자, 뜻밖의 소음, 원치 않는 시선 접촉 그리고 인간이 없는 자기만의 우리에서 모든 고양이는 타고난 운명에 따라 살 수 있다. 즉, 진정한 왕이 될 수 있는 것이다.

집에 사는 고양이를 치료하려면 정당한 지위를 보장해주어야 한다고 버핑턴은 주장한다. 일단, 일반적인 믿음과 달리 고양이가 키우기 편한 동물이 아니라는 점을 깨달아야 한다. 사료만 여기저기 흩어놓으면 긴 연휴 동안 혼자서도 잘 지낼 거라고 생각하기 쉽지만, 고양이는 우리가 집을 마음대로 오고 가기보다는 훈련받은 집사처럼 엄격한 규칙에 따르기를 바란다. 특히 고양이가 갇혀 지내는 경우에는 정말 엄격해야 한다. 버핑턴은 "저녁"에 밥을 주는 것으로 부족하고 시간을 철저하게 지켜야 한다고 말한다.

"8시에 밥을 주기로 했다면 6시나 10시에 주면 안 됩니다."

15분 정도만 앞당기거나 미룰 수 있을 뿐이다. 그 이상 지나면 고양이는 안절부절못할 수 있다.

고양이는 또한 자기 몸에 대한 통제권이 자기에게 있다고 느껴야 한다. 아이러니하게도 버핑턴이 연구 대상으로 삼은 아픈 고양이들은 대개 사랑이 넘치는 주인들이 키우던 고양이였다. 아픈 고양이를 몰래 버리기보다 수의사에게 엄청난 치료비를 지불하는 쪽이었다. 그러나 때로는 애정이 깊을수록 간섭이 더 심할 수 있다.

"고양이를 쓰다듬고 싶어서 침대 밑에 있는 고양이를 끌어내서 껴안고 사랑한다는 걸 보여주고 싶어들 하죠. 그러면 고양이는 위협을 느낄 수 있어요."

버핑턴이 말한다. 그는 스트레스를 받은 고양이의 경우 우리를 기이한 포식자로 여길 수 있다고 믿는다. 본격적인 식사를 시작하기 전에 먹이를 가지고 한참 장난을 치고 있다고 생각할 수 있다는 것이다.

“저는 고양이를 일부러 학대하려고 한 주인을 만난 적은 없어요. 하지만 가족과의 관계를 의도치 않게 망쳐버리는 사람은 아주 흔하죠.”

그러나 적응을 잘 마친 실내 고양이들이 이미 깨닫고 있듯이, 다행히도 인간은 학습을 통해 행동을 교정할 수 있다. 이를 위해 버핑턴은 ‘실내 고양이를 위한 계획’이라는 온라인 프로젝트를 통해 주인의 여러 결점을 진단하고 수정해주는 일을 한다. 무엇이 내 고양이를 미치게 하는지 정확히 알기는 쉽지 않은 법이다.

“톨스토이가 말한 불행한 가정과 똑같아요. 고양이는 각기 다른 이유로 불행하답니다. 우리는 개별 고양이가 마주하고 있는 문제를 고려해야 해요. 문제는 무엇이든 될 수 있어요.”

속죄를 향한 첫걸음은 영토를 고스란히 양보하는 일이다. 버핑턴은 집 안에 사는 고양이에게 전체를 혼자서만 쓸 수 있는 방을 마련해줄 것을 제안한다. 이 핵심 영역에는 먹이와 물, 부드럽고 편안한 깔개 등 자원이 풍부해야 하지만 사람이나 다른 고양이는 없어야 한다. 위기에 처한 큰고양이가 ‘보호구역’에 머물듯 버핑턴은 오직 고양이만을 위한 이런 방을 보호구역이라고 부른다.

이런 해법을 스스로 터득하는 주인도 있는데 아마 그럴 수밖에 없기 때문일 것이다. 면바지를 안감으로 보강해야 했던 더

그는 결국 안방을 무자비한 뿌뿌에게 양보했다.

“열 평이 넘는 안방에는 드레스룸과 기둥이 있는 침대, 경치 좋은 골짜기를 수놓은 베벌리힐스 저택들이 내다보이는 통창이 있었다”라고 『뉴욕 타임스』는 보도했다.

“이제 이 방은 완전히 뿌뿌의 것이 되었다. 그래도 일주일에 며칠은 뿌뿌의 허락을 받아 그 방에서 잔다고 더그는 말했다.”

한편 깨달음을 얻은 주인들은 한 걸음 더 나아가 집 전체를 수리하기도 한다. 심지어 어떤 고양이 마니아들은 집을 집이라 하지 않고 “서식지”라고 한다. 몇 년 전 『당신의 집, 그들의 영역』이라는 책을 쓴 버핑턴을 비롯해 여러 고양이 전문가들은 고양이를 완벽하게 달랠 수 있는 방법에 대해 다양한 (그리고 때로는 상반된) 지침을 제공한다.

일단, 조명을 어둡게 해야 한다. 고양이는 밝은 것을 싫어한다. 난방도 올려야 한다. 대부분의 고양이는 온도가 29도를 넘을 정도로 뜨끈한 것을 좋아한다. 울림이 심한 인간의 목소리가 차분한 대화 수준을 넘지 않도록 데시벨 측정기를 이용하면 좋다. “고양이가 싫어할 가능성이 있는 냄새”[44]를 없애야 한다. 개나 기타 하위 생물에게서 나는 냄새는 물론 “알콜(손 소독제), 담배, 청소 용액과 세탁 세제(그러나 표백제 냄새는 좋아하는 듯하다), 일부 향수, 그리고 감귤류의 향”이 포함된다. 그 대신 고양이 페로몬인 펠리웨이를 집에 뿌려두면 좋다.

만약 특별히 아끼는 가구를 들여놓는 어리석은 짓을 했다면 고양이가 긁지 못하도록 알루미늄포일이나 양면테이프, 또는 기타 재료로 감싸야 한다. (발톱 제거 수술이라는 논란이 많은 선택지도 있지만 고양이와 소통하려는 사람이라면 고려할 가치조차 느끼지 않는다.) 그런 다음 그 가구를 절대 옮기지 않아야 한다. 고양이들은 가구 배치가 바뀌면 스트레스를 받는다.[45]

아기를 가질 예정이라면 일찌감치 베이비오일, 로션 등 아기가 사용할 제품을 미리 몸에 발라 고양이가 새롭고 혐오스러울 수 있는 냄새에 적응할 수 있도록 한다. 어느 동물복지 웹사이트에서는 실제로 남의 갓난아기를 빌려 와서 연습을 할 것을 추천하기도 한다.[46] 잠깐 왔다 가는 손님은 고양이의 입장에서는 엄연한 불청객이다. 저녁식사에 손님들을 초대하는 것이 고양이에게 "혼란과 공포"[47]를 야기한다는 사실을 알면 그런 생각을 아예 접게 될 수도 있다.

또한 어떤 고양이에게는 안정감을 주는 요소가 어떤 고양이에게는 자극이 될 수도 있다는 사실을 알아야 한다. 존 브래드쇼는 주인이 집 안의 창을 가리기 전까지 그야말로 미쳐 날뛰었던 고양이에 대해 언급했다. 정원에 사는 경쟁자의 따가운 시선이 불편했던 것이다. 그러나 어떤 고양이는 특정한 창문 밖 풍경에 몹시 집착한 나머지 계절이 바뀌면 기분이 상하는 수도 있다. 사람들이 부산히 움직이는 가을이 지루한 겨울로 넘어가면 어항 설치를 고려해봐도 좋다. 아니면 커다란 TV를 할애해 고양이용 고화질 DVD 영상이 끊임없이 흘러나오도록 하는 방법도 있다.

'고양이의 꿈'과 같은 제목이 붙은 이런 영상은 본질적으로 먹이 포르노다. 버핑턴은 또한 내 고양이의 먹이동물 취향을 알아봐야 한다고 강조한다. 새인지 곤충인지 설치류인지 확인해서 해부학적으로 알맞은 장난감을 집에 들여놔야 한다는 것이다.

그뿐 아니라 소유욕이 강한 이 까다로운 녀석들은 화장실 한 개로 전혀 만족하지 않는다. 수학 공식 같아 보이는 법칙에 따라서 화장실 개수를 결정해야 한다. 어떤 전문가는 층마다 하나씩 있어야 한다고 말하는 반면 고양이 한 마리당 화장실 하나, 거기에 추가로 하나가 더 있어야 한다고 주장하는 사람도 있다.

고양이에게 집을 완전히 양보하자는 이런 신기한 움직임은 소수만이 동의하는 의제도, 학자들의 탁상공론도 아니다. 점점 더 많은 사람들이 이것을 꽤 멋진 일이라고 생각한다.

케이트 벤저민의 하우스팬서와 같은 고양이를 위한 집 꾸미기 웹사이트의 놀라운 인기가 좋은 증거이다. 이 웹사이트는 고양이 숭배를 최신 디자인과 연계했고 벤저민은 유행에 민감한 신세대 고양이 애호가들의 기수가 되었다. 웹사이트를 둘러보기 전에 나는 벤저민의 목표가 고양이 털을 감추고 화장실 냄새를 가리는 등 작지만 세심하게 꾸민 아파트에서 고양이가 야기하는 불편을 줄이는 것이리라는 인상을 갖고 있었다.

그러다 막상 살펴보니 벤저민이 키우는 고양이가 열세 마리라는 사실을 알게 되었다. 벤저민의 블로그는 고양이와 인간 모두에게 좋은 해법을 제공하고 있지 않다. 오히려 대즐러, 심바, 랫

소 등의 고양이들에 대한 전적인 굴복을 보여준다. "식사 공간을 고양이 해먹으로 장식하세요! 벽에 고양이 침대를 수직으로 쌓으세요!" 같은 식이다. 전방에 내세운 가구 중에는 인간과 고양이 간의 균형을 고려한 듯한 것들도 있다. 예를 들어 사람이 실제로 앉아서 식사를 할 수 있는 호두나무 식탁이지만 중앙에는 고양이가 먹을 수 있는 캣그래스가 비죽 튀어나와 자라고 있다. 이론적으로는 편하게 기댈 수 있는 실제 소파이지만 긴 고양이 터널을 숨기고 있는 물건도 있다. 오로지 인간의 만족감을 위한 가구라고 생각한다면 잘못짚은 것이다. 프랑스 모더니즘 조각으로 보이는 한 물건은 사실 고양이가 발톱을 갈 수 있는 스크래처이다.

하우스팬서의 장점은 위장된 고양이 화장실이 많다는 것인데 아마 필요에 따른 결과일 것이다. 예를 들어 어떤 화장실은 침대 옆 탁자나 응접실용 탁자로 이용 가능하다. (나의 계산법에 따르면 벤저민은 화장실이 적어도 열네 개, 이층집에 산다면 스물여덟 개까지 필요할 것이라고 생각하니 머리가 핑 돈다.)

벤저민은 저명한 동물행동 전문가 잭슨 갤럭시와 함께 고양이 위주의 생활철학을 표명하는 개성 강한 선언서를 작성하기도 했다. 이 선언서에서 벤저민은 고양이를 키우는 사람들에게 이른바 "캐티피케이션"(Catification)을 받아들이라고 요구한다.

"거실에 화장실을 놓기 싫다면"48 그것은 단순히 미적 취향에 따른 선택은 아니라고 선언서는 밝힌다. "고양이에 대한 진심이 부족한 것이며 고양이에 대한 사랑에 투자하기를 거부하는 일", 고양이에게 일종의 "치욕"을 주는 일이라고 말한다. 반면 캐티피케이션은 "우리 인간의 성숙"을 의미한다. "고양이의 언어"를 배우는 일, 즉 고양이를 위해 우리의 생활공간을 희생하는 일은 "우리의 진화를 상징한다". (「지옥에서 온 우리 고양이」의 진행자이기도 한 잭슨은 고양이를 위해 집을 철저히 개조하고 나면 고양이가 더 온순해지는 추가적인 이점도 얻을 수 있다고 생각한다.)

캐티피케이션을 시작하고자 하는 사람은 먼저 스스로를 돌아봐야 한다. "모든 부모는 자식에 대한 바람"이 있다. 그렇다면 "내 고양이는 어떻게 살았으면 좋겠는가?"[49] 벤저민과 갤럭시는 묻는다. 내 고양이는 어떤 문제에 직면해 있으며 "내 고양이에게 '자신의 위대함과 마주하는 경험'은 어떤 느낌일까?" 그런 다음 집을 바라볼 때 마치 사자의 굴을 바라보듯 해야 한다. 2인용 소파나 1인용 안락의자가 늘어선 공간이 아닌 매복 지점과 막다른 길이 서로 연결되어 있고 여기저기 "원형 교차로"나 "회전문"을 만들 수 있는 공간으로 인식해야 한다. 두 사람은 특히 "고양이 고속도로"를 고집한다. 이것은 고양이가 바닥에 발을 댈 필요조차 없이 공간을 누빌 수 있도록 높이 달아놓은 발판이나 좁은 통로를 의미한다. TV장 양옆에 타고 오를 수 있는 벽을 설치하거나 바닥에서 천장까지 파이프 기둥을 세우고 삼줄을 감아놓는 방법도 있다. 식탁 다리 역시 긁어도 되게끔 삼줄을 감을 수 있다. DIY를 좋아하는 힙스터들이 솔깃해할 요긴한 팁도 많다. 안 쓰는 가구, 예를 들어 이케아 선반 같은 것을 가져다가 기막힌 고양이 집으로 변신시키는 방법도 여기 속한다.

벤저민과 갤럭시는 잘못을 저지르는 고양이 주인들에게 못마땅한 시선을 보낼 때도 있다. 벤저민은 "베스와 조지의 집에는 고양이만을 위한 물건이 많지 않았고 거실에 있는 캣타워 하나가 전부였다"[50]라고 지적하기도 했다. 갤럭시는 뛰어난 조각품에 가까운, 손으로 깎아 만든 고양이 전용 나선계단을 보고도 찬장 위를 가로지르는 고양이 고속도로와 연결되지 않는다며 흠을 잡아냈다. 둘은 끝없이 강조한다.

"캐티피케이션을 할 때는 '내 고양이가 무얼 원하는가'를 맨 먼저 고민해야 해요. 그러면 다른 모든 게 자리가 잡혀요."[51]

내 고양이가 원하는 것은 공중에서 휴식할 수 있도록 천장에 고정된 스크래처 10여 개일 수도 있다. 아니면 도심 속의 집에 딸린 코딱지만 한 야외 공간을 야옹이 전용으로 개조해주는 것일 수도 있다. 높고 평평한 곳에 올려둔, 가족사진을 비롯한 쓸모없는 잡동사니를 치우고 고양이가 표범처럼 뛰어다닐 수 있도록 거기에 미끄럼 방지 매트를 깔아주는 것일 수도 있다.

"거실 장식은 미니멀하게 하고 싶었어요."

경마장을 방불케 하는 "고양이 트랙"을 설치한 두 주인은 말한다.

"벽은 비워두기로 했어요. 미술품을 걸거나 책장이든 진열장이든 아무 가구도 놓지 않고요. 고양이가 우리의 움직이는 설치 예술이 될 거라고 생각한 거죠."[52]

리아, 알리, 아볼리나, 스탠리, 어모, 디도, 자리아, 시몬, 다크매터, 루시와 야니도 물론 전적으로 찬성한다.

~

영역을 빼앗는 데 뛰어난 고양이가 인간의 집을 완전히 정복하는 것은 물론 시간 문제일 뿐이다. 실제로 이런 정복이 이미 일어난 곳도 있다. 우리는 여기서 놀라운 새 세상의 서막을 엿볼 수 있을지 모른다.

그 가운데 하나는 고양이 카페이다. 이 신개념 공간은 15년쯤 전부터 마치 바이러스처럼, 고양이와 흡사한 방식으로 퍼져나가면서 세계를 휩쓸고 있다. 처음에는 타이완에서 생겨났고[53] 일본에서 선풍적 인기를 끈 다음 유럽으로 건너갔으며 마침내 북미 시장을 침공하기 시작했다. 캘리포니아에 처음 문을 열었고 점점 지역을 가리지 않고 대도시마다 생겨나고 있다. 디자인은 다양하지만 흥미롭게도 아시아 지역에 생긴 최초의 캣카페들은 카페처럼 생기지도, 고양이들의 지상낙원처럼 생기지도 않았다. 그저 평범한 거실처럼 보였다.

"가정집 같은" 이런 고양이 카페는 "가구와 조명, 읽을거리, 배경음악 등을 세심하게 배치하여 누군가의 집에 놀러 온 것 같은 느낌과 분위기를 자아낸다".[54] 이것은 학술적이기보다는 문화기술적인 기록이다. (그러나 다행히 사회학자들도 이 아리송한 공간에 대한 정식 연구를 곧 시작했다.)

인간은 다만 스쳐갈 뿐이다. 이곳의 진정한 거주민은 고양이들이고 사람들은 잠시 머물다 가기 위해 줄을 서서 돈을 낸다. 입장 전에 고양이를 위한 에티켓 책자를 읽어야 하는 경우도 있다. 고양이 증명사진과 성격 정보가 들어 있는 책자도 훑어본다. 그런 다음에야 빗질을 당하는 고양이, 저녁식사를 하는 고양이 등의 놀라운 광경을 관찰할 자격이 주어진다. 이런 관찰은 마음을 가라앉히는 효과가 상당해서 손님들은 종종 고양이 소파에 파묻혀 잠들곤 하고 카페에는 코 고는 소리가 울려 퍼질 때도 많다. (자는 고양이를 깨우는 행위는 분명히 에티켓에 어긋나지만 잠에 빠진 인간을 위한 보호 장치는 딱히 없다.)

고양이 전문가들은 캣카페가 상주하는 고양이들에게 그다지 이상적인 공간은 아니라고 지적할 것이다. 고약한 냄새가 나는 낯선 사람들이 언제든 들어와 고양이를 쓰다듬으려고 하기 때문이다. 이런 가짜 거실은 우리가 고양이를 위한 사치에서 얼마나 기쁨을 느끼도록 길들여졌는지 보여주고 있다. 우리는 고양이 곁에서 아첨을 하고 발꿈치를 들고 다니며 우리 자신의 비굴한 모습을 재미있어한다. (사회적 지지 이론이 묘하게 변형된 모습으로, 카페 손님들은 도도한 고양이들에게 무시당하는 경험을 공유하는 것을 즐긴다. 학문적으로 풀이하자면 이 같은 공공연한 거부 경험의 공유는 "홀로 방문하는 손님들을 서로 잇는 연결점 혹은 매개체"[55]가 된다.)

다음 단계는 물론 명확하다. 거실과 비슷하지만 고양이가 완전히 지배하고 사람은 완전히 배제된 공간이다. 그런 안식처는 이미 적어도 한 군데 존재한다. 고양이를 위한 고급 장기 투숙 및 '은퇴' 시설로 뉴욕주 외곽의 허니오이에 2004년 문을 연 선샤인 홈이다. 2008년 이후로 이 시설에는 빈방이 없고 요즘에는 비슷한 사업을 하고 싶어 하는 전국의 수많은 사람들에게서 전화 문의가 온다.

사업 모델은 꽤 간단하다. 생활, 재정, 시간이 오로지 고양이 위주로 돌아간다.

일부 '은퇴' 고양이들은 실제로는 그렇게 늙지 않았다. 다만 다소 난폭한 행동을 하는 등의 문제가 있거나 "각별히 까다로운 관리"[56]가 필요한 고양이들이다. 한 고양이는 원인 모를 알레르기 때문에 너무 핥아서 털이 다 빠졌고 주름진 엘리자베스칼라를 써야 했다. 여기 있는 고양이들의 주인은 몇 년 동안, 또는 영원히 고양이를 돌보지 못하게 된 사람들이다. 남극에서 연구를 하는 사람도 있고 아프가니스탄에서 건설 일을 하는 사람도 있다. 사망한 경우도 있다.

"어떻게 됐는지 알 수 없는 주인도 있어요. 그냥 자취를 감추어버린 거죠."

시설 소유주 폴 듀이가 말한다. 듀이는 옛 주인들을 정중히 "옛날 엄마" 또는 "옛날 아빠"로 지칭한다.

놀랍도록 '인간적인' 가격인 월 460달러에, 만약 주인이 평생 맡길 비용을 일시불로 낼 준비가 되어 있다면 훨씬 더 큰 액수에, 선샤인홈 입주 고양이는 맨해튼 원룸 아파트가 부럽지 않은 독실을 얻을 수 있다. 천장 높이가 3미터가 넘고 온갖 종류의 먹이동물들을 조망할 수 있는 통창이 있다.

듀이는 주인들에게 오토만 의자, 침대 겸 소파 등 집에서 쓰던 가구를 방에 들여놓을 것을 추천한다.

"처음 방을 얻은 분의 어떤 주인은 원래 살던 집 거실을 똑같이 재현했어요. 잡지꽂이, 램프, 레이지보이 의자까지 그대로 가져왔죠."

달라진 점이 있다면 이제 그 가구들이 오직 고양이의 소유라는 점이다. 옛날 엄마는 원하면 면회를 할 수 있고 매월 5달러를 추가로 지불하면 특별 무료 전화를 설치해서 밤이고 낮이고 옛날 애완동물과 연락할 수 있다. 그러나 정말 솔직히 말하자면 고양이들은 전화를 기다리지 않는다고 듀이는 털어놓는다.

"애들을 보내고 적응하지 못하는 분들도 계세요. 하지만 고양이들은 늘 적응하지요."

8 사자와 토이거와 라이코이

팬들은 그냥 데시라고 부르지만 털이 풍성한 이 페르시안캘리코의 정식 호칭은 "그랜드 챔피언 벨라미와 시네마의 데시데라타"이다. 데시가 케이지에서 끌려 나와 꼬리부터 헤어드라이어의 바람을 쐬자 월드캣쇼의 관중은 속삭여 칭송한다.

"저 통나무 같은 다리를 봐! 저 다부진 몸! 작은 코 좀 봐!"

데시는 여러 개의 완벽한 동그라미로 이루어져 있다고 해도 과언이 아니다. 몸통은 원구 모양이고 머리는 돔 모양이다. 작은 두 귀도 동그랗다. 동그란 두 눈 사이의 간격은 굉장히 넓은 편이다. 다른 페르시아고양이들은 다소 반항적인 표정을 하고 있지만 데시의 표정은 상냥하다. 동전 같은 두 눈동자는 순수하다. 데시는 상으로 받은 리본을 절대로 공격하지 않는다. 경연장에서 자는 척하는 일도 없다. 옆에서 보면 데시의 얼굴은 아주 평평해서 오목해 보일 정도이다. 데시는 가끔 얼굴을 천장 조명을 향해 들어올리는데 마치 신호를 찾는 위성안테나 같다.

미시간주 노바이에서 열리고 있는 캣팬시어협회의 쇼에 참가 중인 1000마리에 가까운 최고의 고양이들 가운데서 데시를 찾는 일은 쉽지 않다. (캣팬시어는 캣쇼에 나오는 고양이들의 가장 열성적인 인간 팬으로, 대개 자기가 좋아하는 고양이가 전국 대회에서 우승할 수 있도록 밀어주는 '운동'에 많은 시간을 할애한다.) 족보가 있는 고양이들이 이 대회에 참가하기 위해 전 세계에서 날아온다. 신이 난 사회자는 이 대회가 "고양이들의 슈퍼볼"이라고 말한다. 나는 어떤 고양이들이 베스트 오브 베스트 후보에 올랐는지 알고 싶지만 캣쇼장은 생각했던 것보다 복잡하다. 대회장에는 부스와 링이 미로처럼 들어서 있다. "베스트 키튼 14위"처럼 사소해 보이는 입상 이력을 알려주는 연보라색 리본과 장미색 로제트도 난무한다. 나는 샤르트뢰와 러시안블루의 차이가 무엇인지 이해할 수조차 없다.

"발리니즈 321번, 마지막으로 호명합니다!"

확성기를 통해 거친 목소리가 외친다.

"챔피언십 프리미어 결승에 참여할 오리엔탈숏헤어 474번이 아직 1번 링에 도착하지 않았습니다!"

대여용 수레가 열두 개의 링으로 코니시렉스, 스웨터를 입은 털 없는 스핑크스 등 온갖 품종의 고양이를 분주히 나른다. 털이 파도치는 메인쿤은 팬들의 성가신 손길이 닿지 않도록 머리 위로 번쩍 들어올려 이동한다.

품종에 대한 공부를 어디서부터 시작할지 몰라서 나는 일단 페르시안이 있는 곳으로 간다. 캣팬시어들의 세상에서 페르시아고양이들 간의 경쟁은 가장 치열하고 가장 털이 풍성한 경쟁으로 알려져 있다.

페르시안 150마리 틈에 있으려니 마을 축제 때면 등장하는 솜사탕 기계에 너무 가까이 간 듯한 느낌이다. 흩날리는 설탕 솜이 코로 들어온다. 새끼 고양이들은 특히 매력적이다. 나는 털 방울에 눈이 달린 듯한 이 녀석들 중 딱 한 마리만 주머니에 넣어 가고 싶은 마음이 간절하지만 안타깝게도 대부분의 경우 쓰다듬을 수조차 없다. 많은 주인이 새벽 3시부터 기상해 고양이 털을 감기고 컨디셔너로 윤기 나게 헹군다. 전문가용 헤어드라이어로 털을 말린 뒤에는 부풀리기 위해 베이럼 향수를, 정전기 제거를 위해 에비앙 생수를 쓴다. (고양이를 단장하느라 정작 주인은 꾸밀 새가 없었다는 것을 쉽게 알 수 있다. 캣쇼에서 판매하는 최고급 고양이 샴푸 옆에는 축 늘어진 사람 머리카락을 위한 집게형 머리핀도 진열되어 있다.) 많은 여성들이 정교한 금펜던트가 달린 목걸이를 하고 있는데 수상 이력을 홍보하기 위한 용도이다.

품종 고양이계의 가장 명예로운 타이틀이 걸린 이 중대한 날에 페르시아고양이 주인들은 누구 털이 이만큼 풍성하다는 둥 페르시안실버를 좋아하지 않는 심사위원이 있다는 둥 쑥덕이며 잉글리시 머핀처럼 넓적한 고양이 얼굴에 난 수염을 족집게로 정리한다. 누구든 걸리면 죽일 듯한 표정을 짓고 있는 한 페르시안 초콜릿은 털이 검은 머랭처럼 여기저기 솟아 있는 모습이 유력한 우승 후보 같아 보인다.

온 사방에 털이 날아다니고 가십이 이어지고 긴장감이 감돌기는 해도, 누가 최고의 영예를 가져갈지 물어봤더니 일말의 망설임도 없이 다음과 같은 대답이 돌아온다.

"당연히 저 바이컬러죠."

대회에서는 페르시안바이컬러인 데시를 이렇게 부른다.

과연 정답이었다.

"정말 훌륭한 고양이예요."

몇 시간 후 심사위원이 데시에게 부문 최고상을 수여하며 말한다.

"저는 이 고양이와의 만남이라는 기쁨과 영광의 기회를 이미 여러 차례 누렸어요. 전 이 고양이와 사랑에 빠졌어요."

또 다른 심사위원이 다음과 같이 말한다.

"이 아이의 털을 보세요. 작디작은 코, 작디작은 귀를 보세요. 바라보기만 해도 미소가 절로 나와요. 내가 생각하는 최고의 고양이예요!"

경쟁자의 주인들도 데시가 "스타성"이 있고 "표준 그 자체"라고 말한다. 데시에게 마침내 베스트 오브 베스트의 영예를 내린 심사위원은 침착함을 유지하려고 애쓴다. 그러나 데시를 눈높이로 들어올린 뒤 정면으로 바라본 심사위원의 입술은 거의 반사적으로 입맞춤을 할 듯 오므라든다.

데시의 케이지에는 진주 장식이 늘어져 있고 아주 작은 샤넬 넘버19 향수병 그리고 "착한 아이는 언제나 승리해"라고 적은 팻말이 걸려 있다. 그러나 데시는 이런 잡다한 물건에는 아무 관심이 없어 보인다.

"아주 맹한 녀석이에요."

데시의 공동 소유주인 코니 스튜어트가 말한다. 스튜어트의 안경테에서 은은한 표범 무늬가 어렴풋이 보이는 듯하다. 스튜어트는 겸손함을 유지하려고 애쓰는 모습이다. 눈이 달린 사람이라면 데시의 슈크림 같은 몸과 멍한 표정이 지난 100년간의 인위적 고양이 짝짓기가 만들어낸 최고의 결정체라는 것을 모를 수 없기 때문이다.

〰

언뜻 보기에 쇼캣은 생물학적으로 최상위 포식자와 거리가 먼 것처럼 보인다. 육식동물보다는 만화 주인공 같다. 그럼에도 여기저기에 이 동물의 본성을 일깨워주는 것들이 있다. 핑크색 캐노피를 드리운 고양이 침대 옆에 있는 피 묻은 고기 봉지라든가, 붕대를 칭칭 감아 부분적으로 미라가 된 주인의 팔뚝이라든가. 그러나 데시와 같은 개체는 인간이 드디어 고양이를 원하는 대로 주무르기 시작했다는 사실을 잠정적으로 증명하는 듯하다. 우리는 고양이를 원하는 대로 교배함으로써 마침내는 고양이를 손아귀에 넣을 수 있을지도 모른다.

그러나 연구 결과에 따르면 이른바 순종 고양이는, 공들여 빗은 털이 젖지 않도록 주사기로 물을 먹일 때 기꺼이 응하는 녀석일지라도, 길고양이와 크게 다르지 않다. 족보가 딱히 큰 의미가 있는 것도 아니니다. 품종 고양이 교배의 역사는 고작 100년 정도이고 인간은 고양이의 유전적 궤적에 이제 겨우 손을 대기 시작했을 뿐이다.

모르긴 해도 한 세기 정도 더 만지작거린다면, 어쩌면 인간이 남긴 흔적이 깊어질 수도 있다. 그러나 인간의 기쁨을 위해 탄생시킨 아름다운 새끼 고양이가 미래 종의 전부는 아닐 것이다. 차세대 고양이는 데시와 같이 과잉보호받는 고양이의 후손이 아니라 이제 막 골목이나 헛간에서 태어나고 있는 돌연변이 고양이들에 의해 좌우될지 모른다. 이런 새내기들은 고양이보다는 엘프나 늑대인간을 닮았을 수도 있고, 요즘은 실제로 그런 존재들로부터 영감을 받아 탄생시킨 듯한 새로운 품종도 눈에 띈다.

그러나 어떤 품종은 몹시 낯익어 보일 것이다.

월드캣쇼가 열리기 얼마 전, 차로 얼마 걸리지 않는 거리의 디트로이트 북동부 어느 험한 동네에서였다. 무늬는 정글 짐승 같고 다리는 긴 커다란 고양이가 있다는 신고가 들어왔다. 아프리카 야생에 사는 귀가 큰 고양잇과 동물인 서벌과 고양이를 교배한 사바나고양이가 집을 나온 것이다. 사바나는 최근에 만들어진 품종으로 전 세계적으로 인기가 빠르게 치솟는 중이다. 이 사바나고양이는 몸무게가 표범과 비슷한 40킬로그램에 육박했다는 소문이 돌았다. (실제로는 10킬로그램이었다.)

"그놈이 우리 애를 공격하려고 했어요."[1]

한 동네 주민이 『디트로이트 프리 프레스』와의 인터뷰에서 말했다.

사람들은 과거의 호랑이 사냥꾼들처럼 방황하던 이 애완동물을 결국 쏴 죽이고 사체를 쓰레기통에 버렸다.

새로 창조됐다고도 할 수 있고 부활했다고도 할 수 있는 이런 사납게 생긴 신종 짐승들은 사라져가는 친척들의 유전자풀에 빚을 지고 있으며 요정같이 생긴 데시가 부정하고 있는 과거 고양잇과 동물의 전형적인 특징을 선명하게 지니고 있다. 요즘 뜨고 있다는 새로운 하이브리드 품종의 이름을 알게 된 나는 기분이 좀 이상하다. 그 이름은 다름 아닌 '치토'다.

어떤 교배 전략이 승리할까? 미래의 고양이는 인간의 명령에 따를까 아니면 명령권을 더욱 쥐고 흔들까?

~

이집트인이 최초로 고양이를 '교배'했다고는 하지만 이집트의 교배 기관은 특징이 뚜렷한 고양이 품종을 개발하는 데 실패했던 것으로 보인다. 알다시피 이집트에서 숭배한 고양이들은 대체로 다 갈색 얼룩무늬 고양이였다.

수천 년이 지나면서 가축화 과정이 심화되고 세계 고양이 개체 수가 기하급수적으로 증가했지만 바뀌어가는 털 색깔이나 서서히 드러난 다른 여러 특징에 관심을 갖는 사람은 많지 않았고, 특정 동물을 순혈이라고 주장하는 일은 더더욱 없었다. 캐서린 그리어가 쓴 내용에 따르면 19세기 미국에서는 품종 고양이라는 "개념 자체"가 고양이를 키우는 대부분의 사람들에게 "충격"으로 다가왔을 것이다.[2]

이 개념은 동물복지 운동과 마찬가지로 빅토리아시대 사람들이 만들어냈다. 19세기 영국은 전 세계에 질서를 부여하려 애썼고 자연사라는 새로운 학문은 인간이 과학을 통해 자연이라는 혼돈을 정복하리라는 이상을 구체화했다. 물론 그 당시 인간은 야생의 가장 난폭한 짐승들을 사냥을 통해 정복하기도 했다. 어쨌든 빅토리아시대 사람들은 모든 생물을 줄 세우고 분류하기 좋아했고, 개든 비둘기든 모든 가축 역시 예외가 아니었다.

이미 런던과 그 너머를 배회하고 있던 수많은 고양이는 그러나 빅토리아시대 초기의 순종 애완동물 선발 대회에 끼지 못했다. 어떻게 참가를 한다고 해도 보통 "토끼나 기니피그 전시에 곁다리로 붙었다"라고 해리엇 릿보는 『동물 계급』에 서술했다.[3]

말할 것도 없지만 고양이는 줄 세우고 분류하기가 몹시 힘들다. 고양이 대부분이 갖고 있는 반항적인 기질에 빅토리아시대 주인들은 당황했다. 제국의 구석진 곳들에서 여전히 영국인을 잡아먹고 있는 큰고양이가 떠올랐기 때문일 수도 있다. 짝짓기 역시 큰 문제였다. 찰스 다윈은 고양이가 "야행성이고 떠돌아다니므로 무차별적이고 자유로운 짝짓기를 막는 것은 굉장히 힘들다"[4]라고 경고하면서 순종 고양이라는 개념에 콧방귀를 뀌었다.

그것은 인간이 꿀벌의 성생활을 통제할 수 없는 것이나 마찬가지라고 그는 말했다.

그럼에도 1871년, 해리슨 위어라는 한 예술가가 과감하게 최초의 대형 캣쇼를 제안했다. 장소는 빅토리아시대 당시 최고급 시설이던 수정궁이었다.

"온갖 조롱과 농담, 야유를 들어야 했다"[5]라고 위어는 훗날 고백했다. "실험" 날이 다가오자 위어조차도 의심이 들었다.

"불안한 정도가 아니었다. 과연 어떤 광경이 펼쳐질까? 고양이가 많이 올까? 얼마나? 케이지 안에서 고양이들이 잘 있어줄까? 골을 부릴까, 내보내달라고 울까, 아니면 식음을 전폐할까? 아니면 포기하고 차분하고 조용하게 상황을 받아들일까? 공포에 사로잡힐까? 상상이 불가능했다."[6]

다행스럽게도 고양이들은 말을 잘 들었고 관객이 모였으며 위어는 공로를 인정받아 은트로피를 수여받았다. 캣쇼는 곧 영국 "전역에서" 급증했다고 위어는 자랑스럽게 말했다.[7] 고양이의 네 발을 묶어 마가린 바구니에 넣고 먼 곳에서 열리는 대회로 보내는 일도 있었다.[8]

혈통이 분명하지 않다는 성가신 문제는 여전히 남아 있었다. 위어가 연 첫 캣쇼의 챔피언 고양이가 아름답다는 사실은 의심할 여지가 없었다. 초기 캣팬시어들은 쇼캣의 털에 크림을 떨어뜨려 반짝반짝 광이 날 때까지 고양이가 제 몸을 핥도록 만드는가 하면 염료를 이용해 털색을 강조하기도 했다.[9] 그러나 모든 고양이는 근본적으로 골목 고양이였다. 요즘 사람들도 알 만한 품종 이름, 즉 털이 긴 '페르시안'이나 어두운 포인트가 들어간 태국 왕족 고양이 '샴'이 캣쇼에 등장하기는 했다. 자연적으로 좀 특이한 유전자를 갖게 된 녀석들이었을 것이다. 그러나 비교적 평범한 외모의 이 고양이들은 오늘날 우리가 볼 수 있는, 털이 잘 손질된 고양이들과 거의 닮지 않았고 인위적으로 교배한 결과도 아마 아니었을 것이다. 굳이 따지자면 아주 외딴 골목에 살아서 사람들이 잘 못 보던 외모를 가진 고양이들이었을 것이다. 그런 이국적인 고양이들만 놓고 보아도 닥스훈트와 그레이트데인 간의 차이처럼 뚜렷한 외관상의 차이는 볼 수 없었다. 고양이들은 거의 다 비슷한 모습이었던 것이다.

이에 굴하지 않고 빅토리아시대의 애호가들은 분류를 만들어냈다. 릿보는 "대부분의 고양이 품종은 생물학적인 구분이 아닌 언어적인 구분이었다"라고 적고 있다. "뚱뚱한" 고양이와 "외국" 고양이 부문이 있었고 "거북등 얼룩" 고양이와 "점박이" 고양이 부문도 있었다. "검고 흰 고양이"와 "희고 검은 고양이"는 서로 완전히 다른 고양이로 여겨졌다.[10] 1878년 보스턴뮤직홀에서 열린 미국 최초의 캣쇼는 "다양한 색깔의 털이 짧은 암컷과 수컷 및 중성 고양이", "털이 긴 고양이", "모든 종류의 기이한 고양이"를 전시한다고 광고했다.[11]

털 길이나 무늬와 같이 표면적인 특징에 전적으로 의존하는 품종 구분은 금세 모호해질 수 있다. 이 분야의 고위급 인사들도 그러한 난점을 인정했다. 20세기 초 한 심사위원은 고양이의 경우 "품종"이라는 단어를 "신중하게 사용해야"한다는 주의를 주었다.[12] "겉모습이 어떻든, 털 결이나 털색, 털 길이가 어떻든 모든 고양이의 몸 윤곽은 기본적으로 같기 때문"이었다. 초기의 한 페르시아고양이 브리더는 자신조차 페르시안과 이른바 앙고라 간의 차이를 알 수 없으며 똑같은 고양이일 수도 있다고 생각한다고 고백했다.[13]

비슷비슷하게 생긴 평범한 고양이들을 구분 지으려는 수많은 절박한 시도가 이루어지던 가운데 어느 초기 캣쇼의 챔피언이 호랑이꼬리여우원숭이로 밝혀졌다는 사실은 놀랍지 않다.[14] 이 동물은 캣쇼의 야옹대는 참가자들보다 심사위원인 인간에 훨씬 더 가까운 소형 영장류이다.

~

한 세기가 지난 지금도 고양이 교배는 여전히 성장이 비교적 느린 분야이다. 영국은 그럴듯한 고양이 혈통을 만들어내기 위해 최선을 다했지만 제2차 세계대전이 빚은 혼란은 대부분의 성과를 원점으로 돌아가게 한 것으로 보인다. 그러나 애초에 그다지 인상적인 성과는 아니었다. 1960년대까지도 캣팬시어협회가 인정하는 품종은 손에 꼽을 정도였다. 오늘날의 50여 품종의 대부분은 그 이후에 데뷔했고 그중에는 아주 가까운 과거에 생긴 품종도 많다.

한편 현대 유전과학은 우리가 19세기에 떠받들었던 가장 유명한 여러 "자연적" 품종을 밑바닥으로 끌어내렸다.

"입증되기 전까지는 소문에 큰 관심을 두지 않으려는 편이에요."

미주리대학교의 유전학자 레슬리 라이언스가 말한다. 머나먼 지방에 뿌리를 두고 있다고 전해지는 일부 쇼캣은 사실 가짜인 경우가 많다. 가령 오늘날의 페르시아고양이는 페르시아 출신이 아니고 훨씬 평범한 서구 고양이의 혈통을 이어받았다. 이집션 마우도 마찬가지다. 이국적인 고양이 이름은 대개 지리적 사실과 동떨어져 있다. 예를 들어 아바나브라운은 쿠바와 아무 상관이 없다.

실제로 이국적인 혈통을 가진 자연적 품종도 소수 있다.[15] 샴고양이와 그 친척이 잘 알려진 사례이다. 초기 무역 항로 덕분에 잡종 고양이가 동남아시아에 전해졌을 것이고 그곳은 짝짓기가 가능한 펠리스 실베스트리스의 다른 아종이 살지 않는 곳이었다. 오래도록 고립된 작은 집단 내에서는 무해한 돌연변이가 더 쉽게 확산되었을 것이라고 고양이 유전학자 칼로스 드리스컬은 말한다. 그러나 아시아에 분포하는 서로 다른 품종들도 사실은 주로 털색과 관련된 소수의 기본적인 특징에서 차이를 보일 뿐이다. 샴고양이는 얼굴과 발의 포인트가 어두운 색깔이고 버먼은 흰색이며 코라트는 회색, 버미즈는 세피아색이다.

극히 단순한 유전적 특징을 바탕으로 하는 겉모습에 의존해 고양이를 구분하는 일은 애호가들 사이에서 아주 흔하다. 대부분의 고양이 품종은 여전히 꾸며낸 것처럼 느껴진다. 특히 대회장 밖의 여러 이른바 순종 고양이들은 품종이 뭐든 간에 단지 털색이 다른 복제 고양이들처럼 보인다. 대회 시즌이 아닐 때에는 사자의 갈기처럼 보이도록 목 부분의 털만 남겨두는 '사자 커트'를 하는 데시는 모든 고양이의 조상인 고대의 길고양이들과 본질적으로 그다지 달라 보이지 않는다. 적어도 티컵 푸들과 불마스티프가 보여주는 그런 차이는 없다.

흥미롭게도 오늘날의 여러 견종 역시 빅토리아시대에 탄생했으며, 밀접하게 연관된 품종들의 경우 털의 색이나 곱슬거림과 같은 외모적인 특징으로 구분하기도 한다. 그러나 19세기에 개를 교배하던 사람들은 훨씬 더 풍부한 인위적 선택의 역사를 기반으로 하고 있었다. 1877년 웨스트민스터케널클럽 도그쇼가 최초로 열리기 오래전부터 개는 수많은 형태와 윤곽, 구조, 그리고 물론 다양한 성격을 갖고 있었던 것이다.

개 품종과 고양이 품종 (또는 품종의 결여) 간의 차이는 각 반려동물과 인간의 역사적 관계를 드러낸다. 무엇보다 개는 고양이보다 수천 년 앞서 가축화되었고 우리는 거의 그때부터 쭉 개의 짝짓기에 개입했다. 발굴지에서 나온 근거에 따르면 인간이 수렵과 채집 활동을 하던 시절부터 개들은 크기가 다양했던 것으로 보인다.

고양이보다 출발이 빨랐을 뿐만 아니라 개는 고양이와 달리 주인들의 결정에 거의 휘둘렸다. 개는 우리에게 심하게 의존적이므로 사람들은 어느 개에게 최상의 먹이를 줄지, 그리고 어느 개를 교배할지도 어느 정도까지는 결정할 수 있었다. 그 결과 개는 이미 오래전에 DNA의 통제권을 인간에게 넘겨주어야 했다. 인간이 개의 유전적 목줄을 이처럼 단단히 쥐고 있기 때문에 순종견이 그토록 많고, 우리가 '잡종'이라고 부르는 개들의 거의 전부가 여러 순종견의 혼합인 것이다. 미국 애완견의 무려 60퍼센트가 순종이다.[16] (전 세계 고양이 중에 조상의 한쪽이라도 순종인 경우는 2퍼센트 이하라고 여겨진다.[17])

고양이는 생존을 외부에 맡기지 않고 사냥과 새끼 돌보기를 스스로 해결함으로써 인간의 규칙을 무시했으며 간섭에서 벗어났다. 먼 옛날 우리가 고양이들의 짝짓기를 섬세하게 관리하고 싶었다고 해도 불가능했을 것이다.

추측하건대 우리는 고양이들의 짝짓기에 관여할 마음도 없었다. 애초에 고양이를 가축화하려고 시도하지 않았던 것처럼 다양한 고양이 품종을 개발할 이유가 없었기 때문이다. 우리는 옛날부터 개를 훨씬 더 다양하게 활용했으므로 개를 우리가 원하는 틀에 맞출 이유는 많았다. 그래서 어떤 개는 영양의 뒤를 따르는 데 능하고 어떤 개는 고기잡이 그물을 옮기거나 감옥을 지키는 데 능하도록 만든 것이다. 기본적인 복종성을 키우기 위한 교배 과정 또한 외모를 바꾸는 데 한몫했다. 개 두개골의 놀랄 만큼 다양한 형태는 고양이에게서는 볼 수 없는 가축화 증후군의 대표적인 특징으로, 아이처럼 사랑스러운 성격을 얻기 위한 수천 년간의 교배 과정에서 나타난 부산물일 수 있다고 캘리포니아대학교 로스앤젤레스캠퍼스의 진화생물학자 밥 웨인은 말한다. 웨인의 주장에 따르면 여러 현대 견종의 두개골은 유년기 또는 청년기 늑대의 두개골과 닮았으며 다양한 발달단계에서 그대로 멈춘 상태라고 볼 수 있다. (반면 새끼 고양이와 다 큰 고양이의 두개골은 형태 면에서 거의 차이점이 없고 리비아살쾡이의 두개골과도 아주 비슷하다.)

빅토리아시대 사람들이 외모 위주의 교배에 손을 댔을 때 그들은 단지 이미 존재하는 다양한 체형을 더 뚜렷하게 만들었을 뿐이다. 한편 오늘날의 개들은 점점 더 실용적인 역할에서 멀어지고 있지만 이름뿐인 역할이라고 해도 이것은 여전히 공식적인 교배 원칙의 기준이 된다. '레트리버'든 '테리어'든 결국 애완견이 될 운명이지만 말이다.

고양이의 경우 기능이 형태를 좌우할 수 없는 것은 명확한 기능이 없기 때문이다. 하나 있다면 뛰어나지만 예측 불가능한 킬러 본능을 들 수 있겠지만 이것은 농부나 목자가 필히 강화하고 싶어 했을 본능은 아니다. 예를 들어 마스티프의 고양이 버전을 만든다면 사자와 크게 다르지 않을 것이다. 웨인은 이렇게 지적한다.

"거대 고양이를 만들고자 하는 열망이 크지는 않았을 거예요. 스크래처에 그런 짐승이 매달려 있다고 상상해보세요."

기능적 목표가 없는 상황에서 "고양이 브리더들은 극단적인 방향으로 나아간다"라고 레슬리 라이언스는 말한다.

"그게 가장 쉽기 때문이죠."

인간이 돌보는 고양이들의 경우 가장 특이하게 생긴 녀석이 가장 많은 짝짓기 상대를 얻게 된다. 여러 최고급 페르시아고양이들의 미모는 얼굴이 파이처럼 넓적해서 우스울 정도였던 1980년대 수컷 세 마리의 혈통이 이어져 내려온 결과이다. 그중 한 녀석의 이름은 '럴러바이 아브라카다브라'였다.

만약 품종 고양이 애호가들이 외모가 아닌 성격만을 고려해 교배한다면 고양이가 더 적합한 애완동물이 될 뿐만 아니라 외모 역시 개처럼 더욱 다양해질 수 있을 것이라고 캘리포니아대학교 데이비스캠퍼스의 고양이 유전학자 라지브 칸은 예측한다. 이런 생각에서 탄생한 새로운 품종도 몇 가지 있다. 페르시안에서 유래한 래그돌은 나태한 태도로 유명하고, 오스트레일리안미스트는 움직임이 적은 실내 생활에 적합하도록 개량이 됐다고 한다. (홍보문에 따르면 이 품종은 오스트레일리아의 야생에 바치는 화해의 선물이다.) 그러나 아직까지 획기적인 변화는 없었다.

"지금까지 고양이를 교배하는 사람들은 쉬운 부분만 건드렸어요."

라이언스의 말이다.

～

고양이들이 인간의 영향 아래에서도 좀처럼 변화하지 않았기 때문에 브리더들은 계속해서 새롭고 놀라운 고양이들을 찾아다닌다. 숨은 고양이를 찾아 외국으로 나가기도 한다. 특이하게 생긴 길고양이를 찾아 아이티를 뒤졌다는 사람도 있고, 인도의 아이들을 고용해 광채가 나는 "반짝이" 털을 가진 독특한 길고양이를 붙잡아 오라고 주문한 사람도 있다고 한다. 새로 등장한 품종 중에 소코케라는 품종도 있는데 케냐 해안에 버려졌던 고양이로서 그 유전자 안에는 고대 아프리카 무역 항로를 추적해볼 수 있는 단서가 들어 있다. (안타깝게도 겉모습은 지극히 평범하다.)

한편, 동네 쇼핑센터에서 모델을 찾는 스카우터처럼 등잔 밑에서 가능성 있는 고양이들을 발굴하는 브리더도 점점 늘고 있다. 여러 가지 이른바 신품종은 가까운 곳에서 최근 모습을 드러낸 돌연변이 개체들을 뿌리로 한다. 이런 기형 고양이는 아마도 수 세기 전부터 나타났을 테지만 고양이에 대한 집단적인 집착이 나날이 커가는 오늘날에야 반가운 존재로 여겨져 교배되고 있다. 옛날 같았다면 자루에 넣어 익사시켰을지도 모를 녀석들이다.

세계적으로 고양이 숫자가 늘어나면서 과거보다 더 많은 돌연변이가 자연적으로 생겨나고 있을 가능성도 있다. 아직까지는 공식 품종의 경우 개가 고양이보다 더 많지만(웨스트민스터케널클럽은 약 200개 품종을 인정하는 반면 캣팬시어협회는 마흔한 개만 인정한다), 고양이 품종의 수는 빠른 속도로 늘어나고 있다. 차이를 알아본 사람들이 적절한 이름을 새로이 붙이기 때문이다.

단 한 가지의 돌연변이로 새로운 품종으로 인정받게 된 고양이들은 많은 경우 평범한 헛간 고양이였다. 잘 알려진 예로는 털이 없는 스핑크스고양이가 있다. 1970년대 미네소타주에 살았던 두 고양이 더미스와 에피더미스의 후예들이다. 털이 곱슬곱슬한 돌연변이가 기원인 품종들도 있다. 코니시렉스(1950년경 영국), 데번렉스(1960년 영국), 라펌(1982년 오리건주), 셀커크렉스(1987년 몬태나주)가 여기 속한다.[18] 가수 테일러 스위프트가 기르는 스코티시폴드는 1961년에 발견되었는데 이 고양이의 접힌 귀는 가축화 과정의 진행을 보여주는 독특한 특징일 수도 있지만, 잠재적으로 치명적일 수 있는 연골 이상의 징후이기도 하다. 귀가 반대로 뒤집힌 아메리칸컬도 뒤이어 1980년대에 등장했다. 지난 10년 동안만 해도 새로운 품종이 물밀듯 생겨났고 아직 공식 인정을 받지 못한 품종도 많다. 브루클린울리, 헬키, 오호스아술레스 등이 그렇다.

가장 논란이 많은 신품종은 미국의 한 고양이 협회에서 떠받들지만 다른 곳에서는 외면을 받고 있는 먼치킨이다. 다리가 짧은 이 고양이는 루이지애나주 레이빌의 트럭 밑에서 처음 발견되었다. 땅딸막한 암컷 우두머리가 낳은 자손들은 엄청난 인기를 모았지만 동시에 고양이계의 "돌연변이 소시지"[19]로 불리며 비난받았다.

다른 고양이의 절반 길이밖에 되지 않는 먼치킨의 다리는 품종을 가르는 다른 수많은 특징과 마찬가지로 단일 우성인자에 기인하지만 지금까지 고양이의 체형이 이 정도로 눈에 띄게 바뀐 경우는 없었다. 1995년 국제 캣팬시어협회가 이 고양이를 하나의 품종으로 인정하자 한 유명한 심사위원이 사퇴하기도 했다.

지금 현재 겉모습이 가장 기이하며 가장 큰 논란을 빚고 있는 신품종은 테네시주에서 발견된 라이코이로 '늑대인간 고양이'라는 별명으로 더 널리 알려져 있다.

~

테네시주 스위트워터의 고블 씨 집안은 하늘 아래 교배해보지 않은 것이 없다. 프랑스산 검은 송로버섯부터 열대어 베타, 목재용 나무, 복숭아, 달팽이, 금화조, 요크셔테리어, 쿼터호스, 줄무늬 세가락메추라기까지. 거실의 커다랗고 희뿌연 수조에는 한동안 독개구리에 심취했던 흔적이 남아 있다. ("자꾸 번식을 하더라고요." 자니 고블이 어두운 목소리로 말한다.) 그러나 비교적 최근까지 순종 고양이를 키우는 일에 대한 야망은 품어보지 않았다. 낙농업에 종사하는 이 시골 마을에서 순종 고양이의 개념은 여전히 놀라움을 자아내곤 한다.

"이 동네에서 고양이는 돈 주고 사는 게 아니에요."

수의사인 자니 고블이 설명한다.

"이웃집 헛간에서 데려오는 거지요."

그러나 자니와 아내 브리트니 고블은 호기심에 못 이겨 마침내 털이 없는 고양이를 입양하기 위해 돈을 지불했다. 오래지 않아 부부는 고양이 브리더로 잘 알려지게 됐고 『스핑크스의 소유물』라는 동인잡지를 만들기도 했다.

2010년 부부는 스핑크스고양이를 교배하는 사람들 사이에 퍼진 입소문을 통해 애팔래치아산맥 너머 버지니아주의 한 보호소에 "못생긴 스핑크스" 두 마리가 나타났다는 소식을 들었다. (고블 부부는 대회에 입상할 정도의 스핑크스라고 해도 일반적인 의미에서 매력적이지는 않다는 점을 인정한다.) 깡마른 새끼들은 발가락과 코, 귀에 털이 없었다. 털이 없는 스핑크스라고 해도 원래 이 부위에는 약간의 솜털이 있다. 그런데 이 특이한 고양이들은 거꾸로였다. 다른 모든 부위에는 털이 있었다.

새끼들을 처음 본 고블 부부는 스핑크스와 전혀 다르다고 생각했다. 피부사상균이나 개선충에 감염되었거나 선천기형일 수도 있었다.

"대부분의 수의사들은 이런 녀석들을 보면 먼저 중성화 수술부터 해야겠다는 반응을 보여요."

브리트니가 말한다.

자니 역시 털이 모자란 이 신기한 고양이들이 아프다고 생각하지 않았다. 그리고 고양이들의 금빛 눈동자와, 많지는 않지만 갈색과 흰색이 섞인 독특한 털이 마음에 들었다. 새로운 돌연변이일 수도 있다고 생각했다. 두 마리가 계속 건강하다면 교배를 시키고 싶었다.

"남편이 좀 특이한 건 사실이에요."

브리트니의 말이다.

결국 부부는 초라한 몰골의 두 암수 고양이와 엄마 고양이까지 데려왔다. 엄마는 평범한 검은 고양이였다. 그러나 고블 부부의 행운은 이제 시작일 뿐이었다. 몇 달 뒤 스핑크스를 교배하는 지인이 고블 부부의 고양이와 비슷하게 부분적으로 털이 없는 고양이 한 쌍을 내슈빌 근처에서 발견했던 것이다. 기존의 고양이 남매와 혈연관계가 없는 새로운 고양이 남매를 구한 덕분에 고블 부부는 근친교배라는 장애물 없이 교배 프로그램을 시작할 수 있었다.

그러다 진정한 돌파구가 마련되었다. 기막힌 홍보 전략이 떠오른 것이다.

"처음에는 고양이들을 캐포섬이라고 불렀어요. 주머니쥐(오포섬)와 고양이를 섞어놓은 듯한 모습이었거든요."

자니 고블은 이렇게 회상한다. (최초의 새끼 고양이들에게는 오포섬 로드킬을 줄여 오피라는 이름을 붙여주었다.) 다행히 좀 더 친숙한 존재가 저절로 떠올랐다. 검고 빈약한 털 아래로 드러난 창백한 피부도 그렇고 사람과 비슷한 맨얼굴이 털에 에워싸여 있었기 때문에 고양이들은 옛이야기 속의 변신 중인 늑대인간을 연상시켰다. 그래서 늑대를 의미하는 그리스어 '리코스'에서 '라이코이'라는 이름이 나왔다.

피부 조직 검사와 심장 스캔 등을 거친 뒤 고양이 두 쌍이 건강하다는 결과가 나왔다. 그러나 고블 부부는 돌연변이가 후대로 이어질지 알 수 없었다. 2011년 부부는 남매 중 수컷을 다른 남매 중 암컷과 교배했지만, 실망스럽게도 털이 완벽하게 풍성한 검은 암컷 새끼가 나왔다. 그런데 몇 주가 지나자 새끼 고양이는 털이 심하게 빠지기 시작했다. 고블 부부는 이제 이 과정을 "늑대로 변신하는" 과정이라고 부른다. 새끼 고양이의 이름은 다치아나로 지었다. 루마니아어로 늑대라는 뜻이다.

고블 부부는 고양이 유전학자 레슬리 라이언스와 협력하여 관련 유전자를 밝히려고 노력하는 중이다. 라이코이 역시 단 하나의 유전자와 관련된 열성형질에 의해 외모가 결정되는 것으로 보인다. 교배를 하는 부부의 입장에서 다행스러운 것은 이 돌연변이가 애팔래치아산맥 지역 밖에서도 일어났다는 점이다. 부부가 이 품종을 개발하기 시작한 이후 몇 년간 세계 각지에서 수십 마리가 발견됐다.

"거의 대부분 보호소나 쓰레기장에서 발견됐어요."

자니 고블의 말이다. (자니는 서둘러 이 고양이들을 데려와야 했다. 수의사들은 지나치게 염려한 나머지 중성화 수술을 시키곤 하기 때문이다.)

결국 숫자가 문제다. 지구상에 고양이 숫자가 많으면 더 많은 돌연변이 개체가 나오게 마련이고 그중에서 선택을 할 수 있다. 그러나 라이코이의 번식이 잘 이루어졌다는 사실은 고양이에 대한 우리의 집착이 심화되고 있다는 사실의 반영일 수도 있다. 이런 돌연변이는 꽤 오랫동안 존재했을 수 있지만 예전과 달리, 고양이에 열광하는 오늘날의 문화와 고양이에 정신이 팔린 인터넷 덕분에, 비슷하게 기이한 동물을 가진 주인들이 이제는 서로 만날 수 있게 된 것이다.

고블 부부는 집과 자니의 병원에 있는 우리에서 어엿한 늑대인간 농장을 꾸려가고 있다. 그리고 낙농업을 하는 이웃들처럼 미국 농림부 인증을 받았다. (이웃들은 물론 당혹스러울 것이다.) 고양이 화장실용 모래에만 한 달에 600달러를 지출하고, 상근하는 직원도 여러 명인데 그들의 가장 중요한 업무는 털이 듬성듬성한 고양이들을 쓰다듬는 일이다.

그래도 아직 표준에 부합하는 라이코이는 전 세계에 몇십 마리 되지 않고 이 품종이 일부 캣쇼에 참가할 자격을 따낸 것도 최근이다. 곧 바뀔 것이라고 자니는 말한다. “야망이 큰 사람”이라고 자칭하는 자니는 라이코이 가족을 세계 곳곳에 퍼뜨리는 중이다. 캐나다, 영국, 이스라엘, 남아프리카공화국에서도 자니의 감독 아래 교배가 이루어지고 있고 내가 고블 부부를 방문했을 당시에는 라이코이 한 마리가 오스트레일리아로 가기 위해 격리된 상태였다. (고양이와의 싸움에 이골이 났을 오스트레일리아의 환경부가 늑대인간 고양이의 상륙을 어떻게 받아들일지는 알 수 없다.)

이 희귀한 고양이는 이제 한 마리에 2500달러에 거래되고 있으며 늑대인간의 주인이 되려고 줄을 서서 기다리는 사람이 수백 명을 넘는다.

타고난 흥행업자인 고블 부부를 나 역시 한참을 기다려 만날 수 있었다. 부부는 라이코이 세 마리와 함께 거실로 걸어 들어왔다. 고양이들의 벗겨진 주둥이와 레몬 사탕 같은 멍한 눈이 굉장히 인상적이다. 망설이다가 검지로 건드려본 갈색 코는 예상외로 고무줄 같은 질감이었다.

고블 부부는 이 고양이들이 개와 비슷한 유별난 습성을 보이며 사슴 냄새나 과자 껍질이 부스럭거리는 소리에 열광한다고 강조해서 말한다. 그러나 흔히 '포인트'라고 일컫는 주둥이와 발끝에 털이 없는 외모야말로 이들의 핵심 포인트이다. 고양이들의 발은 늑대의 털이 막 돋기 시작한 사람의 손과 닮아 있다. 브리트니가 내 눈빛의 의미를 알아챘는지 이렇게 말한다.

"우리 실험실을 불태우고 싶다는 혐오 편지도 받았어요."

"맞아요. 내가 녀석들을 만들었다고 생각하나 봐요."

자니가 말한다.

"시험관에서 말이에요!"

브리트니가 웃음을 터뜨린다.

"다음에는 날개를 달아달라는 사람들도 있었어요."

고양이들은 아직 건강해 보인다. 그렇다고 해서 스스로 생존할 능력이 있는 것은 아니다. 민감한 피부를 보호하기 위해 캣쇼에 출전하기 전 완충재를 댄 방에 격리되어 있곤 하는 스핑크스와 마찬가지로 라이코이도 추위에 매우 약하며 기후가 온화한 테네시주에서도 여차해서 추위에 노출되면 죽을 가능성이 크다. 늑대인간 고양이들은 또한 직사광선에 무서울 정도로 예민하다. 창가에서 햇볕을 받으면 흰 피부에 주근깨가 생기다가 며칠 만에 검게 변해버린다. 피부가 심하게 타는 것이다.

새로운 품종은 교배를 통해 더 기이하게 변하기도 한다. 스핑크스와 아메리칸컬을 교배하면 귀가 말린 벌거벗은 엘프캣이 탄생한다. 꼬리가 없고 다리가 짧은 미어캣이라는 고양이는 몇 가지 신품종이 뒤섞인 결과이다. 한쪽에서는 현존하는 모든 품종을 "먼치킨화"하자는 움직임이 늘면서 큰 물의를 빚고 있다.

최근에 생긴 일부 품종은 그야말로 혐오스럽다. 일명 트위스티 캣이라고도 불리는 스쿼튼의 경우 징그럽게 굽은 뼈로 인해 다람쥐와 비슷해 보인다. 그러나 선을 어디에 그을지 결정하기는 쉽지 않다.

레슬리 라이언스는 생각해둔 시험이 있다.

"모든 품종을 방사하고 5년 후 살펴보면 어떤 고양이가 살아남아 있을까요? 스핑크스? 글쎄요. 페르시안? 글쎄요."

(반면 논란이 심한 먼치킨의 경우 스스로 잘 살아갈 수 있다고 라이언스는 생각한다.)

월드캣쇼에서 나는 한 페르시안의 탈출 시도를 목격했다.

녀석은 빗질을 받던 탁자 위에서 바닥으로 풀쩍 뛰어내렸고 몹시 당황해하는 모습이었다. 마치 자동차 전조등 같은 동그란 눈은 변함없이 흐릿했다.

거칠고 빠릿빠릿한 길고양이와 유전적으로 다른 점은 한두 가지에 불과하지만 최근에 생겨난 일부 품종은 고양이의 가장 근본적인 특징을 포기한 것처럼 보인다. 바로 생존 능력이다.

〰

다 그런 것은 아니다. 우리는 연약한 돌연변이 고양이를 돌보는 동시에 또 다른 종류의 품종을 집에 들이기 시작했다. 하이브리드캣이다. 불과 몇 세대 전만 해도 정글에서 살고 있었던 야생 고양잇과 동물을 고양이와 교배한 결과이다.

하이브리드캣을 교배하는 사람들은 고양이의 겉모습에 우연적인 요소는 없다고 생각한다. 그들이 길잡이로 삼는 것은 큰 고양이의 생물학적 생김새이지 동네 쓰레기장 한구석에서 터벅터벅 걸어 나온 아무 괴이한 녀석이 아니다. 고양이 브리더들 대부분이 고양이를 제멋대로 아무 극단으로나 몰아가고 있다면, 하이브리드캣 브리더들은 고양잇과 동물의 정수를 보존하면서도 가축화가 이루어낸 요긴한 결과를 그대로 놔둔 채 다만 위장하고자 한다. 토이거, 팬서렛, 치토와 같은 품종명은 몰락한 왕들에게 경의를 표한다. 현실적인 제약으로 인해 고양이는 주로 야생

고양잇과 동물 중에도 크기가 작은 종과 교배되지만 하이브리드 캣 브리더들의 꿈은 거창하다.

"궁극적인 목표는 야생동물처럼 생겼지만 인간에게 길들여진 동물의 가장 아름다운 본보기를 만들어내는 것입니다."

벵갈고양이를 교배하는 앤서니 허처슨의 말이다. 벵갈은 고양이와 표범살쾡이를 교배한 혈통으로 이름은 멸종 위기에 있는 호랑이 종을 기리는 의미를 담고 있다.

"캣쇼에서 우승하는 것도 좋아요. 하지만 생김새는 작은 표범이나 재규어, 오실롯인데 고양이 사료를 먹고 눈이 마주치면 가르릉대는 동물을 만드는 일 자체가 보람 있죠."

치토고양이를 처음 개발한 캐럴 드라이먼은 다음과 같이 말한다.

"저는 숲에서 나와 어린이의 품으로 걸어 들어갈 것 같은 새끼 고양이를 만들고 싶어요."

치토 역시 표범살쾡이와 고양이를 교배한 품종으로 털의 점박이 무늬와 정글을 배회하는 것 같은 걸음걸이, 그리고 (어느 정도 기대했던 대로) 거대한 몸집이 눈에 띈다. 일부 수컷 치토고양이는 14킬로그램에 육박하고 오렌지색을 포함한 여러 가지 색깔로 태어난다. 드라이먼은 붉은 고기와 삶은 달걀을 먹여 근육을 키워준다.

하이브리드캣을 교배하는 사람들은 두 귀가 이루는 가장 적합한 각도가 45도인지 60도인지, 이상적인 코의 모양은 어떠한

지, 여러 큰고양이들의 얼굴에 있는 새하얀 무늬를 어떻게 모방할 것인지 토론한다. 한 가지 커다란 난제는 벵갈고양이의 귀 뒤에 흰 점을 더하는 문제다. 여러 큰고양이가 갖고 있는 이 흰 점은 뒤따라오는 새끼들이 야생에서 엄마를 좀 더 잘 알아볼 수 있게 해준다. 고양이에게는 없다.

가축화된 동물의 습성이 특정한 생김새와 관련이 있듯 야생동물과 닮은 생김새에는 야생의 습성이 따라올지도 모른다. 과학자들은 동물의 겉모습만 보고 습성을 예측하는 것이 가능할지 고민하고 있다. 가축화 증후군으로 귀가 접힌 은여우가, 한배에서 태어났지만 귀가 접히지 않은 형제보다 더 순할지 알아보려는 것이다.

분명한 사실은 얌전한 '무릎 표범'을 만드는 일이 생각보다 까다롭다는 것이다. (예를 들어 내가 몇 달 앞서 수의사 멜로디 로울크파커의 지하실에서 만난 고양이들도 표범살쾡이와 교배한 녀석들이었고 정글의 규범을 조금도 벗어던지지 못하고 있었다.) 1970년대에 개발된 순종 벵갈고양이는 야생에서 살던 조상들과 여러 세대 떨어져 있으므로 지금은 그 유전자를 아주 일부만, 대체로 12.5퍼센트 이하로만 가지고 있다. 그럼에도 다른 고양이와 구별되는 습성을 보인다고 캘리포니아대학교 데이비스캠퍼스의 동물행동학자 리넷 하트와 벤 하트가 최근 발표한 연구는 말한다. 벵갈은 주인과 낯선 사람들에게 걸핏하면 공격적으로 굴며 모래 화장실을 무시하고 집 안 여기저기에 오줌을 갈겨대는 것으로 유명하다.

그럼에도 벵갈고양이는 하이브리드캣 중에서 가장 순하다고 여겨진다. 디트로이트 사람들을 공포에 떨게 했던, 서벌과 교배한 사바나고양이를 일부 협회는 '챔피언십 품종'으로 지정하고 순혈 페르시안과 샴고양이와 나란히 전시한다. 그러나 TV 프로그램 「지옥에서 온 우리 고양이」의 최신 에피소드에 출연한 사바나고양이들은 철봉을 씹어 먹는가 하면 주인의 스카이다이빙 낙하산을 물어뜯고 가스레인지 후드 위에 뛰어올라 사회자 잭슨 갤럭시로 하여금 겁에 질린 비명을 내뱉게 만든다.[20]

하이브리드캣 브리더들도 어떤 야생 고양잇과 동물을 고양이와 교배하면 좋을지에 대한 편견을 가지고 있다. 일부 종은 "태도에 문제"가 있다고 드라이먼은 말한다. 조프루아고양이는 야생 고양잇과의 예쁜 점박이 동물로서 여기서 새로운 하이브리드 품종인 사파리고양이가 나온다. 그러나 이 고양이는 "악마 같은 녀석으로 숲에 살게 내버려둬야 한다"라는 것이 드라이먼의 생각이다.

이런 동물은 또 다른 이유에서 숲속에 내버려두어야 할 것이다. 일부 종은 위기에 처해 있기 때문이다. 국제자연보전연맹은 몇몇 서식지의 조프루아고양이를 취약종으로 분류한다. 하이브리드캣을 만드는 데 기여하는 다른 작은 고양잇과 동물에는 모래고양이, 호랑고양이, 마게이 등이 있는데 이 중에서 번성하고 있다고 말할 수 있는 종은 없다.[21] 몇몇 교배 프로그램에서는 고기잡이살쾡이를 이용하는데 이 동물은 현재 국제자연보전연맹의 적색목록에 올라 있다.

대개의 경우 부모가 되는 야생 고양잇과 동물은 이미 사육 상태에 있기 때문에 고양이와 교배를 해도 자연 속의 개체 수에 직접적인 피해가 가지는 않는다. 그러나 일부 환경 운동가들은 세력이 막강한 고양이가 죽어가는 혈통을 희석하는 것을 바라지 않는다. (막을 수만 있으면 막고 싶다는 것이다. 야생에 사는 사랑에 굶주린 고양이들은 이미 스코틀랜드살쾡이와 같은 가까운 친척과 종간 짝짓기를 해서 몇몇 종을 거의 절멸시켜버렸다.)

허처슨을 포함해 하이브리드캣 브리더들은 미니 표범과 함께 살면 위기에 처한 큰고양이의 곤경에 대해 사람들이 더 민감해질 것이라고 주장한다. 그러나 그 반대의 상황이 되기 쉽다. 야생 고양잇과 동물의 혈통을 희석할 경우 위기에 처한 동물이 흔하다는 인상을 주게 될 수 있으며, 인간이 그런 동물에게 자비를 베풀고 있다는 환상을 심을 수 있다. 실제로는 체계적으로 파괴해왔으면서 말이다. 그뿐만 아니라 현재 야생 고양잇과 동물이 가진 유일한 강점이기도 한 신비로운 이미지가 손상을 입는다.

하이브리드캣은 또한 갈 곳 없는 큰고양이를 위한 보호구역을 침범할 수도 있다.[22] 유별난 습성 때문에 주인들은 종종 이 값비싼 애완동물들을 포기하곤 하지만 평범한 보호소에 데려가는 것은 아니다. 서커스 사자 같은 동물을 위해 만들어진, 자금난에 허덕이는 야생 고양잇과 동물을 위한 보호소로 보내곤 한다.

일부 보호소는 주인이 원치 않는 벵갈고양이와 사바나고양이가 너무 많아져서 더 이상 받아주지 않는다. 절반은 야생동물과 다름없는 고양이를 위해 '난방이 되는 굴'을 만들어줄 수 있도록 차고를 개조하는 방법을 지친 주인들에게 알려주기도 한다.[23] 하이브리드캣 전용 보호소도 문을 열었다. 사우스캐롤라이나주 왜제너에 있는 2만 평 규모의 애벌로농장이 그런 곳인데 최근에는 경계선의 철책을 보강하기 위해 모금을 하기도 했다.

상단이 45도 각도로 꺾이도록 주문 제작한 방책을 설치할 여유가 없는 주인들도 많기 때문에 하이브리드캣은 탈출하기도 한다.[24] 디트로이트 시내를 배회하던 불운한 사바나고양이 외에도 집을 나온 하이브리드캣이 라스베이거스의 건물 옥상에서 어슬렁대는 모습, 시카고 외곽의 버려진 농장을 순찰하는 모습, 메릴랜드대학교 농구장을 둘러보는 모습 등이 포착된 바 있다. 세렝게티 한복판 아카시아 나무 아래에서 빈둥대는 모습이 더 어울릴 법한 고양이들이다.

10월의 어느 날에 덩치가 유난히 큰 점박이 하이브리드캣이 델라웨어주 한 교외 마을을 배회하는 모습이 발견되는 바람에 겁에 질린 부모들이 핼러윈에도 아이들을 집 밖에 나가지 못하게 한 일도 있었다.[25]

공교롭게도 그 고양이의 이름은 유령이 내는 소리와 같은 '부'(BOO)였다.

~

그러나 사람이 만들어낸 유행보다 고양이가 스스로를 어떻게 바꿔가느냐가 고양이의 앞날에 훨씬 더 큰 의미를 가질 것이다. 길고양이를 아무리 많이 중성화시키고 애완고양이를 아무리 단단히 감금해도, 그리고 아무리 교묘하게 고양이를 교배해도 고양이의 대부분은 우리의 유전적 통제 밖에서 태어날 것이다. 그렇다면 더 커질까? 더 과감해질까?

어떤 지역에서는 이미 그렇게 된 듯하다. 생물학자 루크 달러는 좀처럼 모습을 드러내지 않는 포사를 연구한다. 마다가스카르의 먹이사슬 꼭대기에 있으며 몽구스와 비슷한 희귀 육식동물이다. 아프리카의 이 거대한 섬에 살고 있는 고양이들은 전부 외부에서 유입되었고, 대부분이 시골 마을에 사는 다소 하찮아 보이는 녀석들이다.

"빼빼 마르고 가냘픈 데다 기생충투성이예요. 아주 딱한 녀석들이죠."

달러가 말한다.

그런데 1999년 달러가 섬 안쪽의 깊은 숲 근처에 있는 화전식 농업 구역을 조사할 당시 매우 독특하게 생긴 고양잇과 동물이 육식동물용 덫에 걸려들었다.

"이 동물은 우리를 돌아보더니 포효를 하다시피 했어요. 엄청나게 컸고, 할 수 있었다면 우리를 갈기갈기 찢어놨을 거예요.

조금도 참지 않겠다는 분위기를 풍겼어요."

달러가 회상한다.

"그러다 또 한 마리를 잡았죠. 그리고 또 한 마리. 수십 마리를 잡았어요. 맙소사 하는 소리가 절로 나왔죠."

내셔널지오그래픽 빅캣이니셔티브(대형 고양잇과 동물 보호를 위한 내셔널지오그래픽 채널의 캠페인)의 수장인 달러는 고양잇과에 대해 잘 알고 있다. 그러나 이 덩치 큰 고양잇과 동물은 마을의 애완고양이와는 너무나 달라서 고양이가 맞는지 확인하기 위해 DNA를 검사하는 특별한 절차를 밟기로 했다. (고양이가 맞았다.) 달러는 또 이 동물들의 체중과 몸길이를 측정했는데 일반 고양이와는 "해부학적으로 차이가 뚜렷했다"라고 말한다. 크고 강했으며 건강 상태가 훌륭했고 기생충이 거의 없었다. 마을의 고양이들은 얼룩무늬, 검은색, 오렌지색을 비롯해 여러 가지 색깔을 띠고 있었다. 그러나 숲의 고양이들은 거의 모두 회색과 갈색이 섞인 줄무늬 고양이였고 간혹 호랑이 같은 검은 줄무늬가 있기도 했다. 마다가스카르 원주민들은 이 두 종류의 고양이를 지칭하는 말이 따로 있었고 둘을 서로 다른 동물이라고 생각했다.

그러나 숲 고양이의 조상이 몇 세기 전 백인 탐험가들과 함께 섬으로 온 고양이든지, 좀 더 최근에 집을 나간 고양이든지 간에 유전자에 변화가 일어나 생김새가 자연적으로 변할 시간은 충분하지 않았다. 그런 변화는 수천 년이 걸리기 때문이다.

숲 고양이들의 특징적인 외모는 다만 생활 방식에서 초래된 훨씬 더 직접적인 결과였다. "아무도 식량을 제공하고 있지 않았고 인간에 의해 자연의 영향이 통제되고 있지 않던" 상황에서 크기가 크고 숲속에서 위장이 용이한 털색을 가진 개체는 훨씬 더 번성했을 것이다. (비슷하게, 붉은색이 많은 오스트레일리아의 사막에서는 오렌지색 고양이가 주로 살며[26] 그늘진 정글에는 회색이나 검은 고양이가 많다고 한다.)

"고양이 사료도 레이저 장난감도 모래 화장실도 없었죠."

달러의 설명이다.

돌연변이나 연약한 개체는 어릴 때 죽었을 것이다. 강인한 개체들이 살아남아 그런 환경에서 버티기에 가장 적합한 모습이 되고, 날것 그대로의 고양이가 된 것이다.

달러는 마다가스카르의 고양이가 정확히 어떤 먹이를 사냥하는지 조사해보지 않았지만 아마 "전부 다" 먹을 것이라고 확신한다. 이들이 섬의 시파카 여우원숭이를 죽인다는 사실을 확인하기 위해 달러의 동료들은 고고학자들이 한때 이용한 방법을 이용했다. 고대의 표범이 초기 인간을 잡아먹었다는 사실을 입증하기 위해 이용했던 방법으로서, 죽은 원숭이 두개골에서 더러 찾아볼 수 있는 수수께끼 같은 구멍에 고양이의 송곳니를 맞추어 본 것이다.[27]

이 고양이들은 야생에서의 더 나은 삶을 위해 인간의 집을 저버린 것으로 보인다. 그럼에도 여전히 가축화된 고양이의 혈통에 의지하고 있을 것이다. 이들은 겉으로는 조금 달라 보여도 집에 갇힌 동족들과 똑같이 작은 뇌를 갖고 있다. 털색과 같은 외형적인 특징의 경우 몇 세대가 지나면 사라진다고 해도 가축화로 인한 인지적 변화는 그대로 남는다. 마다가스카르의 한때 논이었던 지역에서 문명과 자연 사이에 살고 있는 만큼, 사람을 지나치게 두려워하지 않는 습성은 생존에 도움이 된다. 진정한 야생동물과 달리 이 고양이들은 예컨대 달러의 덫을 두려워하지 않았다. 특히 언제나 풀려난다는 사실을 깨달은 뒤에는 더욱 그랬다. 똑같은 고양이가 너무 자주 잡혀서 달러는 이름을 지어주기도 했다.

"실베스터는 3주 동안 매일 걸려들었어요."

달러가 놀랍다는 듯 말한다.

"가르릉대거나 다리에 몸을 비비는 정도는 아니었지만 '이 상자에 들어가서 미끼를 먹으면 다음 날 사람들이 와서 풀어주겠지'라고 생각했던 거예요."

거대 고양이 목격담은 다른 장소에서도 들려왔다. 특히 주목할 곳은 오스트레일리아로서 19세기 식민 활동 기록에도 그런 내용이 있다.[28] 최근에는 거대한 고양이 사체를 찍은 사진들이 인터넷에 떠돈다. (그러나 거대 고양이라고 불리는 사체들이 체구가 유난히 작은 원주민 옆에 있어서 그렇게 커 보이는 것인지는 확실치 않다.) 분명한 것은 '에식스 사자'와 같은 과대망상적인 일화를 통해 알 수 있듯이 거대 고양이가 우리의 상상 속을 거닐고 있다는 사실이다.

어쩌면 수백만 년 안에 진정 비약적인 진화가 일어날지도 모르는 일이다. '검치샴호랑이'는 불가능하지 않다. 지난 4000만 년 동안 고양이와 비슷한 검치 동물은 여러 번 등장했고[29] 마지막 검치호랑이는 로스앤젤레스에서 고작 1만 1000년 전에 사라졌다. 과학자들은 이 상징적인 이빨이 돌아오리라고 충분히 예상한다.

검치 동물로의 진화가 다시 이루어진다면 가장 유력한 종은 바로 구름표범이다. 이 동물의 두개골은 멸종된 검치호랑이와 닮은 점이 많다. 그러나 지금 남아 있는 구름표범은 몇천 마리에 지나지 않고 차세대 검치 동물이 나올 때까지 필요하다고 예상되는 700만 년 동안 생존할 수 있을 것 같지 않아 보인다.

라브레아 타르 피츠의 고생물학자 크리스토퍼 쇼는 검치호랑이의 후예가 "고양이가 되지 않을까" 점쳐본다.

농담인 것 같다. 그러나 고양이의 개체 수는 무려 6억인 데다 계속 늘고 있기 때문에 실험과 변화가 이어질 여지는 얼마든지 있다.

~

그런데 고양이 진화의 앞날과 관련해 가장 주목할 점은 고양이가 얼마나 많이 변화하는가가 아니라 얼마나 조금 변화하는가이다.

고양이는 이미 우리 시대에 완벽하게 적응한 상태이며 먹이

사슬의 맨 위에 얌전하게 앉아 있다. 질병이 발발하지 않는다면 "대부분의 지역에서 집에 사는 고양이들에게 자연선택이 작용할 가능성은 미미하다"라고 고양이 유전학자 칼로스 드리스컬은 말한다. "고양이는 사냥당할 위험이 없고 어떤 색깔이든 상관없는데" 그 이유는 사람들 사이에 살든, 그 너머의 손상된 자연에 살든 이미 지배권을 장악했기 때문이다.

게다가, 적어도 오늘날의 여러 환경에서는, 고양이가 더 크고 사납고 기괴해지는 쪽이 딱히 좋을 것이 없다는 증거가 있다. (물리적인 힘이라면 사자와 호랑이도 강하지만 별 도움이 되지 않았다.) 확장하는 도시 속 사람과 고양이의 숫자가 점점 늘어날수록 크고 공격적인 동물은 불리해진다. 이것은 프랑스의 길고양이에 대한 연구에서 발견된 사실이다.[30]

이 연구는 털색에 집중했는데 특히 오렌지색에 주목했다. 오렌지색은 성별과 관련된 형질(암컷보다 수컷이 더 흔하다)이자 습성을 나타내는 표지이며 크기와 힘을 보여주기도 한다. 오렌지색 수컷은 다른 색 수컷보다 더 무겁고 더 공격적이다. (치토스를 키워본 나는 경험적으로 동의한다.)

프랑스 연구자들에 따르면 고양이 개체 수가 적은 시골에서 크고 사나운 오렌지색 수컷은 경쟁자들을 물리치고 암컷들을 독점하곤 한다.

그러나 고양이 밀도가 열 배는 높은 도시에서는 밀려오는 경쟁자를 일일이 물리치는 것이 불가능하므로 최적의 전략은 가능한 한 많은 암컷과 짝짓기를 하고 방해하는 자들을 정중히 무시하는 것이다. 그러나 오렌지색 수컷들은 싸움을 하는 데 너무 많은 시간을 보내느라 짝짓기를 할 시간이 부족해서 더 작고 차분한 검은색 고양이나 줄무늬 고양이만큼 유전자를 퍼뜨리지 못한다.

온유한 자에게 진정 복이 있나니 이들이 진정 세상을, 적어도 골목만큼은 물려받게 될지도 모르겠다.

〰

고양이 외모의 앞날과 관련해서 분명한 사실은 단 한 가지이다. 고양이는 점점 뚱뚱해지고 있다. 유전적이기보다는 환경적이지만 그 영향은 지대하다. 미국 애완고양이의 60퍼센트 가까이가 과체중이거나 비만이며[31] 학자들은 매우 통통한 길고양이도 있다고 보고하고 있다. 나도 14킬로그램이 나가는 붓다, 15킬로그램이 넘는 맥러빈, 16킬로그램이 넘는 미트볼 등 비만 고양이에 관한 새로운 소식을 끝없이 접한다. (정상 체중의 네 배가량 나가는 녀석들이다.)

이 많은 여분의 지방은 인류가 고양이의 외모에 가져온 가장 중대한 변화이다. 인간과 사는 다른 동물 역시 뚱뚱해져가고 있는 것은 사실이다. 심지어 볼티모어의 길거리 쥐도 과거보다 체중이 40퍼센트 증가했다.[32] 인간이 버리는 쓰레기에 영양분이 더 풍부해진 덕분이다. 그러나 고양이의 경우는 특히 심하다. 고양이의 밥그릇과 쓰레기통에 점점 더 영양가 높은 음식이 들어가기 때문이기도 하지만 그 밖에도 인간이 야기한 다양한 원인이 있다. 고양이를 실내에 가두어두면 운동량이 줄고, 중성화 수술 또한 신진대사율을 낮춘다. 고도 육식동물인 고양이의 민감한 생물학적 특성 때문에 살을 빼기도 무척 힘들다.

나는 테네시대학교 수의과대학을 돌아보기로 했다. 이곳의 동물 비만 전문가들은 최근 필요에 의해 21세기 고양이를 위한 새로운 체지방 지수표를 만들었다. 종전 도표에는 체지방 45퍼센트 이상이 없었기 때문에 오늘날의 고객층에게 결코 적합하지 않다. 새로 만든 도표는 70퍼센트와 그 이상도 포함한다. 연구자들이 비만의 다양한 수준을 나타내기 위해 사용하는 그림 속의 고양이가 오랜지색인 것은 놀랍지 않다. 그림은 보티첼리의 작품에 나올 법한 약한 비만에서 시작해 비행선에 비겨도 손색이 없을 정도의 상태를 보여준다. 맨 마지막 그림은 공처럼 완전히 둥근 상태를 보여주는데 이 상태에서는 "머리와 어깨의 구분이 없고" 갈비뼈를 "손으로 만지는 것이 불가능"하다.

그러나 이런 확장판을 만들어 경고를 해도 아무 소용이 없을지 모른다. 연구에 따르면 고양이 주인들은 정말 거대한 고양이들도 날씬하다고 당당하게 잘못 생각하고 있다.[33] 늘 그렇듯 우리는 우리 고양이들을 있는 그대로 바라보지 못한다.

연구 결과가 나타내고 있으며 모든 고양이 주인이 실은 마음 깊이 깨닫고 있듯이 우리가 고양이를 살찌우는 것은, 먹이를 줄 때 고양이가 우리에게 가장 주목하기 때문이고 우리는 고양이의 사랑을 갈구하기 때문일 것이다.[34] 단지 고양이의 미움을 받고 싶지 않은 마음 때문일 수도 있다. 배고픈 고양이는 개보다 더 "끈질기게" 먹이를 요구한다고 고양이 비만 전문가 앤절라 위츨은 말한다. 15킬로그램이 나가는 고양이가 난폭하게 떼를 쓴다면 웃을 수만은 없다.

슬픈 사실이지만 고양이 비만은 고양이가 환경에 끼치는 부정적인 영향을 가중할 가능성도 있다. 꽤나 놀라운 추정치 데이터에 따르면 미국의 1억 마리 가까운 애완고양이는 매일 닭 약 300만 마리 분량의 닭고기를 섭취한다.[35] 마리당 60그램 정도의 고기를 먹는다는 것을 전제로 한 수치다. 아주 뚱뚱한 고양이는 칼로리 요구량도 그만큼 더 많다. 녀석들은 노래하는 동네 새를 잡아 그 요구량을 채우든지 머나먼 바다에서 잡아 캔으로 만든 생선을 섭취하든지 해야 한다.

저울을 아무리 세밀하게 조정해도 모든 해답을 얻을 수는 없고 더군다나 앞날을 내다볼 수는 없다. 오늘날 모든 생명체의 최전선은 인터넷이고 거기서 우리는 킬로그램이 아닌 픽셀 단위로 존재한다. 이 드넓은 가상의 영토를 정복하기 위해서 고양이는, 이 끈질긴 고도 육식동물은, 이제 몸뚱이를 완전히 초월해버렸다.

9 고양이의 목숨은 '좋아요' 개수만큼

고양이는 아직 나를 만날 준비가 되어 있지 않았다. 안내인의 말에 따라 나는 유리벽으로 둘러싸인 우아한 라운지에서 대기한다. 인터넷 스타 고양이인 릴법이 머물고 있는 이 호화로운 맨해튼 호텔에는 가짜 들소가죽을 걸친 날렵한 소파도 있고 책장에는 책등이 예뻐서 꽂아놓은 것으로 보이는 자연사 도서들이 가득하다.

나는 『지구의 생명체』라는 책을 집어든다. 치타 한 마리가 홀로 영양 떼를 공격하는 사진이 있다. 공격 대상은 체념한 듯 고개를 푹 숙이고 있다. "사냥을 하는 모든 동물 중에서도 고양잇과 동물은 육식을 하는 데 최적화되어 있다"라고 적혀 있다. 그들의 이빨은 "도살 장비"이다.

그러나 릴법은 이빨이 없다. 애초에 나지 않았다. 독특한 외모는 그것뿐만이 아니다. 아래턱이 발달하지 않았고 대퇴골이 비틀어져 있으며 골다공증과 일종의 왜소증을 앓고 있다. 신장은 때때로 오작동한다. 주인 마이크 브리대브스키는 릴법의 배를 긁어서 "소변을 누게 하는" 특별한 방법을 알고 있다. 그럴 때면 릴법이 가장 좋아하는 고양이 샴푸의 코코넛 향이 소변 냄새와 섞이면서 야릇하게도 태국 음식 냄새가 난다.

릴법은 상류층 온라인 고양이 중에서도 우상 같은 존재이다. 이런 A급 고양이들은 라이선스 담당자가 따로 있고 대기업과 계약도 맺는다. 운전기사가 모는 캐딜락 에스컬레이드를 타고 할리우드를 지나가기도 하고 영화 출연과 관련한 협상을 벌이기도 한다. 연간 100만 달러를 벌어들이는 고양이도 있다고 전해지며[1] 폭넓은 기부 활동도 한다. 2킬로그램이 채 되지 않는 돌연변이 고양이 릴법은 다른 시대에 태어났다면 비운의 고양이였겠지만, 시대를 잘 탄 덕에 지금은 남아 있는 호랑이를 살리기 위한 운동에 참여하고 있다.

마침내 안내를 받고 들어간 회의실에는 릴법이 바닥을 왔다 갔다 하고 있었다. 짧은 다리 때문인지 걷는 모습이 마치 뱀 같기도 하다. 릴법의 얼굴은 셀 수 없이 많은 티셔츠, 가방, 찻잔, 양말, 휴대폰 케이스 따위에서 보아 익숙했다. 초록 눈은 유난히 커 보이고 분홍색 혓바닥은 밖으로 나와 있어 언제나 기분이 좋아 보인다. 브리대브스키는 릴법의 바로 이 유명한 '웃는 표정'을 기반으로 발랄한 온라인상의 이미지를 구축한다.

내가 들어가자 릴법은 가르릉거리느라 바쁘다. 30대 중반인 브리대브스키가 "이리 와, 법" 하며 릴법을 품에 안아 든다. 브리대브스키는 거의 하루 종일 고양이와 함께 있고 몸 여기저기에 릴법의 문신이 있다. 2011년 그는 측은한 마음에 릴법을 입양했고 릴법이 어떤 행운을 가져다줄지 조금도 짐작하지 못했다. 당시 그는 경제적으로 쪼들리던 음반 프로듀서였고 고양이가 이미 네 마리 있었다. 릴법은 인디애나주의 한 정원 창고에서 발견된 새끼들 중 가장 나약한 녀석이었다.

"조막만 했어요. 집에 데려오지 않을 수가 없었죠."

릴법의 최초의 팬이었던 브리대브스키라지만 자신의 애완 고양이에 대한 대중의 반응은 좀 어리둥절할 지경이다. 2012년 4월 텀블러에 올렸던 릴법의 사진은 즉시에 급속히 퍼져나갔다. 곧 릴법은 트위터와 인스타그램 계정을 갖게 되었을 뿐만 아니라 유튜브 채널, 페이스북 페이지도 생겨 '좋아요'를 200만 개 넘게 받았다. 이어서 책 계약이 이루어졌고 TV 채널 애니멀플래닛의 특집 방송에 출연했으며 의류 브랜드 어번아웃피터스와 협찬 계약을 맺었다. 「투데이 쇼」에 카메오로 등장하는가 하면 로버트 드니로나 가수 케샤 같은 유명인의 품에 안길 기회도 있었다. (릴법은 현실에서 번식을 할 가능성이 없지만 브리대브스키에게는 그쪽 방면으로 선택의 폭을 넓혀준 것 같다. 브리대브스키는 릴법 덕분에 아름다운 여성들과 교제를 했고 우리가 만나기 몇 시간 전에도 한 유명 TV 배우가 "좀 과격하게" 브리대브스키의 팔에 가슴을 들이밀었다고 한다.) 오늘 밤 릴법은 브루클린에서 열리는 이미 매진된 고양이 영상 페스티벌의 초대 손님으로 참석한다. 브리대브스키는 이렇게 말한다.

"초현실적이에요. 팬미팅에 가면 사람들이 릴법을 보고 울음을 터뜨려요. 감정이 막 북받쳐 오르나 봐요."

한 애니멀 커뮤니케이터는 이렇게 말한 적이 있다고 한다.

"릴법이 빙의된 거라고 했어요. 영혼이 몸으로 걸어 들어왔다는 건데 수백만 년 동안 떠돌던 영혼이라나 뭐라나. 이유가 있어서 머물고 있다고 했어요."

브리대브스키는 이 말을 믿어야 할지 말아야 할지 모르지만 릴법이 현실의 속박을 벗어났음은 누구도 부인할 수 없다.

"저런, 몇 시죠?"

브리대브스키가 갑자기 묻는다. 수많은 계정 가운데 하나에 고양이 사진을 올려야 할 시간이다. 나중에 페스티벌에서 릴법과 함께 또 볼 수 있으면 보자고 한다. 나는 물론 먼발치에서나 둘을 지켜볼 수 있을 것이다.

~

릴법이나 일본의 스코티시폴드 마루 같은 인터넷 스타는 빙산의 일각일 뿐이다. 인터넷에 돌아다니는 고양이가 얼마나 많으면 구글 X랩이 컴퓨터 프로세서 1600개를 대거 투입해 '비지도 학습' 방식으로 유튜브 영상을 분석하도록 하자 기계들은 고양이가 들어간 데이터를 읽어 들이는 데 매우 익숙해진 나머지 인간의 얼굴만큼 고양이의 얼굴을 잘 식별하게 되었고 정확도가 74.8퍼센트에 달했다.[2] 대기업 IT 부서에서 회사 컴퓨터로 딴짓하는 직원들을 잡아내기 위한 미끼로 쓸 정도로 귀여운 고양이 사진은 매력적이다. 한 최근 연구에 따르면 영국 인터넷 사용자들만 해도 하루에 고양이 사진을 380만 장 올렸고 '셀카'는 140만 장 올리는데 그쳤다.[3] 그리고 영국인 수십만 명이 자기 고양이를 위한 소셜 미디어 계정을 운영하고 있었다.

이 모든 고양이 관련 콘텐츠의 아주 작은 부분만이 실용적인 내용을 담고 있다. 고양이 화장실 문제에 관한 웹사이트도 있고 고양이를 돌보면서 생길 수 있는 문제에 대해 서로 묻고 답하는 온라인 포럼도 있다. ("고양이와 함께 있는 방에서 대마초를 피우면 고양이도 취할까요?") 야생고양이를 죽이는 게임을 통해 일곱 살배기 아이들에게 침입종에 대해 가르치는 교육용 앱도 있는데 출처는 물론 오스트레일리아다. ("십자선을 움직여 발사하되 남은 탄알과 정확도를 염두에 두어야 합니다."[4]) 온라인 고양이는 기상 예보를 전해주기도 하고 스페인어를 가르치거나 백지 공포증을 물리쳐주기도 한다. ('리튼? 키튼!'[Written? Kitten!]이라는 웹사이트는 작가들이 100단어를 쓸 때마다 고양이 사진을 전송해준다. 이 책의 마지막 장을 쓸 때까지 이 웹사이트를 몰랐다는 사실이 정말 안타깝다.)

그러나 실제 고양이만큼 대부분의 디지털 고양이는 거의 아무 쓸모가 없고 오로지 흥미만을 위해, 별다른 목적 없이 존재하고 있으며 스스로도 이를 의식하고 있다. 인터넷상에서 뜨거운 화제를 모은 고양이들의 예는 빵 사이에 머리가 낀 고양이, 오이를 보고 질겁하는 고양이, 요들을 부르는 고양이, 요가 자세를 취하는 고양이, 로봇 청소기를 타고 다니는 고양이, 상자 속으로 뛰어드는 고양이, 염소처럼 우는 고양이, 물건을 넘어뜨리는 고양이, 초밥이 된 고양이, 권총을 찬 퇴폐적인 갱스터 고양이, 그리고 정말로 히틀러처럼 생긴 고양이까지 다양하다. 사람들은 고양이 사료와 간식에 절반쯤 파묻힌 자신의 모습을 담은 영상을 올리기도 하고, 다리가 세 개 뿐인 고양이가 머리 장식을 쓰고 있는 사진을 공유하거나 헝거 게임을 고양이 버전으로 재구성하기도 한다. 시사 영역에도 인터넷 고양이가 출몰한다. 2015년 테러로 공포에 휩싸인 벨기에의 지도자들이 소셜미디어에서 테러 관련 언급을 자제해달라고 요청하자 트위터에는 뜬금없이 고양이 사진이 넘쳐났다. 2016년 미국 대통령 후보 경선 당시 버몬트주 상원의원 버니 샌더스의 사진에는 끊임없이 귀여운 고양이가 합성되었다.

가장 유명한 인터넷 고양이라고 할 수 있는 그럼피캣은 어떻게 시리얼 광고를 따낼 수 있었을까? 왜 성경을 인터넷 고양이어 롤스피크(LOLspeak)로 번역했을까? 정확한 답을 가진 사람은 없다. '인터넷의 아버지'로 일컬어지는 팀 버너스리 경에게 오늘날 사람들이 인터넷을 사용하는 방식 가운데 가장 놀라운 것이 무엇이냐고 묻자 그는 "새끼 고양이"라고 대답했다.[5] 하버드 케네디스쿨과 런던경제대학교의 학자들도 이 현상에 대해 고민하고 있으며 한 연구자는 "고양이 객체"라는 용어를 고안하기도 했다. 고양이는 '페미니스트 미디어 연구'[6]나 '기업 감시'[7]의 관점에서 고찰되기도 하고 언어학자들은 롤스피크를 '철자법과 음성학'[8]의 관점에서 분석한다.

동시에 인터넷 고양이는 가장 분별없는 온라인 콘텐츠, 그리고 바보스러운 문화 전반을 암시하는 신호가 되었다. 미디어학자 클레이 셔키는 고양이 사진에 글을 붙이는 것을 두고 "가장 무식한 창조 행위"[9]라고 말한다.

인터넷 고양이는 멍청한 게 다가 아닐지 모른다. 그 우발성이 더 문제적일 수도 있다. 인터넷 고양이의 설명할 수 없는 듯한 인기는 "우연일 수 있다"라고 펜실베이니아대학교 훠턴스쿨의 빅데이터 전문가 캐서린 밀크먼은 말한다. 만약 인터넷이 처음부터 다시 시작한다면 전혀 다른 동물이 인기를 누릴 수도 있다.

그러나 고양이의 인터넷 침공은 현실 세계에서 고양이만이 가진 능력, 그리고 고양이가 거쳐온 특별한 역사와 결부되어 있을 가능성이 더 높다. 고양이의 온라인 세계 정복은 고양이가 훨씬 더 광범위한 생태계와 문화를 점령했던 방식과 일치한다. 요컨대 고양이는 프톨레마이오스왕조가 나일강 유역을 지배했을 당시부터 세력을 빠르게 확장해왔다.

~

고양이 콘텐츠가 인터넷 사용자들 사이에서 빠르게 공유될 가능성이 높은 것은 분명하다. 정말 누가 마법을 부린 게 아닐까 싶을 정도로 신기한 현상이다. 최근에 웹사이트 버즈피드가 발표한 데이터에 따르면 평균적인 조회수를 기록한 게시물 가운데 고양이를 다룬 게시물은 페이스북이나 트위터 같은 외부 사이트 사용자에 의한 조회수가 개를 다룬 게시물에 비해 두 배나 많았다. 그만큼 공유한 사람이 많았다는 의미다. 2년 동안 버즈피드에서 가장 인기 있었던 고양이 관련 게시물 다섯 개의 경우 개 관련 게시물보다 공유에 의한 조회수가 약 네 배 많았다.[10]

고양이 콘텐츠는 빨리 퍼져나가는 데서 그치지 않는다. 이른바 '밈' 중심의 콘텐츠다. 밈은 급속히 퍼지는 짧고 재미있는 콘텐츠로, 전달되는 과정에서 조금씩 변화하고 진화한다. (미디어학자 케이트 밀트너는 이것을 "소셜네트워크에 존재하는 '자기들끼리만 아는 농담, 또는 비밀스럽게 돌고 도는 최신 정보'"라고 말한다.[11]) 밈을 접한 사용자들은 고양이 사진에 붙은 캡션을 바꾸거나 고양이 사진 원본을 손보거나 새로운 고양이로 바꿔 넣거나 할 수 있다. 예를 들어 가장 유명한 고양이 밈은 입을 벌리고 있는 회색 고양이의 사진으로 여기에는 "치즈버거 주세여?"(I Can Has Cheezburger)라는 캡션이 달려 있다. 이 밈의 변형 중에는 히틀러와 닮은 고양이 사진에 "폴란드 주세여?"(I Can Has Poland?)라는 캡션이 붙은 것도 있다. "has"나 "haz"처럼 잘못 변형된 동사가 들어간 사진이 온라인에 나타날 때면 해피캣이라고도 알려져 있는 최초의 회색 '치즈버거' 고양이가 떠오른다.

유전자를 가리키는 단어 'gene'에서 온 말장난이기도 한 밈(meme)은 생물과 닮은 점이 많다. 빠른 속도로 돌연변이를 일으키며, 인간의 관심이 생명을 유지하기 위한 유일한 자원인 일종의 가상의 서식지에서 서로 치열하게 경쟁을 한다. 학자들은 생물을 연구하듯 밈을 연구한다.[12] 컴퓨터 과학자들을 비롯한 여러 학자들은 다윈의 개념과 현실 세계의 모델을 빌려 와 어떤 밈이 온라인에서 살아남으며 그 이유는 무엇인지 이해하려고 애쓴다.

"이 고양이들이 왜 인기가 있는지 알았다면 저는 억만장자가 됐을 거예요."

밈을 추적하는 본대학교 컴퓨터 과학자 크리스티안 바우카게가 말한다.

"다른 어떤 장르에서도 개개의 밈이 이토록 오래 살아남지는 못해요. 불멸에 가까워요."

대체로 동물이 들어간 밈은 널리 퍼진다. 버즈피드에서는 비스트마스터라는 에디터들을 고용해 동물 관련 콘텐츠만 관리하게 한다. 전 세계 인터넷 사용자들에게 도달할 수 있다는 점을 고려한다면 당연한 일이다. 인간의 정치와 문화에 관련된 세부요소들은 국경과 지역을 초월하기 힘든 반면 동물의 이미지는 전파력이 확실하다.[13] (가령 벨기에 테러 직후 쏟아진 고양이 사진은 하루아침에 "전 세계에서 통용되는 연대의 상징"이 되었다고 『뉴욕 타임스』는 보도했다.[14])

그러나 고양이 콘텐츠는 동물 밈들 가운데에서도 가히 독보적이다. 시간의 흐름에 따른 전파 추이를 그래프로 나타낸 것을 보면 고양이 밈은 그 모양이 특별하다. 예를 들어 '오 리얼리'(O Rly) 흰올빼미나 '몬토크 괴물'(롱아일랜드 해변에 밀려온 부패된 동물 사체)과 같은 밈은 '꼬리가 길다'. 한 번 인기가 치솟았다가 내려가 다소 안타까운 모습으로 길고 가늘게 명맥을 유지한다. 반면 고양이 밈은 몇 개월, 몇 년씩 높은 인기를 유지한다. 그래서 인터넷 고양이는 아이러니하게도 '꼬리가 짧다'.

고양이는 꽤 만만찮은 도전자와 맞붙기도 했다. 가령 나무늘보와 늘보로리스도 반짝 인기를 누렸다.

"'사회성 떨어지는 펭귄'(The Socially Awkward Penguin)도 한때 없는 데가 없었지요."

하버드케네디스쿨의 디지털 인문학 연구원인 미켈레 코시아가 말한다.

"그런데 이제는 그 펭귄이 빠르게 퍼지는 현상은 일어나지 않죠. 하락세가 확연해요. 긴 시간에 걸쳐 끊임없이 나타나는 밈에 사람들은 싫증을 내죠. 몇 년 있으면 밈은 그냥 죽어버려요. 그런데 고양이 밈은 그러지 않는 걸로 보여요. 왜 그렇게 인기를 누리는지 정말 잘 모르겠어요. 밈에 대해 제가 가진 지식에 조금도 들어맞지 않아요."

예를 들어 코시아의 분석에 따르면 인기가 높은 밈은 참신한 경우가 많다. 흰올빼미나 늘보로리스의 사진은 사람들이 본 적이 많지 않으니 단기적으로 이점을 갖는다. 그러나 고양이는 말도 못 하게 흔하다. 게다가 고양이는 외모 차이가 큰 개에 비하면 순종이든 잡종이든 다 비슷하게 생겼다. 미디어학자 라다 오미라가 고양이 영상에 관한 학술 논문에서 지적하듯 "마치 고양이 한 마리가 수백만 개의 영상에서 연기하고 있는 듯"하다.[15]

세계 어디에서 찍었든 영상의 배경 또한 동일하다. 거의 모든 경우 배경은 집 안이고 특히 거실인 경우가 흔하다. (욕실도 많이 보인다.) 영상 속 고양이의 행동은 어이가 없을 만큼 단순하다.

고양이가 서재 프린터를 공격한다든가 거실 탁자 밑에 숨은 앵무새, 또는 주인, 또는 수박 따위를 공격한다. 소파 밑에서 로켓이 발사되듯 튀어나온다든가 부엌 찬장 위를 어슬렁거리거나 종이 상자에 펄쩍 뛰어 들어간다.

때로는 그 상자에서 펄쩍 뛰어나오기도 한다.

~

고양이는 아주 일찌감치 인터넷에 침투했다. 풍자 웹사이트 '분재 고양이'(고양이와 유리병이 나온다), '무한 고양이' 프로젝트(고양이와 거울이 나온다), '내 고양이는 널 싫어해' 밈, 그리고 널리 인기를 누린 '화장실 캠' 영상까지 고양이 관련 콘텐츠는 그 역사가 월드와이드웹의 초기로 거슬러 올라간다.

"1990년대 후반부터 우리는 귀여운 고양이가 나오는 웹페이지에 대해 이야기하곤 했지요."

MIT 시민미디어센터 소장이자 초기 인터넷 사업가 이선 저커먼이 말한다.

"사용자가 콘텐츠를 만드는 문화의 시작을 함께한 동물인 건 분명해요."

타이밍이 중요했을 수 있다. 자연 속에서도 빈 공간을 최초로 채우는 생물은 번성할 수 있으며 한번 발판을 다지면 이후 상위 생물이 그 생물을 몰아내기는 매우 힘들다. (예를 들어 어류 남획과 오염으로 흑해가 텅 비었을 때 침입종 해파리가 들어왔고 그 이후로 죽 흑해를 지배하고 있다.)

그러나 고양이의 인터넷 정복은 고양잇과 특유의 시나리오를 따르고 있고 이것은 오스트레일리아 주민들에게는 매우 익숙한 이야기일 것이다. 인터넷 고양이는 특정한 목적을 위해 반입되었고, 그런 다음 한마디로 제멋대로 날뛰었다.

모든 고양이를 위해 길을 닦은 결정적인 온라인 고양이는 롤캣(LOLCat), 즉 소리 내어 웃는 고양이였다. 이 고양이들은 2000년대 중반 기술 분야 엘리트들의 온라인 친목 커뮤니티 포챈에서 탄생했다.[16] 사용자들은 대체로 젊은 남성이었고 선을 넘는 유머로 유명했다. (포챈에서 나온 또 하나의 동물은 페도베어, 즉 소아성애곰이었다.) 2000년대 중반 포챈은 일주일에 한 번 돌아오는 고양이의 날 '캐터데이'를 지정했고 사용자들은 그날이 되면 고양이 사진을 올렸다. 일부 사진에는 캡션이 얹혀 있었다.

포챈 사용자들이 특히 고양이를 좋아했는지는 확실치 않

다. 고양이 애호가들이 인터넷 사용을 더 많이 할 가능성은 있다. 개를 키우는 사람들에 비해 집에서 보내는 시간이 많기 때문이다. 따라서 인터넷은 고양이를 좋아하는 사람들이 취미를 공유하며 친분을 쌓을 수 있는 보기 드문 영역이기도 하다. (인터넷은 때로 "고양이 공원"이라고 불리기도 한다.) 기술에 밝은 사람들과 고양이 간의 시너지는 오늘날에도 분명 존재한다. 한 악명 높은 해커는 최근 고양이의 이름을 컴퓨터 비밀번호로 설정했다가 발각됐고[17] 레딧에서 'Violentacrez'라는 아이디로 악플을 달다가 정체가 드러난 인물은 고양이 일곱 마리를 키우는 중년 남자로 밝혀졌다.[18]

그러나 캐터데이를 처음 기념하기 시작한 사람들이 진정한 고양이 애호가였는지를 따지는 것은 사회학적인 관점에서 대체로 무의미하다. 밈의 제작과 공유는 익명의 인터넷 사용자들이 특정 디지털 집단에 대한 충성도를 보여주는 동시에 외부자를 배제하는 주요 수단으로 기능한다고 미디어학자들은 생각한다. 밀트너는 이것을 "집단 내 경계 확립과 단속"[19]이라고 부른다. 특권을 가진 사용자들로 이루어진 소규모 커뮤니티에서 롤캣은 귀엽기 때문이 아니라 '하위문화 자본'이나 다름없기 때문에 가치가 있다는 것이다. 캡션이 달린 최초의 고양이 사진은 그래서 의도적으로 모호하게 만들어졌고 '자기들끼리만 아는 농담'의 전형적인 성격을 띠었다.

그러다 특이하면서도 익숙하기도 한 일이 벌어졌다. 고양이가 탈출한 것이다. 밀트너의 표현에 따르면 고양이는 "이주했다".

2007년 1월, 하와이의 소프트웨어 개발자 에릭 나카가와가 블로그에 해피캣의 사진을 올렸다.[20] 이 회색 고양이 사진은 2003년부터 돌아다녔지만[21] 나카가와가 여기에 롤캣 스타일의 캡션을 얹은 것이다. 이 사진은 3월 한 달 동안만 조회수가 (당시로서는 놀라운) 37만 5000회에 달했다. 나카가와는 이후 더 많은 롤캣을 선보였고, 이어서 방문자들이 저마다 고양이 사진을 올리면서 나카가와의 웹사이트는 범람했다. 나중에 '치즈버거 주세여'로 이름을 바꾼 이 블로그의 방문자 수는 다음 달 두 배로 뛰었고 또 다시 두 배로 뛰었다. 5월이 되자 나카가와는 회사를 그만두었고 1년이 채 안 되어 웹사이트를 미디어 사업가 벤 허에게 팔았다. 벤 허는 롤캣이 훨씬 더 많은 대중들을 사로잡을 수 있다고 확신했다.

"고양이 밈의 원본은 포챈 소유예요."

벤 허는 2014년 『인터내셔널 비즈니스 타임스』와의 인터뷰에서 이렇게 말했다.

"하지만 포챈은 익명 사용자를 위한 공간이었고 누구나 방문할 수 있는 곳은 아니었어요. 사용하는 언어도 거칠었고요."

반면 벤 허가 만든 치즈버거 네트워크는 훨씬 따뜻하고 아늑하고 외부인에게도 열려 있었다.

"고양이가 대중의 의식 속으로 들어온 거예요."[22]

롤캣은 일부 중년 여성들 사이에서 특별한 위치로 자리 잡기 시작했다. 중년 여성들은 치즈버거 네트워크의 단골 사용자가 되었으며 서로를 치즈프렌즈 또는 치즈핍즈라고 칭했다. 어둡고 냉소적인 포챈 사용자들은 기겁했고 아끼던 밈을 곧 버리고 말았다. 웹에 밝은 사람들의 시각에서 봤을 때 롤캣은 "주류 문화로 진입하자마자 매력을 잃어버렸다"라고 밀트너는 말한다.

"진지하고 기술적인 지식이 부족한 사용자들의 상징이 되어버렸어요."

곧이어 더욱 한심한 '회사에서 할 일 없는' 사용자들이 관심을 가졌다.

그러나 바로 이 집단의 관심이야말로 고양이가 폭발적으로 번식하는 데 큰 역할을 했다. 자기들끼리의 농담으로 남겨두려 했던 원래 주인들의 계획에서 풀려난 고양이들은 밖으로 나왔고 트위터, GIF, 유튜브 영상까지 온갖 온라인 플랫폼을 누비며 모든 새로운 생태계에 적응했다.

쥐 대신 마우스 클릭을 먹고살게 된 것이다.

〰

탈출한 롤캣의 이야기는 고양이가 어떻게 인터넷을 지배하게 됐는지 설명해주지만 그 이유는 설명해주지 못한다. 인터넷 초기의 아이콘적인 사진 중에는 물통을 든 바다코끼리의 사진도 있다. 그러나 '롤바다코끼리'는 왠지 수명이 길지 않았다. 롤페럿이나,

인기가 급상승하는 롤여우 같은 것은 왜 없을까?

해답은 고양이가 실제로 생식력이 뛰어난 코즈모폴리턴이라는 점에서 출발한다. 지구상에 5억 마리가 넘는 고양이가 있는 오늘날 새로운 고양이 콘텐츠를 만드는 일은 돈도 안 들고 어렵지도 않다. 판다도 귀엽지만 전 세계에 약 2000마리밖에 없고 대부분 중국의 외딴 대나무 숲에 살기 때문에 판다 사진은 고양이 사진에 비해 비싸고 희귀한 데다가 빠르게 확산될 만큼 재미있는 사진을 건지기는 더욱 어렵다. (실제로 벤 허는 치즈버거 네트워크의 판다 버전을 내놓은 적이 있지만 얼마 못 가 망했다.[23]) 고양이는 또한 팬층이 이미 확보된 상태이다. 가장 인기 있는 애완동물인 만큼 고양이는 인터넷을 셀 수 없이 다양한 용도로 쓰는 여러 다양한 종류의 사람들의 마음속에 이미 앞발을 들여놓았다. 바다코끼리나 페럿보다 애초부터 훨씬 유리한 셈이다. 일부 컴퓨터 과학자들은 밈의 품질은 그 밈의 성공과 거의 무관하며 가장 중요한 것은 얼마나 많은 소셜네트워크에 퍼지느냐 하는 것이라고 말한다.[24] 고양이는 모든 소셜네트워크에 퍼져 있다.

단순한 수적 우세가 전부는 아니다. 고양이를 완전히 실내에 가두어 키우는 아주 최근의 경향 또한 핵심적이다. 고양이가 컴퓨터 속으로 침입한 사태는 고양이가 실내로 침입한 사태의 필연적인 결과이다. 고양이가 밖에서 살았을 때에는 몰래 살금살금 돌아다니는 습성 때문에 고양이를 관찰하기가 매우 어려웠을 뿐만 아니라 사진이나 영상 등으로 기록하기는 더욱 어려웠다.

『사진에 담긴 고양이』에서 노스이스턴대학교의 사회학자 아널드 알루크와 공동 저자 로런 롤프는 20세기 초 고양이를 사진에 담으려고 했던 사람들에 대해 이야기한다. 대개 동네를 떠도는 고양이들을 포착하려고 했던 이 사람들은 용감했지만 십중팔구 실패할 수밖에 없었다. "사람이 기르는 말, 사슴, 염소"나 차라리 "새끼 코요테"가 더 찍기 쉬웠다고 한다. 겨우 포착한 몇 안 되는 고양이 사진은 "야생 짐승의 사진과 비교해봐도" 참담한 지경이었다고 한다.[25] 오늘날 우리는 사상 처음으로 궁지에 몰린 애완고양이를 마음만 먹으면 언제든지 촬영할 수 있다. 고양이 영상의 배경이 거의 항상 거실이라는 사실은 큰 의미를 갖는다. 거실에 가두어야 비로소 고양이들의 디지털 오디세이가 가능해지기 때문이다.

이처럼 오늘날 우리가 고양이를 키우는 방식은 인터넷 고양이를 논리적으로 가능하게 만든다. 그러나 고양이의 야생성, 그리고 고양이의 사냥법이야말로 온라인상의 경쟁자, 특히 개나 인간 아기와 겨룰 때 강점으로 작용한다.

궁지에 몰린 채, 게다가 앙증맞은 용품들에 둘러싸인 채 사진과 영상의 주인공이 될지언정 고양이는 여전히 매복 공격을 하는 고독한 육식 사냥꾼이다. ("치즈버거 주세여"는 따지고 보면 육식동물로서 내지르는 전장의 구호이다.) 그리고 이 외로운 사냥꾼은 사이버공간을 홀로 누비며 래브라도레트리버는 도저히 따라갈 수 없는 방식으로 번성한다.

사실 개는 워낙 인간과 잘 맞고 개의 행동은 우리의 감정을 완벽히 비추기 때문에 사람이 곁에 없다면 개는 미완성의 존재나 다름없다. 개는 우리와의 교류에 존재의 뿌리를 박고 있다. 우리의 신호에 반응하고 우리와 시선을 맞추며 상호적인 교감에 참여한다. 이처럼 사람과의 상호작용을 통해 살아 숨 쉬는 개를 멀찍이 떨어져서 감상하기는 어렵다. 반면 고양이는 자립적이다. 사람이 있어야 완성되는 존재가 아니다. 자연에서든 가상 세계에서든 완전한 고립 상태를 편안하게 느낀다. 그래서 가까운 소파에 앉아 고양이를 지켜보든 바다 건너에서 모니터를 통해 보든 사람은 비슷한 만족감을 느낀다.

흥미롭게도 고양이를 인터넷에서 인기 있게 만드는 동물행동학적 원리가 전통적인 이야기 형식에서는 고양이를 주로 배제하는 데 원인을 제공했다. 작가 대니얼 엥버는 장편소설이든 단편소설이든 대부분의 문학 형식에서 고양이보다 개가 훨씬 더 많이 등장한다는 사실을 지적한다.[26] 이것은 개가 우리와 일종의 대화를 하며 진화했고 스스로 대사를 할 수 있을 정도로 말이 통하기 때문일 것이다. 개는 타고난 등장인물이고 우리는 서로를 너무 잘 이해하기에 동일한 이야기를 공유하게 된 것이다. 시작과 끝이 있고 그 사이에 긴 여정이 있으며 끝에는 죽음이 공손하게 기다리고 있는 이야기 말이다.

반면 문학 속의 고양이들은 살아 숨 쉬는 경우도 별로 없지만 죽는 경우는 더욱 드물다. 고양이는 등장인물이 아니라 수수께끼 같은 존재이다. 소통에 능하지 못하며 역경을 만나지도 않고 대단원의 막을 내리지도 않는다. 고양이는 극도의 고요 또는 격심한 폭력의 동인(動因)이다.

엥버는 고양이가 지배하는 것으로 보이는 유일한 전통적 장르가 바로 비선형적이고 직관적이며 즉흥적인 시문학이라고 말한다. 시는 마치 문학적 매복 공격과도 같다. 이 장르에서 고양이는 자장가부터 T. S. 엘리엇의 시까지 들락날락하지 않는 곳이 없다. 장편 형식의 문학에서 나오는 소수의 인상적인 고양이의 경우에도 사실 시에서 빠져나온 것처럼 보인다. 가령 체셔캣은 광기 어린 이상한 나라 안에서도 예측이 불가능한 존재이며 체셔캣의 뜬금없는 등장은 일종의 서사적 공격과도 같다.

인터넷은 소설보다 시에 가깝다. 단편적이고 폭발적이며 시간의 흐름 밖에 있다. 시작에서 끝으로 흘러가는 정돈된 긴 이야기가 아니라 매복과 습격으로 가득하다. 고양이의 본질적인 돌연성은 6초짜리 바인 영상이나 트위터에 매우 적합하다.

"전형적인 고양이 영상은 차분한 분위기를 만들었다가 갑자기 뒤집는다."

오미라는 미디어 학술지 논문에 이렇게 쓰고 있다.

"가장 인기가 많은 고양이 영상은 무엇보다 갑작스럽고 놀라운 돌발 상황을 담고 있고 또 돌연히 끝이 난다."[27]

고양이가 예고도 없이 아기의 이마를 툭 친다거나 침대 밑에서 튀어나온다는 것이다.

이것이 매복 공격이 아니면 무엇인가?

~

인터넷은 또한 시각적인 플랫폼이다. 고양이는 우리가 바라보기 좋아하는 갓난아기를 닮았고, 그래서 그 다행스러운 우연의 덕을 본다.

그러나 아기 얼굴이 그렇게 예쁘다면 인터넷에서 아기 얼굴을 보면 되지 않을까? 그렇다면 우리는 왜 오히려 소셜미디어에 올라온 친구의 아기 얼굴을 고양이 사진으로 자동으로 바꾸어주는 도구인 언베이비닷미(Unbaby.me) 같은 것을 만들어낼까?[28] 아기의 옹알이 대신 롤스피크가 흥하는 이유는 무엇일까?

롤캣의 우두머리 벤 허는 고양이가 인터넷을 지배하는 이유로 "표정이 다양하지 않은 개와 달리 고양이의 표정과 몸짓에는 뉘앙스가 담겨 있다. 고양이는 표현력이 뛰어나다"[29]라는 점을 든다.

사실은 정반대이다. (이쯤에서 벤 허가 고양이 알레르기 때문에 고양이를 키우지 않는다는 사실을 언급할 필요가 있을 것 같다.) 고양이는 표현력이 뛰어나지 않다. 대체로 무표정한데, 고독한 사냥꾼으로 살면서 뛰어난 소통 능력을 필요로 한 적이 없었기 때문이다. 아기와 닮은 얼굴이기는 해도 아기의 풍부한 표정은 닮지 않았다. 고양이는 패를 숨긴다고 비난받지만 어떤 아기도 그런 비난을 들은 적은 없다.

앞서 보았듯 고양이의 무심한 얼굴은 좁은 집 안에서는 문제가 된다. 주인조차 키우는 고양이의 마음을 알기 힘들고 고양이가 아픈지 건강한지도 분간하기 힘들기 때문이다.

그러나 인터넷에서 고양이의 무표정한 얼굴은 중요한 자산이다. 고양이 얼굴은 고도의 사회적 동물인 인간이 뭔가를 써넣고 싶어 하는 백지와 같다. 캡션을 붙여달라고 애원하고 있는 것이나 다름없다.

인터넷 사용자들은 온갖 동물에 인간의 특징을 갖다 붙인다. 인터넷 서핑이라는 고독한 행위는 인간의 끊임없는 의인화 경향을 부추긴다. 인간과 닮았으면서도 신기하게 무표정한 고양이의 얼굴을 '읽는' 행위는 특히 매력적으로 다가온다. 심지어 고양이의 사진을 최초로 찍은 사람들도 이런 사실을 알았다. 그래서 뜻대로 하기 어려운 고양이들을 사진에 담으려고 그토록 엄청난 고생을 했을 것이다.

"옷을 입혀 사진을 찍기에는 토끼가 가장 수월하지만 토끼에게 이런저런 '사람' 역할을 맡길 수는 없다."

20세기 초의 한 동물 사진가는 이렇게 불평했다.

"고양이가 가장 연기력이 뛰어난 동물 배우이고 가장 다양한 매력을 갖고 있다."[30]

고양이 사진에 캡션을 붙이는 일은 인터넷에 널리 퍼져 있는 놀이문화로서 링컨대학교 학자들은 태그퍼스라는 도구를 고안해 이 현상을 연구했을 정도다. 연구 참가자들은 다양한 고양이 사진을 보고 40가지 감정을 나열한 목록에서 사진과 어울리는 감정을 선택해야 했는데 "사용자들은 하나같이 지나치게 인간적인 감정과 욕구를 고양이에게 이입했다"[31]라고 연구자들은 말한다. 실제로 태그퍼스 사용자들은 미리 주어진 수많은 단어(인간만이 느끼는 감정인 "용기", "불안", "분노" 등도 포함되어 있었다)가 자신들이 고양이 사진에서 감지한 폭넓은 범위의 감정을 표현하기에 한심할 정도로 불충분하다고 생각했지만 정작 고양이들은 그런 감정을 전혀 갖고 있지 않았다. 불만을 느낀 사용자들은 사진에 자기만의 태그를 달아 제출하기도 했는데 "깔깔대며 웃는", "참견하기 좋아하는", "재미없어하는", "건방진", "광장 공포증이 있는" 등의 표현이 포함되어 있었다.[32]

최초의 밈은 웃는 얼굴 :) 과 같은 간단한 이모티콘이었다는 주장도 있다. 그렇다면 고양이가 그 후계자가 된 것은 당연하다. 인간과 닮았다고 착각하게 만드는 동시에 완벽하게 무표정한 고양이의 얼굴은 인간의 감정을 반영하는 이모티콘과 비슷한 아주 유연한 적응력을 숨기고 있다.

그런데 릴법과 같은 고양이계의 선구자들은 이 현상에서 한 발짝 더 나아가 있다. 표정을 읽어내려는 우리의 욕구를 자극한 다음 그 욕구를 채워줌으로써 우리를 매혹시키는 것이다. 이런 희귀한 동물들은 '표정'이 백지가 아니므로 더욱 유명하다. 평범한 고양이와 달리 캡션을 달고 태어나는 것이다.

최상위 계층의 인터넷 고양이들이 가장 아름다운 고양이는 아니라는 점은 주목할 만하다. 사실상 유명한 고양이들의 상당수가 심각한 건강상의 문제를 갖고 있고 '특수한 도움'을 필요로 한다고 말할 수 있다. 얼굴에, 특히 입에 문제가 있는 경우가 많아서 어떤 '표정'을 짓고 있다는 망상을 일으키는 것이다. 턱뼈에 장애가 있는 릴법은 언제나 얼굴에 묘한 미소를 띠고 있다. 경쟁자이자 역시 왜소증을 앓고 있는 그럼피캣은 얼굴을 너무 심하게 찌푸리고 있어서 처음에는 사진이 조작된 것이라고 여겨졌다.

미야우 대령은 사나운 표정을 한 히말라야고양이로 화가 나 보인다. 몬스터트럭 공주의 심각한 부정교합은 페르시아고양이에게 흔히 나타나는 기형으로 비뚤어진 미소를 짓고 있는 것처럼 보인다. 스터핑턴 경은 해적처럼 조소를 머금고 있다. 힙스터고양이 해밀턴의 입 주위에 있는 보기 드문 형태의 흰무늬는 얄궂은 수염처럼 보인다.

구개열 때문에 찡그리고 있는 것처럼 보이는 고양이도 히트를 쳤다. 일명 오마이갓(OMG) 고양이는 충격을 받은 듯한 표정의 원인이었던 부러진 턱뼈를 수술로 고친 이후 인기가 떨어진 것으로 보인다. 더 이상 '이모티캣'의 역할을 할 수 없게 된 것이다.

이런 '표정'은 물론 고양이의 내적 상태와는 아무런 상관이 없다. 그럼피캣은 알고 보면 사랑스러운 고양이이고 릴법은 건강 문제 때문에 고통을 느끼고 있을 때가 많다.

그러나 인터넷에서 우리는 보고 싶은 것만 본다.

〰

나는 밈 연구자들의 궁극적인 관심사가 인터넷이 아니라는 사실을 알고 다소 놀랐다. 그들에게 밈은 갖가지 매력적인 개념이 인간의 문화를 가로질러 어떻게 퍼져나가는지 알아보기 위한 수단이며, 특정 개념이 인터넷 바깥에서 어떻게 이 사람에서 저 사람으로 전달되는지를 수치화하기 위한 도구이다.

그렇다면 컴퓨터를 연구하지 말고 고양이를 연구해보면 좋을 것이다. 고양이는 치즈버거 밈이 유행하기 오래전부터 지적 전염성을 갖고 있었다. 생태계와 침실을 넘어 뇌 조직으로 침입했을 뿐만 아니라 특정 문화 전반에 스며들기도 했다.

헬로키티 산부인과 병원부터 헬로키티 묘비까지, 없는 게 없는 일본을 예로 들어보자. 일본은 헬로키티 인형을 우주로 쏘아 올릴 만큼 이 고양이 캐릭터에 국가적인 의미를 부여한다.

이 기이한 현대적 고양이 컬트는 40여 년 전 일본의 실크 직조 회사가 고양이 얼굴을 만들면서 시작됐다. 이 얼굴은 1000여 가지의 도시락 통으로 만들어졌고 기업의 위력을 상징하는 국제적인 상징이 되어 전 세계 마케팅 책임자들의 존경을 받고 있다. 헬로키티 상표를 단 제품은 약 5만 가지로 추정되고 매달 500가지 신제품이 만들어지는데 이것은 모조품은 제외한 숫자다.[33] (헬로키티는 불법 복제가 가장 많이 이루어지는 상표 가운데 하나로 이것은 헬로키티가 얼마나 뛰어난 밈인지 보여준다.) 헬로키티 상품은 토스터에서 헬로키티를 주제로 꾸민 에어버스 제트기까지 다양하다. 이 고양이가 벌어들이는 돈의 90퍼센트가 일본 밖에서 오고[34] 최초의 헬로키티 컨벤션인 '헬로키티콘'이 최근 로스앤젤레스에서 치러졌다. 영구적인 문신을 새기는 부스까지 있었던 이 행사는 라브레아 타르 피츠에서 멀지 않은 곳에서 열렸다. 헬로키티의 홍보 문구 "친구는 많을수록 좋아"는 그 전염성을 의식하고 만들어진 듯하다.

고양이와 마찬가지로 헬로키티는 유연한 포식자이다.[35] 순수 디자인의 본보기라 할 수 있는 헬로키티는 특정한 브랜드에 귀속된 마스코트가 아니며 그 자체를 위해 존재하는 이미지로서 어떤 물건으로든 만들어질 수 있다. 이런 고양이다운 변화무쌍함 덕분에 헬로키티는 끊임없이 새로운 시장에 침투할 수 있는 것이다. 헬로키티의 작은 크기도 매우 중요하다. 그 때문에 필통과 같은 소품에 가장 흔히 등장하지만, 메이시스백화점 추수감사절 퍼레이드의 일환으로 42번가를 따라 비틀거리며 내려갔을 때처럼, 크기를 충분히 키우면 마치 사자 같은 느낌이 든다.

그러나 헬로키티의 가장 중요한 특징은 눈에 보이지 않는 무엇이다. 온갖 제품을 집어삼킬 정도로 식욕이 왕성한 헬로키티이지만 입이 없는 것이다.[36] 바로 이 결점 때문에 헬로키티는, 적응력도 뛰어나고 엄청난 돈을 벌어들일 수도 있지만, TV나 영화에 거의 등장하지 않는다. 그러나 그 수익은 포기할 만한 가치가 있다. 헬로키티의 디자이너들은 거의 누구나가 헬로키티에게서 느끼는 호감과 매력이 이 보이지 않는 입에서 나온다고 믿기 때문이다.

“헬로키티가 입이 없는 이유는 바라보는 사람의 감정을 더 잘 반영하기 위함입니다.”

공식 웹사이트의 설명이다.

만화가 스콧 매클라우드는 헬로키티가 “속내를 알기 어렵고, 사랑스럽게 엉뚱하다”라고 말한다.[37] 헬로키티 팬들을 연구하는 하와이대학교의 인류학자 크리스틴 야노는 헬로키티를 현대의 “스핑크스”라고 정의한다.[38]

사실상 헬로키티는 롤캣의 원시적 형태로 캡션을 붙여주고 싶은 백지 같은 표정을 갖고 있다.

헬로키티의 비밀은 이뿐만이 아니다. 일본 고유의 가와이(かわいい) 문화, 즉 귀여운 것을 좋아하는 문화의 상징이지만 헬로키티는 따지고 보면 영국 출신이다. 헬로키티를 처음 그린 만화가 시미즈 유코는 그 특이한 이름이 루이스 캐럴의 1871년 고전 『거울 나라의 앨리스』에서 왔다고 말한다.[39] 마법의 거울 속으로 들어가기 전에 앨리스는 키티라는 고양이와 놀아준다.

암울한 전후 시대 일본의 여학생들은 승자였던 영국의 아동문학 속에서 탈출구를 찾았다. 특히 캐럴의 작품은 “일본 여성의 상상 속 세계의 일부가 되었다”라고 야노는 말한다.

『이상한 나라의 앨리스』의 저자이기도 한 캐럴은 물론 또 다른 원형적 고양이를 만들어낸 장본인이다. 바로 자기 나름대로 철저하게 모호한 체셔캣이다. 밈의 관점에서 보면, 입이 없는 상징적 고양이와 달랑 미소만으로 나타나는 고양이가 같은 혈통을 갖고 있다는 사실은 꽤나 감격적이다.

전후 일본이나 빅토리아시대의 영국보다 훨씬 더 과거로 거슬러 올라가 이 광기가 시작된 바로 그 지점에서 이야기를 끝맺는 것이 좋을지도 모르겠다.

〰

"고양이는 고대 이집트에서 온 시간 여행자다. 마법이나 개성이 유행할 때마다 돌아온다."[40]

문학 전문가 커밀 팔리아는 이렇게 적었다.

펠리스 실베스트리스 리비카는 신석기시대 근동 지방에서 처음 우리의 생활 속으로 들어왔으나 고양이에 대한 문화적 호기심은 수천 년 후 나일강 유역에서 싹텄다. 이집트에서 세계 최초로 고양이에 대한 '광기'가 시작되었다고 해도 과언이 아니다.

릴법이 브루클린을 정복하느라 바쁜 동안 마침 브루클린미술관에서는 「신성한 고양이: 고대 이집트의 고양이들」이라는 전시가 한창이다. 나는 여기에 들러보기로 한다.

전시는 예상을 크게 벗어나지 않았다. 청동으로 주조한 다음 깎고, 도금하고, 심지어 대롱거리는 금귀고리로 장식까지 한 아담한 고양이 조각상이 줄지어 서 있었다.

그러나 사자는 의외였다. 석회암과 섬장암으로 만든 사자 조각은 실제 크기와 같아 보였다. 사자의 두 눈에 박혀 있던 보석 중에 하나는 떨어져 나가 없었고 구멍만 남은 눈동자에서 나오는 시선은 사막만큼이나 광활하고 텅 비어 있었다.

이집트는 지구상의 대부분 지역과 마찬가지로 큰고양이들의 땅이었고 이집트 사람들이 처음으로 애착을 가진 고양잇과 동물은 고양이가 아닌 사자였다. 이집트 문명이 지속된 3000년 동안 대체로 그러했다. 사자는 초기 왕들이 무덤을 지었던 사막의 가장자리에 살고 있었다.[41] 파라오는 사자와 섞인 스핑크스의 형태가 되는 쪽을 택했고[42] 사자 머리를 한 신들도 여럿이었다. 사자는 초기의 무덤 벽화에서도 중요한 자리를 차지하고 있는데 왕의 애완동물로 등장하기도 하고, 사냥을 돕고 있다고 해석할 수 있는 모습으로 나타나기도 하지만 가장 흔한 모습은 역시 훌륭한 사냥감으로서의 모습이다.

사실 이집트의 고양이 여신 바스테트도 처음에는 사자 여신이었다. 고양이는 이집트 제국이 말기에 접어들 때까지 인기를 얻지 못했다.

이집트의 일반 가정에서 그린 최초의 고양이 그림은 기원전 1950년 무렵 중왕국 시대로 거슬러 올라간다.[43] 거대 농경 사회답게 무덤의 벽화는 고양이가 쥐를 상대하는 모습을 보여준다. 다른 벽화 속에서 고양이는 야생조류를 잡기도 하고 사람이 제공한 커다란 고깃덩어리를 먹기도 한다. 어떤 고양이들은 아주 뚱뚱한 모습이다. 이집트학자 야로미르 말레크는 벽화 속 고양이를 "볼품없는 동물"[44]이라고 하기도 하고, 구슬 목걸이를 한 고양이에 대해서는 "포동포동하고 다소 불만스러운 표정을 하고 있다.… 애써 사냥한 먹이가 아니라 친절한 주인이 준 음식을 먹고 살았을 것으로 여겨진다"[45]라고 말한다.

이집트 가정의 일부로 자리 잡은 것은 확실하지만 이 고양이들은 오냐오냐해서 키운 애완동물이었지 신성한 존재는 아니었다. 고양이는 이후 몇 세기가 더 지나야 신적인 동물이 되는데 그때 이집트 문명은 이미 쇠퇴의 길을 걷고 있었다. 내부의 파벌싸움에 찢기고 심술궂은 주변 국가의 압박도 심한 상태였다. 그뿐만 아니라 한때 풍부했던 천연자원도 줄어들고 있었다. 기원전 5세기에 이집트를 방문한 헤로도토스는 이집트가 "동물이 많은 나라는 아니다"[46]라고 표현했다. 수 세기 동안 이어진 농경과 수렵으로 인해 큰 사냥감은 거의 사라지고 없거나 왕을 위한 사냥구역에 갇혀 있었다. 이 당시 바스테트 여신이 갑자기 사자에서 고양이로 바뀐 것도 사나운 야생동물이 부족했기 때문이었을 수 있다.[47] 나라 전체가 좀 더 온순하게 길들여졌다는 사실을 암시하는 변화였다.

기원전 323년 무렵부터 그리스의 프톨레마이오스왕조가 몇백 년간 이집트를 지배했다. 이 외지인들의 짧지만 불안한 통치 기간은 종교적 흥분과 집단 광기의 시절이기도 했다. 그리고 이 기간에 이집트의 동물숭배 사상은 더욱 팽배했다. 바스테트 여신, 그리고 여신과 피와 살을 나눈 심부름꾼 고양이는 재빨리 악어와 따오기를 비롯해 숭배받던 다른 동물들을 누르고 신앙의 대상으로 등극해 아마도 최고의 인기를 누렸을 것이다.[48] 흥미롭게도 그리스에서 온 지배자들은 고양이에 대한 특별한 애정이 없었지만 동물을 숭배하는 토착 종교의 급작스러운 유행을 지지했고 말레크의 주장에 따르면 교묘하게 조종하기까지 했다. 사제직의 매매를 통해 나라는 손쉽게 재정을 살찌웠고[49] 바스테트교는 순례자들을 대상으로 장사를 하는 숙박업자며 점술가, 그럼피캣도 울고 갈 화려한 고양이 조각을 만드는 장인들을 육성했다.

나일강 유역의 부바스티스를 거점으로 하고 있던 바스테트교는 특히 격렬한 축제를 열곤 했는데 온 나라에서 참가자들이 배를 타고 잔치를 벌이며 모여들었다. 절정에 달했을 때 이 축제의 참가자는 약 70만 명이었던 것으로 추산되는데[50] 이집트 전체 인구의 상당 부분을 차지하는 숫자였다. 고양이 난장이라고도 할 법한 이 축제에서 신자들은 춤을 추고 옷을 벗어 던졌다. 바스테트 여신에게 바치는 호화로운 신전도 있었다. 부바스티스 한복판에 있는 신전은 나일강 강물이 흐르는 폭 30미터의 수로가 에워싸고 있었다. 바스테트 여신의 여러 신전 중에는 사제들이 살아 있는 고양이를 키우는 사육장이 딸린 곳도 있었는데 몇 마리나 키웠는지는 알려져 있지 않다. 왕국 전역의 평범한 애완고양이들은 바스테트 여신의 높아진 지위 덕분에 호강을 했고, 이집트는 다른 나라의 고양이들까지 돈을 주고 데려오려는 노력을 했다고 전해진다.

이집트의 통치자들은 고양이 교단 등의 무리가 경제를 살리는 것을 넘어 점차 드러나기 시작한 사회의 균열을 덮어주고 있다는 점이 마음에 들었을 것이다. 익숙한 동물과 동물 관련 신을 통한 규합은 일종의 전국적인 긴축 방안이었고 정복당한 이집트인들이 정체성을 확보할 수 있는 길이었다고 말레크는 지적한다.

아마 그때도 지금처럼 고양이는 누구든 지지할 수 있는 존재였을지 모른다. 즐거운 오락거리, 보편적인 기쁨을 주는 존재, 심지어 길들이는 힘을 가진 존재였을 것이다. 고대 이집트 후기의 혼란스럽고 적대적이고 내분이 심했던 분위기를 생각하면 사실 인터넷이 연상되기도 한다.

~

인터넷 고양이가 오늘날의 저급 문화를 대표하는 것처럼 이집트의 고양이 숭배는 지성과 영성의 결핍을 드러낸다고 비난받았다. 고대의 작가들은 종종 "동물에 열광하는 이집트인들의 기이한 행동을 매섭게 비판했다"라고 이집트 고고학자 살리마 이크람은 말한다.[51] 이것은 일리 있는 비판이었는데 동료 인간보다 고양이를 더 아끼는 것처럼 보이는 고대 이집트인들도 있었기 때문이다. 고양이가 자연사하면 사람들은 눈썹을 밀고 애도했으며 고양이를 죽이는 행위는 중범죄가 됐다. 역사가 디오도로스에 따르면 이집트를 방문 중이던 로마인이 실수로 고양이를 죽이자 고양이 애호가 무리가 몰려들어 그 로마인을 죽였다고 한다. 이집트인들은 고양이를 정성 들여 미라로 만들기도 했다. 한 초기 미라 제작자는 애완고양이가 "영원한 별"이 되기를 바라기도 했다.[52]

이런 바람은 우리 시대에도 익숙하다. 그러나 오늘날 우리는 고양이를 미라로 만들기보다 디지털 세상에 새겨 넣는다. 특히 페이스북은 새로운 장례 벽화이며 우리의 유한한 삶이 남기는 이상화된 2차원적 유산이다. 인터넷상에서 우리는 누구도 죽지 않는다고 생각하고 싶어 하고, 동물을 그러한 불멸성의 증거로 삼고 있는지도 모른다. 나는 매우 유명한 인터넷 고양이 스타 여럿이 이미 영원한 별이 된 고양이라는 사실을 알았을 때 좀 충격을 받았다. 순진하게도 어느 머나먼 거실에서 가르릉거리고 있을 줄로만 알았던 것이다. 2000년대에 영상을 통해 최고 인기를 누렸던 키보드캣은 사실 1987년에 죽은 고양이였다. 해피캣은 10년 전쯤 죽었는데 치즈버거 밈 덕분에 불멸의 존재로 등극한 직후였다. 미야우 대령은 2014년 초 심부전으로 죽었지만 죽고 난 뒤에도 날마다 '친구'와 '좋아요'를 늘리며 팬층을 두 배 가까이 키웠다.

"고양이계의 투팍 같은 존재예요."

미야우 대령의 주인 앤 마리 에이비가 나에게 말했다.

"죽었다는 사실을 모르는 팬도 있어요."

팬들은 여전히 미야우 대령의 생일에 스카치위스키를 마시고 새로운 캡션을 붙인 옛 사진을 보며 시시덕거린다.

그런데 최초의 고양이 애호가들과 우리들 사이에는 또 하나의 더욱 놀라운 유사점이 있다. 고양이의 사후 처리가 아닌, 이집트의 고양이가 죽음에 이르게 된 이유와 관련이 있다.

고고학자들이 고대 고양이 미라를 엑스레이로 촬영해본 결과 미라 안에 다 큰 고양이가 아닌 새끼 고양이가 들어 있는 경우가 아주 많았다.[53] 게다가 난폭하게 죽임을 당한 것으로 보였다. 목이 부러지고 두개골이 깨져 있었다. 오로지 학살을 위해 태어난 고양이들 같았다. 순례자들이 바스테트 여신의 신전으로 모여드는 봄 축제 기간에 맞춰, 희생 제물로 바칠 미라를 공급할 목적으로 대량 살상했을 가능성이 있다. 또한 이런 대규모 살상은 개체 수를 제한하기 위한 원시적인 시도였을 수 있다. 시도는 물론 실패했을 것이다.[54]

바스테트 교도들이 이 같은 제도적 살상에 대해 알고 있었는지, 또는 찬성했는지는 명확하지 않다. 나도 때로는 고양이교 교도에 가까운 사람인데 수천 년 전 목이 졸려 죽은 이집트 고양이 사진을 보고 있자니 얼마 전에 본 사진 한 장이 떠올랐다. 아니, 차마 볼 수 없어 시선을 돌렸던 사진이다. 안락사 당한 새끼 고양이와 어른 고양이의 사체가 털의 언덕을 이루고 있는 사진으로, 캘리포니아의 한 보호소에서 고작 하루 아침나절 동안 나온 사체들이었다.

우리는 이집트인들보다 훨씬 더 많은 살상을 저지른다. 미국에서만 연간 수백만 마리의 고양이를 죽이고 사체를 화장한다. 나는 그 고양이들을 한 번도 희생 제물이라고 생각해본 적이 없지만 어떤 의미에서는 제물일 수 있다. 우리가 고양이 친구들로부터 얻는, 거의 영적인 기쁨에 대한 숨겨진 대가일 수 있다.

인간의 경외심과 무관심은 위험하게도 공존하는 경향이 있다. 동물에 관련해서는 특히 그렇다. 우리가 얼마나 '사랑하는' 존재이든 우리는 그것을 죽이고 만다. 이걸 보면 고양이만큼 귀엽지 않거나, 함께 생활하기 편리하지 않거나, 생존력이 뛰어나지 않은 동물을 대하는 우리의 방식은 어떤 정도일지 짐작할 수 있다. 알고 보면 애완동물들은 멀어져가는 자연 세계에 대한 우리의 태도와 생각이 형성되는 용광로이며 그런 용광로로서 점점 더 중요한 역할을 하고 있다.

이 책 전반을 통해 나는 고양이 같은 동물을 있는 그대로 보고 인정하는 것이 중요하다는 주장을 하고 있다. 우리의 놀잇감이 아닌 자기만의 전략과 사연을 가진 강인한 생명체로 보아야 한다. 이런 관점에서 고양이를 본다는 것은 곧 우리 자신을 직시하고 우리의 광범위한 능력을 인정하는 것이다. 다시 말하면 친절과 잔혹이 기이하게 뒤섞인 우리의 태도를 직시하고 우리가 무제한적으로, 때로는 경솔하게 행사하는 우리의 영향력을 인정해야 한다. 그러지 않으면 지구의 여러 생명체는 가망이 없다.

고양이는 어쨌거나 잘 살 것이다. 4세기 기독교가 들어와 바스테트 신전이 문을 닫고 사제들이 죽임을 당했을 때도 고양이는 이겨냈다. 고양이의 목숨이 아홉 개라는 것도 알고 보면 이집트에서 생긴 생각이다.

심지어 미라가 된 고양이들도 제물의 운명에서 벗어났다. 2000년 후 빅토리아시대 고고학자들이 공동묘지에서 고양이 미라를 파냈고 이 미라들은 영국으로 보내져 농업용 비료로 쓰였다. 고양이 애호가 모임이 공식적으로 막을 올리고 사자 사냥꾼들이 사파리에서 돌아와 차를 즐기던 시절이었다.

고양이들은 인간이 승승장구하는 한 괜찮을 것이고, 우리보다 더 오래 살아남을지도 모른다. 그러나 우리가 없었다면 존재하지 않았을지도 모르고, 우리가 창조하지는 않았지만 우리의 동물이다. 우리의 '심부름꾼'이라는 말이 맞을지도 모른다.

우리와 달리 고양이에게는 어떤 죄도 없다.

~

> 남자들은 수련 줄기로 피리를 불었다. 여자들은 심벌과 탬버린을 쳤고 악기가 없는 사람들은 손뼉을 치고 춤을 추거나 다른 흥겨운 몸짓을 하며 음악을 따라갔다. … 부바스티스에 이르자 그들은 놀랍도록 장엄한 만찬을 벌였다. 한 해 동안 그 기간에 가장 많은 포도주를 마셨다. 축제는 이런 식이었다.
>
> — 헤로도토스, 기원전 450년경.[55]

여기는 브루클린인가 부바스티스인가? 나이트클럽 안은 방향감각을 상실할 정도로 어둡다. 고양이 귀를 쓰고 긴 꼬리를 단 사람들의 실루엣이 곁을 지나쳐 간다. 죽은 고양이의 목줄을 발목에 찬 사람도 있고 고양이 유골이 가득 담긴 펜던트를 목에 건 사람도 있다. 다들 뭔가 독한 걸 마시고 있는 것 같은데 포도주일 수도 있겠다. 그리고 장인이 요리한 피에로기와 몰래 숨겨 온 케일 쿠키를 배불리 먹으며 축제가 시작되기를 기다린다. '슈퍼큐트!'라는 여성 밴드가 심벌을 시끄럽게 두드리며 준비한 곡들을 날카로운 소리로 연주한다. 팬들은 현대판 체셔캣인 릴법을 찾아 까치발을 하고 두리번거린다. 미소를 지은 채 여러 사람들의 시선을 넘나들며 어딘가 있을 것이다.

인터넷 고양이 영상 페스티벌은 고양이 영상을 이어 붙인 몽타주에 지나지 않는다. 로고는 울부짖는 고양이로 메트로골드윈메이어 사자의 축소 버전이다. 나일강을 따라 이어지는 바스테트의 축제처럼 이 역시 순회 행사이다. 순회 일정표에는 런던, 시드니, 그리고 멤피스가 포함되어 있다. (이집트의 멤피스가 아니라 테네시주의 멤피스이다.)

축제 현장에서 진짜 고양이는 단 한 마리밖에 보이지 않는다. 우아한 존재감을 뽐내는 옅은 빛깔의 파스닙이라는 고양이가 누군가의 어깨에 유령처럼 얹혀 있다. 냉정한 눈빛으로 지켜보고 있는 파스닙을 아무도 눈치채지 못하는 듯하다.

칼 밴 벡턴은 이렇게 썼다.

"과거의 제 모습을 잊는 인간과 달리" 고양이만이 "수 세대 전의 과거를 진정으로 기억하고 있다."[56]

"고양이를 보여줘! 고양이를 보여줘!"

얼큰한 상태의 참가자들이 구호를 외치기 시작한다.

여자 사람들이 노래를 마쳤지만 앵콜을 외치는 관객이 없다는 점이 흥미롭다. 진정한 쇼는 지금부터 시작이다.

감사의 말

작은 고양이의 이야기는 여러 매우 커다란 질문과 맞닿아 있다. 이 책에 언급된 사람들도 있고 언급되지 않은 사람들도 많지만 인내심을 가지고 본인의 연구 결과와 생각을 나에게 전달해준 수십 명의 과학자, 운동가, 애호가들에게 감사를 표한다.

초고를 길들여준 훌륭한 편집자 캐린 마커스와 그 뒤에 더 섬세하게 빗질을 해준 메건 호건에게 감사의 말을 전한다. 에이전트 스콧 왁스먼이 보여준 믿음과 지지에도 고마움을 표한다.

엘리자베스 퀼, E. A. 브러너, 스티븐 킬, 마이클 올러브, 퍼트리샤 스노, 모린 터커, 스티븐 동, 주디스 터커, 찰스 다우댓은 모두 유용한 의견을 보태주었으며 린 개리티도 뛰어난 자료 조사 능력으로 도움을 주었다. 마크 스트라우스가 보내준 조언과 고양이에 관련된 기발한 글귀들은 때맞추어 도달했다. 테런스 먼메이니의 의견과 격려, 그리고 여러 해에 걸친 지도와 편집에 관한 가르침에도 감사를 표한다.

나에게 수많은 기회를 허락한 마이클 카루소와 『스미스소니언』의 편집자들에게도 빚을 지고 있다. 케리 윈프리, 로라 헬무스, 진 마벨라, 메리 코리, 윌 둘리틀, 앤드루 보츠퍼드, 마저리 게린, 로버트 콕스, 캐슬린 와설을 포함한 여러 훌륭한 편집자들과 스승들께 진 빚도 많다.

그리고 누구보다도 가족에게 감사를 보낸다. 상냥하고 특별한 남편 로스와 세 아이 그웬덜린, 엘리너, 그리고 이제 니컬러스. 니컬러스의 첫 단어는 과연 무엇이 될까?

옮긴이의 글

나도 고양이를 키운다. 최근에 이 고양이가 적잖이 속을 썩였다. 집 안 서재 위치를 옮기려고 책을 나르고 먼지를 털며 부산을 떨었더니 고양이가 느닷없이 하악거리기 시작했다. 게다가 누구든 제 앞을 지나가기만 해도 날카로운 발톱을 내밀어 맹렬한 공격을 퍼부었다. 이 녀석의 앞발이나 이빨에 상처 입은 것이 처음은 아니다. 13년을 함께한 대체로 상냥한 고양이지만 나를 공격한 횟수를 따지면 한 손으로는 부족하다.

모험심이 강해 바깥 구경을 좋아하는 녀석은 심심하면 창가에 앉아 밖으로 나가자고 칭얼대는데, 여느 때처럼 줄을 묶고 마당으로 외출을 한 어느 날이었다. 갑자기 몸을 발라당 뒤집어 바닥에 등을 비비기에 그 모습이 귀여워 손을 갖다 대려고 했더니 포악하게 변하며 샌들을 신은 내 발을 공격해 피를 냈다. 순식간에 맹수로 돌변한 녀석을 어르고 달래 안전한 집으로 데리고 들어오기까지 한 시간은 걸린 것 같다.

그럴 때마다 나는 상처 입은 손발에 신경이 쓰이기보다는 내가 제 밥을 주고 제 똥을 치워준 게 벌써 몇 년인데 나한테 이럴 수 있나 하는 배신감과 도대체 왜 갑자기 돌변하는지 알 수가 없어서 오는 답답함에 몸부림친다. 그러다 곧 내 답답함이 먼저겠느냐 말 못 하는 작은 짐승의 고통과 두려움이 먼저겠느냐 싶어 안쓰러워지는 것이다.

그런데 『거실의 사자』를 다 번역하고도 아무 생각 없이 고양이 앞에서 감히 서재를 이동하고 공격을 당한 나는, 출간을 앞둔 이 책의 교정지를 보면서 비로소 나의 실수를 깨달았다. 환경 변화에 극도로 민감한 고양이의 주변을 뒤죽박죽으로 만들어놓았을뿐더러 공격이 벌어지기 직전까지 고양이가 보내온 온갖 신호를 전혀 눈치채지 못한 것이다. 나는 이제야 고양이의 몸짓과 꼬리의 모양, 동공의 크기를 나름대로 세밀하게 관찰하고 있다. 이것이 나의 고양이'님'을 섬기는 데 조금이나마 도움이 되기를 바라면서.

고양이는 말 못 하는 짐승이 아니다. 우리가 그 말을 못 알아듣는 짐승일 뿐이다. 이 작은 깨달음을 얻기 위해 누구나 이 책과 같은 고양잇과 진화의 역사와 오늘날의 처지를 아울러 정리한 책을 읽어야 하는 것은 아니다. 하지만 이 책을 읽고 나면 당신 곁을 어슬렁거리는 작은 사자가 보내는 신호를 전처럼 무시하기는 어려울 것이다.

나와 다른 짐승에 대한 이해를 넓힌다는 것은 좁게는 집 안에서 넓게는 이 우주 안에서 인간과 함께 사는 여러 살아 있는 것들과의 소통의 기회를 늘린다는 의미이다. 그로써 평화로운 공존의 가능성을 모색한다는 의미이다. 다른 생명체의 언어를 배우고 그들에 대한 이해를 넓힐 수 있는 선물 같은 능력을 갖춘 인간에게 그 가능성을 모색할 책임이 있다고 생각한다. 그래서 이 책은 작은 고양이에 관한 책이기도 하지만 실은 고양잇과 전체에 대한 책이며 나아가 지구 위 인간의 역할에 대해 이야기하는 거대한 책이기도 하다.

나는 고양이를 키우는 번역가를 찾는다는 소식을 SNS로 전한 도서출판 마티에 번개같이 내 고양이 술이의 사진을 보냈고 이 작업을 맡는 행운을 얻었다. 이 행운의 공을 우리 술이에게 돌리며 오늘도 어김없이 집사 된 도리로 캔을 따주기 위해 이만 일어나야겠다.

2018년 1월

이다희

주

서문

[1] David Wilkes, Inderdeep Bains, Tom Kelly, and Abul Taher, "On the prowl again! Teddy the 'mystery lion of Essex' is out and about, but this time the ginger tom cat doesn't need a police escort," *Daily Mail*, August 27, 2012; John Stevens, Hannah Roberts, and Larisa Brown, "Here kitty, kitty: Image of 'Essex Lion' that sparked massive police hunt is finally revealed as officers call off the search and admit sightings were probably of a 'large domestic cat,'" *Daily Mail*, August. 26, 2012.
[2] 이 현상에 대해 더 알고 싶다면 britishbigcats.org 혹은 Michael Williams and Rebecca Lang, *Australian Big Cats: An Unnatural History of Panthers* (Hazelbrook, NSW, Australia: Strange Nation Publishing, 2010) 참조.
[3] Max Blake, Darren Naish, Greger Larson, et al., "Multidisciplinary investigation of a 'British big cat': a lynx killed in southern England c. 1903," *Historical Biology: An International Journal of Paleobiology* 26, no. 4 (2014): 442~448.
[4] Erica Goode, "Lion Population in Africa Likely to Fall by Half, Study Finds," *New York Times*, Oct. 26, 2015.
[5] Philip J. Baker, Carl D. Soulsbury, Graziella Iossa, and Stephen Harris, "Domestic Cat (Felis catus) and Domestic Dog (Canis familiaris)," in *Urban Carnivores: Ecology, Conflict, and Conservation*, ed. Stanley D. Gehrt, Seth P. D. Riley, and Brian L. Cypher (Baltimore: Johns Hopkins University Press, 2010), 157.

[6] 길고양이와 애완고양이를 합치면 미국의 고양이 개체 수는 1억에서 2억 사이이다. 수명이 12년이라고 했을 때 이 숫자가 유지되려면 매일 2만 2000마리에서 4만 4000마리가량의 새끼 고양이가 태어나야 한다.
[7] Corrine Ramey, "'Tis the Season for ASPCA's Kitten Nursery," *Wall Street Journal*, July 24, 2015. 매년 뉴욕시 보호소 한 군데를 거쳐 가는 새끼 고양이는 2000마리 이상이다. 반면, 세계자연기금에 따르면 야생에 살아 남아 있는 호랑이는 3200마리밖에 되지 않는다(www.worldwildlife.org/species/tiger).
[8] John Bradshaw, *Cat Sense: How the New Feline Science Can Make You a Better Friend to Your Pet* (New York: Basic Books, 2013): xix. Baker et al. 이 책은 개 두 마리당 고양이의 숫자가 세 마리라고 보수적으로 잡고 있지만 고양이의 수를 훨씬 높게 잡는 문헌들도 있다.
[9] E. Fuller Torrey and Robert H. Yolken, "Toxoplasma oocysts as a public health problem," *Trends in Parasitology* 29, no. 8 (2013): 380~384.
[10] 미국애완동물용품협회(APPA)는 애완고양이 숫자를 9560만 마리로 잡고 있다. National Pet Owners Survey, 2013~2014, 169.
[11] 유로모니터 인터내셔널의 애완동물 관리·연구팀 총책임자 파울라 플로레스와의 인터뷰에서.
[12] Baker et al., "Domestic Cat," 160.
[13] 국제자연보전연맹의 세계 100대 외래 침입종 목록은 www.issg.org/database/species/search.asp?st=100ss 참조.
[14] "Historic Analysis Confirms Ongoing Mammal Extinction Crisis," *Wildlife Matters* (Winter 2014): 4~9.
[15] Jared Owens, "Greg Hunt calls for eradication of feral cats that kill 75m animals a night," *Australian*, June 2, 2014.
[16] David Grimm, *Citizen Canine: Our Evolving Relationship with Cats and Dogs* (New York: Public Affairs, 2014), 153, 266, 267.
[17] Matt Flegenheimer, "9 Lives? M.T.A. Takes No Chances with Cats on Tracks," *New York Times*, Aug. 29, 2013.
[18] Hal Herzog, *Some We Love, Some We Hate, Some We Eat: Why It's So Hard to Think Straight About Animals* (New York: Harper Perennial, 2010), 6.
[19] Carl Zimmer, "Parasites Practicing Mind Control," *New York Times*,

Aug. 28, 2014.
[20] Henry S. F. Cooper, "The Cattery," in *The Big New Yorker Book of Cats* (New York: Random House, 2013), 187.
[21] Christopher A. Lepczyk, Cheryl A. Lohr, and David C. Duffy, "A review of cat behavior in relation to disease risk and management options," *Applied Animal Behaviour Science* 173 (Dec. 2015): 29~39. 이 연구는 고양이가 1000가지가 넘는 종을 먹는다고 지적한다.
[22] "Andean Cat," International Society for Endangered Cats Canada, www.wildcatconservation.org/wild-cats/south-america/andean-cat/
[23] Michael J. Montague, Gang Li, Barbara Gandolfi, et al., "Comparative analysis of the domestic cat genome reveals genetic signatures underlying feline biology and domestication," *Proceedings of the National Academy of Sciences* 111 (Dec. 2014): 17230~17235.
[24] Diane K. Brockman, Laurie R. Godfrey, Luke J. Dollar, and Joelisoa Ratsirarson, "Evidence of Invasive Felis silvestris Predation on Propithecus verreauxi at Beza Mahafaly Special Reserve, Madagascar," *International Journal of Primatology* 29 (Feb. 2008): 135~152.
[25] Christopher A. Lepczyk, Angela G. Mertig, and Jianguo Liu, "Landowner and cat predation across rural-to-urban landscapes," *Biological Conservation* 115 (Feb. 2004): 191~201.
[26] Carlos A. Driscoll, David W. Macdonald, and Stephen J. O'Brien, "From wild animals to domestic pets, an evolutionary view of domestication," *Proceedings of the National Academy of Sciences* 106, suppl. 1 (June 2009): 9971~9978.
[27] Stanley D. Gehrt, "The Urban Ecosystem," in Gehrt et al., *Urban Carnivores*, 3.
[28] 애완고양이의 약 35퍼센트가 길을 헤매다 집으로 들어온 길고양이로, 이는 사람이 고양이를 키우게 되는 흔한 방법이다. 반면, 길을 헤매다 주인을 만나는 개는 6퍼센트에 지나지 않는다. APPA Survey, 64, 171.

1장 사자의 무덤

[1] 미네소타대학교 사자 생물학자 크레이그 패커와 나눈 대화와 스미소니언 국립자연사박물관의 크리스 헬겐과의 인터뷰는 1장을 쓰는 데 매우 요긴했다.

[2] 고양잇과 동물의 약 3분의 2가 국제자연보전연맹이 관리하는 상위 네 개의 범주에 속한다. 여기 속하지 않는 고양잇과 동물도 대개 자연적 서식 반경에 비해 훨씬 좁은 지역에 살고 있다. David W. Macdonald, Andrew J. Loveridge, and Kristin Nowell, "Dramatis personae: an introduction to the wild felids," in *Biology and Conservation of Wild Felids*, ed. David Macdonald and Andrew Loveridge (Oxford: Oxford University Press, 2010), 15.

[3] Emily Sawicki, "Untagged Mountain Lion Kitten Killed," *Malibu Times*, Jan. 23, 2014.

[4] Alexa Keefe, "A Cougar Ready for His Closeup," *National Geographic*, Nov. 14, 2013, proof.nationalgeographic.com/2013/11/14/a-cougar-ready-for-his-closeup/

[5] 고양이의 육식에 대한 내용은 Macdonald et al. "Dramatis personae"와 다음 문헌을 참고했다. Mel Sunquist and Fiona Sunquist, *Wild Cats of the World* (Chicago: University of Chicago Press, 2002); Elizabeth Marshall Thomas, *The Tribe of Tiger: Cats and Their Culture* (New York: Pocket Books, 1994); Alan Turner, *The Big Cats and Their Fossil Relatives: An Illustrated Guide to Their Evolution and Natural History* (New York: Columbia University Press, 1997); David Quammen, *Monster of God: The Man-Eating Predator in the Jungles of History and the Mind* (New York: W. W. Norton, 2003).

[6] Sunquist and Sunquist, *Wild Cats of the World*, 5.

[7] Thomas, *Tribe of Tiger*, 19.

[8] ibid., xi.

[9] Sunquist and Sunquist, *Wild Cats of the World*, 6.

[10] Thomas, *Tribe of Tiger*, 23, 24.

[11] Turner, *The Big Cats*, 30.

[12] Macdonald et al., "Dramatis personae," 4, 5.

[13] Sunquist and Sunquist, *Wild Cats of the World*, 286; Thomas, *Tribe of*

Tiger, 47.
[14] Turner, *The Big Cats*, 15.
[15] Todd K. Fuller, Stephen DeStefano, and Paige S. Warren, "Carnivore Behavior and Ecology, and Relationship to Urbanization," in *Urban Carnivores: Ecology, Conflict, and Conservation*, ed. Stanley D. Gehrt, Seth P. D. Riley, and Brian L. Cypher (Baltimore: Johns Hopkins University Press, 2010), 16.
[16] Rob Dunn, "What Are You So Scared of? Saber-Toothed Cats, Snakes, and Carnivorous Kangaroos," Slate.com, Oct. 15, 2012.
[17] John Noble Wilford, "Skull Fossil Suggests Simpler Human Lineage," *New York Times*, Oct. 17, 2013.
[18] Donna Hart and Robert W. Sussman, *Man the Hunted: Primates, Predators, and Human Evolution* (New York: Westview Press, 2005), 170~180.
[19] Joseph Bennington-Castro, "Are Humans Hardwired to Detect Snakes?" io9.com, Oct. 29, 2013.
[20] Joseph Bennington-Castro, "Monkeys Remember 'Words' Used by Their Ancestors Centuries Ago," io9.com, Oct. 30, 2013.
[21] Wildlife Conservation Society, "Wild cat found mimicking monkey calls," *Science Daily*, July 9, 2010.
[22] Alfonso Arribas and Paul Palmqvist, "On the Ecological Connection Between Sabre-tooths and Hominids: Faunal Dispersal Events in the Lower Pleistocene and a Review of the Evidence for the First Human Arrival in Europe," *Journal of Archaeological Science* 26, no. 5 (1999): 571~585.
[23] Leslie C. Aiello and Peter Wheeler, "The Expensive-Tissue Hypothesis: The Brain and the Digestive System in Human and Primate Evolution," *Current Anthropology* 36, no. 2 (1995): 199~221.
[24] Nikhil Swaminathan, "Why does the Brain Need So Much Power?" *Scientific American*, Apr. 29, 2008.
[25] 이 교착 상태는 일부 남아 있는 수렵·채집 문화권에 여전히 존재한다고 한다. Thomas, *Tribe of Tiger*, 124 참조.
[26] Harriet Ritvo, *The Animal Estate: The English and Other Creatures*

in the Victorian Age (Cambridge, MA: Harvard University Press, 1989), 208.

[27] Justin D. Yeakel, Mathias M. Pires, Lars Rudolf, et al., "Collapse of an Ecological Network in Ancient Egypt," *Proceedings of the National Academy of Sciences* 111, no. 40 (2014): 14472~14477; Patrick F. Houlihan, *The Animal World of the Pharaohs* (London: Thames & Hudson, 1996), 45.

[28] 사자의 세계적 감소 현상을 종합한 놀라운 자료를 보고 싶다면 Quammen, *Monster of God*, 24~29 참조.

[29] Craig Packer, "Rational Fear: As human populations expand and lions' prey dwindles in eastern Africa, the poorest people—and the hungriest lions—pay the price," *Natural History*, May 2009, 43~47.

[30] David Baron, *The Beast in the Garden: A Modern Parable of Man and Nature* (New York: W. W. Norton, 2004). 이 책은 오늘날 미국의 교외에서 벌어지는 큰고양이 사냥 실태를 잘 포착한다.

[31] 호랑이가 약재로 사용되는 현황에 대해서는 "Tiger in Crisis: Promoting the Plight of Endangered Tigers and the Efforts to Save them," www.tigersincrisis.com/traditional_medicine.htm 참조.

[32] 사자고기를 포함해 고인돌 가족이 먹을 법한 메뉴로 구성된 '플린트스톤 만찬'이라는 이름의 코스 요리에 관한 이야기는 PhilaFoodie, "Yabba-Dabba-Zoo!—Zot's Flintstone Dinner," July 7, 2008, philafoodie.blogspot.com/2008/07/yabba-dabba-zoo-zots-flintstone-dinner.html 참조.

[33] Euromonitor data; Jason Overdorf, "India: Leopards stalk Bollywood," *GlobalPost*, March 20, 2013; Arvind Joshi, "Cats, Unloved in India," *India Times*. pets.indiatimes.com/articleshow.cms?msid=1736285885

2장 인간을 간택한 고양이

[1] Brian L. Peasnall, "Intricacies of Hallan Çemi," *Expedition Magazine* 44 (Mar. 2002).

[2] 할란체미의 여우를 연구하는 고고학자 루빈 예슈룬과의 대화도 큰 도움이

됐다.
[3] Maria Joana Gabucio, Isabel Caceres, Antonio Hidalgo et al., "A wildcat (Felis silvestris) butchered by Neanderthals in Level O of the Abric Romani site (Capellades, Barcelona, Spain)," *Quaternary International* 326 (2014): 307~318; Jacopo Crezzini, Francesco Boschin, Paolo Boscato, and Ursula Wierer, "Wild cats and cut marks: Exploitation of Felis silvestris in the Mesolithic of Galgenbühel/Dos de la Forca (South Tyrol, Italy)," *Quaternary International* 330 (Apr. 2014): 52~60.
[4] Laura R. Prugh, Chantal J. Stoner, Clinton W. Epps, et al., "The Rise of the Mesopredator," *Bioscience* 59 (2009), 779~791.
[5] Katrin Bennhold, "Forget the Hounds. As Foxes Creep In, Britons Call the Sniper," *New York Times*, Dec. 6, 2014.
[6] Melinda A. Zeder, "Pathways to Animal Domestication," in *Biodiversity in Agriculture: Domestication, Evolution and Sustainability*, ed. Paul Gepts, Thomas R. Famula, Robert L. Bettinger, et al. (New York: Cambridge University Press, 2012), 227~259.
[7] "Counting Chickens," *Economist*, July 27, 2011, www.economist.com/blogs/dailychart/2011/07/global-livestock-counts
[8] James Gorman, "15,000 Years Ago, Probably in Asia, the Dog Was Born," *New York Times*, Oct. 19, 2015; James Gorman, "Family Tree of Dogs and Wolves Is Found to Split Earlier Than Thought," *New York Times*, May 21, 2015.
[9] Carlos A. Driscoll, Nobuyuki Yamaguchi, Stephen J. O'Brien, and David W. Macdonald, "A Suite of Genetic Markets Useful in Assessing Wildcat (Felis silvestris ssp.)—Domestic Cat (Felis silvestris catus) Admixture," *Journal of Heredity* 102, suppl. 1 (2011): S87~S90.
[10] Charles Darwin, *The Variation of Animals and Plants Under Domestication*, vol. 1 (Teddington: Echo Library, 2007), 32~35.
[11] Carlos A. Driscoll, David W. Macdonald, and Stephen J. O'Brien, "From wild animals to domestic pets, an evolutionary view of domestication," *Proceedings of the National Academy of Sciences* 106, suppl. 1 (June 2009): 9971~9978.

[12] 관련 가설은 Juliet Clutton-Brock, *A Natural History of Domesticated Mammals* (Cambridge: Cambridge University Press, 1999), 136, 137 참조.
[13] Carlos A. Driscoll, Marilyn Menotti-Raymond, Alfred L. Roca, et al., "The Near Eastern Origin of Cat Domestication," *Science* 317 (July 2007): 519~523.
[14] ibid.
[15] Chee Chee Leung, "Cats eating into world fish stocks," *Sydney Morning Herald*, Aug. 26, 2008.
[16] Zeder, "Pathways to Animal Domestication," 232.
[17] John Bradshaw, *Cat Sense: How the New Feline Science Can Make You a Better Friend to Your Pet* (New York: Basic Books, 2013), 14.
[18] David Macdonald, Orin Courtenay, Scott Forbes, and Paul Honess, "African Wildcats in Saudi Arabia," in *The Wild CRU Review: The Tenth Anniversary Report of the Wildlife Conservation Research Unit at Oxford University*, ed. David Macdonald and Françoise Tattersall (Oxford: University of Oxford Department of Zoology, 1996).
[19] Evan Ratliff, "Taming the Wild," *National Geographic*, March 2011; Lyudmila N. Trut, "Early Canid Domestication: The Farm-Fox Experiment," *American Scientist*, Mar.~Apr. 1999.
[20] Michael J. Montague, Gang Li, Barbara Gandolfi, et al., "Comparative analysis of the domestic cat genome reveals genetic signatures underlying feline biology and domestication," *Proceedings of the National Academy of Sciences* 111 (Dec. 2014): 17230~17235.
[21] Adam S. Wilkins, Richard W. Wrangham, and W. Tecumseh Fitch, "The 'Domestication Syndrome' in Mammals: A Unified Explanation Based on Neural Crest Cell Behavior and Genetics," *Genetics* 197 (July 2014): 795~808.
[22] Carlos A. Driscoll, Juliet Clutton-Brock, Andrew C. Kitchener, and Stephen J. O'Brien, "The Taming of the Cat," *Scientific American*, June 2009; James A. Serpell, "Domestication and History of the Cat," in *The Domestic Cat: The Biology of Its Behaviour*, 2nd ed., ed. Dennis C. Turner and Patrick Bateson (Cambridge: Cambridge University

Press, 2000), 186.
[23] Perry T. Cupps, *Reproduction in Domestic Animals* (New York: Elsevier, 1991), 542~544.
[24] Zeder, "Pathways to Animal Domestication," 232~236.
[25] Helmut Hemmer, *Domestication: The Decline of Environmental Appreciation* (Cambridge: Cambridge Univcrsity Press, 1990), 108.
[26] Wilkins et al., "The 'Domestication Syndrome' in Mammals."
[27] Montague et al., "Comparative analysis of the domestic cat genome."
[28] Bradshaw, *Cat Sense*, 18.
[29] Nicholas Nicastro, "Perceptual and Acoustic Evidence for Species-Level Differences in Meow Vocalizations by Domestic Cats (Felis catus) and African Wild Cats (Felis silvestris lybica)," *Journal of Comparative Psychology* 118 (2004): 287~296.
[30] Mel Sunquist and Fiona Sunquist, *Wild Cats of the World* (Chicago: University of Chicago Press, 2002), 106.
[31] Darwin, *The Variation of Animals and Plants Under Domestication*, vol. 1, 35.

3장 고양이는 아무것도 안 함

[1] 미국 애완고양이 수는 2012년 9560만 마리인 데 비해 애완견 숫자는 8330만이었다. APPA Survey, 7.
[2] David Grimm, *Citizen Canine: Our Evolving Relationship with Cats and Dogs* (New York: Public Affairs, 2014), 29, 30.
[3] Juliet Clutton-Brock, *A Natural History of Domesticated Mammals* (Cambridge: Cambridge University Press, 1999), 59.
[4] "A Brief History of the Greyhound," Grey2K USA, www.grey2kusaedu.org/pdf/history.pdf
[5] Grimm, *Citizen Canine*, 220.
[6] Clutton-Brock, *Natural History*, 511~554.
[7] www.mastiffweb.com/history.htm
[8] Bud Boccone, "The Maltese, Toy Dog of Myth and Legend," American

Kennel Club, akc.org/akc-dog-lovers/maltese-toy-dog-myth-legend/
[9] Harriet Ritvo, *The Animal Estate: The English and Other Creatures in the Victorian Age* (Cambridge, MA: Harvard University Press, 1989), 93, 94.
[10] Grimm, *Citizen Canine*, 209~212.
[11] Taylor Temby, "Therapy dogs brought to Aurora Theater Trial," 9news.com, June 14, 2015.
[12] Grimm, *Citizen Canine*, 212.
[13] Sarah Yang, "Wildlife biologists put dogs' scat-sniffing talents to good use," *Berkeley News*, Jan. 11, 2011.
[14] Cat Warren, *What the Dog Knows: The Science and Wonder of Working Dogs* (New York: Simon&Schuster, 2013), 235.
[15] Grimm, *Citizen Canine*, 224.
[16] ibid.
[17] Mel Sunquist and Fiona Sunquist, *Wild Cats of the World* (Chicago: University of Chicago Press, 2002), 102.
[18] Muriel Beadle, *The Cat: A Complete Authoritative Compendium of Information About Domestic Cats* (New York: Simon & Schuster, 1977), 89.
[19] James A. Serpell, "Domestication and History of the Cat," in *The Domestic Cat: The Biology of Its Behaviour*, 2nd ed., ed. Dennis C. Turner and Patrick Bateson (Cambridge: Cambridge University Press, 2000), 184.
[20] Beadle, *The Cat*, 83.
[21] Marilyn A. Menotti-Raymond, Victor A. Davids, and Stephen J. O'Brien, "Pet cat hair implicates murder suspect," *Nature* 386 (April 1997): 774.
[22] "Cat caught carrying marijuana into Moldovan prison," *Associated Press*, Oct. 18, 2013.
[23] Beadle, *The Cat*, 90.
[24] 전 세계적으로 고양이는 1년에 약 400만 마리, 개는 1300만에서 1600만 마리가 식용으로 소비된다고 한다. Anthony L. Podberscek, "Good to Pet and Eat: The Keeping and Consuming of Dogs and Cats in South Korea," *Journal of Social Issues* 65 (July 2009): 615~632.

[25] Steve Friess, "A Push to Stop Swiss Cats from Being Turned into Coats and Hats," *New York Times*, Apr. 1, 2008.
[26] Jun Hongo, "Cat Hair Is Festive for Japanese Craft Aficionados," *Wall Street Journal*, Apr. 18, 2014.
[27] Brad Scriber, "Why Do 16th-Century Manuscripts Show Cats With Flaming Backpacks?" *National Geographic*, Mar. 11, 2014, news.nationalgeographic.com/news/2014/03/140310-rocket-cats-animals-manuscript-artillery-history/
[28] Emily Anthes, *Frankenstein's Cat: Cuddling up to Biotech's Brave New Beasts* (New York: Scientific American/Farrar, Straus and Giroux, 2013), 143, 144.
[29] Donald W. Engels, *Classical Cats: The Rise and Fall of the Sacred Cat* (London: Routledge, 1999), 1.
[30] Abigail Tucker, "Crawling Around with Baltimore Street Rats," Smithsonian.com, Nov. 18, 2009.
[31] 사진의 일부는 James E. Childs, "Size-Dependent Predation on Rats (Rattus norvegicus) by House Cats (Felis catus) in an Urban Setting," *Journal of Mammalogy* 67 (Feb. 1986): 196~199에 실렸다. 일부 연구 결과는 20년 후 다시 확인되었다. Gregory E. Glass, Lynne C. Gardner-Santana, Robert D. Holt, Jessica Chen, et al., "Trophic Garnishes: Cat-Rat Interactions in an Urban Environment," *PLOS ONE* (June 2009) 참조.
[32] Gilad Bino, Amit Dolev, Dotan Yosha, et al., "Abrupt spatial and numerical responses of overabundant foxes to a reduction in anthropogenic resources," *Journal of Applied Ecology* 47 (Dec. 2010): 1262~1271.
[33] Yaowu Hu, Songmei Hu, Weilin Wang, et al., "Earliest evidence for commensal processes of cat domestication," *Proceedings of the National Academy of Sciences* 111 (Jan. 2014): 116~120.
[34] Katherine C. Grier, *Pets in America: A History* (2006; repr., Orlando: Harcourt, 2006), 45.
[35] Beadle, *The Cat*, 95, 96.
[36] Cole C. Hawkins, William E. Grant, and Michael T. Longnecker, "Effect

of house cats, being fed in parks, on California birds and rodents," *Proceedings 4th International Urban Wildlife Symposium*, ed. W. W. Shaw, L. K. Harris, and L. VanDruff (2004): 164~170.

[37] 집쥐의 힘에 대한 자세한 내용은 Robert Sullivan, *Rats: Observations on the History & Habitat of the City's Most Unwanted Inhabitants* (New York: Bloomsbury, 2004) 참조.

[38] Engels, *Classical Cats*, 156~162.

[39] 이 전통은 오늘날 벨기에 이프르의 고양이 축제에서 상징적인 방식으로 재현되고 있다. Kattenstoet, www.kattenstoet.be/en/page/499/welcome.html

[40] 나와의 인터뷰에서 케네스 게이지는 사람벼룩이 어느 정도 원인을 제공했을 것이라 말했다. 다른 가설이 궁금하다면 "Rats and fleas off the hook: humans actually passed Black Death to each other," *The Week*, March 30, 2014, www.theweek.co.uk/health-science/57918/rats-and-fleas-hook-humans-passed-black-death-each-other 참조.

[41] Kenneth L. Gage, David T. Dennis, Kathy A. Orioski, et al., "Cases of Cat-Associated Human Plague in the Western US, 1977~1998," *Clinical Infectious Diseases* 30 (2000): 893~900.

[42] Serpell, "Domestication and History of the Cat," 188.

[43] "Cat Allergy," from the American College of Allergies, Asthma and Immunology website, www.acaai.org

[44] Serpell, "Domestication and History of the Cat," 188.

[45] Philip J. Baker, Carl D. Soulsbury, Graziella Iossa, and Stephen Harris, "Domestic Cat (Felis catus) and Domestic Dog (Canis familiaris)," in *Urban Carnivores: Ecology, Conflict, and Conservation*, ed. Stanley D. Gehrt, Seth
D. Riley, and Brian L. Cypher (Baltimore: Johns Hopkins University Press, 2010), 168.

[46] Michael J. Montague, Gang Li, Barbara Gandolfi, et al., "Comparative analysis of the domestic cat genome reveals genetic signatures underlying feline biology and domestication," *Proceedings of the National Academy of Sciences* 111 (Dec. 2014).

[47] Hal Herzog, *Some We Love, Some We Hate, Some We Eat: Why It's So*

Hard to Think Straight About Animals (New York: Harper Perennial, 2010), 39~41; John Archer, "Pet Keeping: A Case Study in Maladaptive Behavior," in *The Oxford Handbook of Evolutionary Family Psychology,* ed. Catherine A. Salmon and Todd K. Shackelford (Oxford: Oxford University Press, 2011), 287, 288.

[48] John Bradshaw, *Cat Sense: How the New Feline Science Can Make You a Better Friend to Your Pet* (New York: Basic Books, 2013), 188, 189.

[49] Herzog, *Some We Love*, 92.

[50] ibid., 40, 41.

[51] Elizabeth Marshall Thomas, *The Tribe of Tiger: Cats and Their Culture* (New York: Pocket Books, 1994), 104.

[52] Karen McComb, Anna M. Taylor, Christian Wilson, and Benjamin D. Charlton, "The cry embedded within the purr," *Current Biology* 19, no. 13 (2009): R507~R508.

[53] Alan Turner, *The Big Cats and Their Fossil Relatives: An Illustrated Guide to Their Evolution and Natural History* (New York: Columbia University Press, 1997), 96~98.

[54] Bradshaw, *Cat Sense*, 103.

[55] Abigail Tucker, "The Science Behind Why Pandas Are So Damn Cute," *Smithsonian*, Nov. 2013.

[56] Sunquist and Sunquist, *Wild Cats of the World*, 9.

[57] 베를린훔볼트대학교 애덤 윌킨스와의 인터뷰에서.

[58] Jennifer A. Kingson, "Cool for Cats," *New York Times*, Dec. 18, 2013.

[59] James A. Serpell and Elizabeth S. Paul, "Pets in the Family: An Evolutionary Perspective," in *The Oxford Handbook of Evolutionary Family Psychology*, 303~305.

[60] Archer, "Pet Keeping: A Case Study in Maladaptive Behavior," 293.

4장 새 애호가들의 외로운 싸움

[1] 보존 활동에 대한 기록은 U.S. Fish and Wildlife Service, Southeast Region, South Florida Ecological Services Office, "South Florida Multi-Species

Recovery Plan, Recovery for the Key Largo Woodrat," Aug. 14, 2009 참조.

[2] Christopher A. Lepczyk, Nico Dauphine, David M. Bird et al., "What Conservation Biologists Can Do to Counter Trap-Neuter-Return: Response to Longcore et al.," *Conservation Biology* 24, no. 2 (2010): 627~629의 도표 참조.

[3] 6000만에서 1억 사이라는 추정치는 David A. Jessup, "The welfare of feral cats and wildlife," *Journal of the American Veterinary Medical Association* 225 (Nov. 2004): 1377~1383에서. 미국 동물학대방지협회는 7000만으로 추산한다. www.aspca.org/animal-homelessness/shelter-intake-and-surrender/pet-statistics

[4] 표본은 S. Pearre and R. Maass, "Trends in the prey size-based trophic niches of feral and House Cats Felis catus L.," *Mammal Review* 28, no. 3 (1998): 125~139의 표1 참조.

[5] 표본은 Frank B. McMurry and Charles C. Sperry, "Food of Feral House Cats in Oklahoma, a Progress Report," *Journal of Mammalogy* 22, no. 2 (1941): 185~190 참조.

[6] Carl Van Vechten, *The Tiger in the House: A Cultural History of the Cat* (1920; repr., New York: New York Review of Books, 2007), 11.

[7] Diane K. Brockman, Laurie R. Godfrey, Luke J. Dollar, and Joelisoa Ratsirarson, "Evidence of Invasive Felis silvestris Predation on Propithecus verreauxi at Beza Mahafaly Special Reserve, Madagascar," *International Journal of Primatology* 29 (Feb. 2008), 135~152.

[8] Félix M. Medina, Elsa Bonnaud, Eric Vidal, et al., "A global review of the impacts of invasive cats on island endangered vertebrates," *Global Change Biology* 17, no. 11 (2011): 3503~3510.

[9] Austin Ramzy, "Australia Deploys Sheepdogs to Save a Penguin Colony," *New York Times*, Nov. 3, 2015.

[10] "Historic Analysis Confirms Ongoing Mammal Extinction Crisis," *Wildlife Matters* (Winter 2014): 4~9.

[11] "Australian official calls cats 'tsunamis of violence and death,'" *Atlanta Journal-Constitution*, Aug. 1, 2015.

[12] Scott R. Loss, Tom Will, and Peter P. Marra, "The impact of free-ranging domestic cats on wildlife of the United States," *Nature*

Communications (Dec. 2013), www.nature.com/ncomms/journal/v4/n1/full/ncomms2380.html
[13] Anna M. Calvert, Christine A. Bishop, Richard D. Elliot, et. al, "A Synthesis of Human-related Avian Mortality in Canada," *Avian Conservation & Ecology* 8, no. 2, article 11 (2013).
[14] Jessup, "The welfare of feral cats and wildlife."
[15] Kerrie Anne T. Loyd, Sonia M. Hernandex, John P. Carroll, Kyler J. Abernathy, and Greg J. Marshall, "Quantifying free-roaming domestic cat predation using animal-borne video cameras," *Biological Conservation* 160 (Apr. 2013): 183~189.
[16] www.youtube.com/watch?v=iwAmesMywFo
[17] Seth Judge, Jill S. Lippert, Kathleen Misajon, Darcy Hu, and Steven C. Hess, "Videographic evidence of endangered species depredation by feral cat," *Pacific Conservation Biology* 18, no.4 (2012): 293~296.
[18] 이 프로그램에 대한 자세한 사항은 Association of Zoos & Aquariums, 2009 Edward H. Bean Award application, www.aza.org/uploadedFiles/Membership/Honors_and_Awards/bean09-disney.pdf 참조.
[19] Captain Cook's ship logs, www.captaincooksociety.com/home/detail/225-years-ago-april-june-1777
[20] Val Lewis, *Ships' Cats in War and Peace* (Shepperton-on-Thames, UK: Nauticalia, 2001), 106.
[21] John Bradshaw, *Cat Sense: How the New Feline Science Can Make You a Better Friend to Your Pet* (New York: Basic Books, 2013), 72.
[22] Lewis, *Ships' Cats*, 103.
[23] Donald W. Engels, *Classical Cats: The Rise and Fall of the Sacred Cat* (London: Routledge, 1999), 13.
[24] Carlos A. Driscoll, Juliet Clutton-Brock, Andrew C. Kitchener, and Stephen J. O'Brien, "The Taming of the Cat," *Scientific American*, June 2009.
[25] 이집트 시대 이후의 고양이 확산에 관한 자세한 내용은 Engels, 48~138 참조.
[26] Bradshaw, *Cat Sense*, 51, 52.
[27] Kathleen Walker-Meikle, *Medieval Cats* (London: The British Library Publishing, 2011), 34~36.

[28] Bradshaw, *Cat Sense*, 55.

[29] Neil B. Todd, "Cats and Commerce," *Scientific American*, Nov. 1977.

[30] Engels, *Classical Cats*, 166.

[31] Joseph Stromberg, "Starving Settlers in Jamestown Colony Resorted to Cannibalism," Smithsonian.com, Apr. 30, 2013.

[32] Reginald Bretnar, "Bring Cats! A Feline History of the West," *The American West*, Nov.~Dec. 1978, 32~35, 60.

[33] ibid.

[34] Ian Abbott, "Origin and spread of the cat, Felis catus, on mainland Australia, with a discussion of the magnitude of its early impact on native fauna," *Wildlife Research* 29, no. 1 (2002): 51~74.

[35] Lewis, *Ships' Cats*, 111.

[36] Lewis, *Ships' Cats*, 107.

[37] David Cameron Duffy and Paula Capece, "Biology and Impacts of Pacific Island Invasive Species. 7. The Domestic Cat (Felis catus)," *Pacific Science* 66, no. 2 (2012): 173~212.

[38] Abbot, "Origin and spread of the cat."

[39] ibid.

[40] Duffy and Capece, "Biology and Impacts of Pacific Island Invasive Species."

[41] Captain Cook's logs, www.captaincooksociety.com/home/detail/225-years-ago-april-june-1777

[42] Duffy and Capece, "Biology and Impacts of Pacific Island Invasive Species."

[43] Abbott, "Origin and spread of the cat."

[44] Ian Abbott, "The spread of the cat, Felis catus, in Australia: re-examination of the current conceptual model with additional information," *Conservation Science Western Australia* 7, no. 2 (2008): 1~17.

[45] Megan Gannon, "Don't Just Blame Cats: Dogs Disrupt Wildlife, Too," Live-Science.com, Feb. 21, 2013.

[46] Melinda A. Zeder, "Pathways to Animal Domestication," in *Biodiversity in Agriculture: Domestication, Evolution and Sustainability*, ed.

Paul Gepts, Thomas R. Famula, Robert L. Bettinger, et al. (New York: Cambridge University Press, 2012), 238, 239.
[47] Perry T. Cupps, *Reproduction in Domestic Animals* (New York: Elsevier, 1991), 542~544.
[48] Engels, *Classical Cats*, 8.
[49] R. J. Van Aarde, "Distribution and density of the feral house cat Felis catus on Marion Island," *South African Journal of Antarctic Research* 9 (1979): 14~19.
[50] Bradshaw, *Cat Sense*, 86~88.
[51] Elizabeth Marshall Thomas, *The Tribe of Tiger: Cats and Their Culture* (New York: Pocket Books, 1994), 7.
[52] 진행 중인 연구에 대한 크리스토퍼 레프치크와의 인터뷰에서.
[53] Jeff A. Horn. Nohra Mateus-Pinilla, Richard E. Warner, and Edward J. Heske, "Home range, habitat use, and activity patterns of free-roaming domestic cats," *Journal of Wildlife Management* 75, no. 5 (2011): 1177~1185.
[54] "Stopping the slaughter: fighting back against feral cats," *Wildlife Matters* (Summer 2012~13): 4~8.
[55] Philip J. Baker, Susie E. Molony, Emma Stone, Innes C. Cuthill, and Stephen Harris, "Cats about town: is predation by free-ranging pet cats Felis catus likely to affect urban bird populations?," *Ibis* 150, suppl. s1 (Aug. 2008): 86~99.
[56] Olof Liberg, Mikael Sandell, Dominique Pontier, and Eugenia Natoli, "Density, spatial organization and reproductive tactics in the domestic cat and other felids," in *The Domestic Cat: The Biology of its Behaviour* (Second Edition), ed. Dennis C. Turner and Patrick Bateson (Cambridge: Cambridge University Press, 2000), 121~124.
[57] Victoria Sims, Karl Evans, Stuart E. Newson, Jamie A. Tratalos, and Kevin J. Gaston, "Avian assemblage structure and domestic cat densities in urban environments," *Diversity and Distributions* 14 (Mar. 2008): 387~399.
[58] Frank Courchamp, Michel Langlais, and George Sugihara, "Rabbits killing birds: modelling the hyperpredation process," *Journal of*

Animal Ecology 69 (2000): 154~164.
[59] "Guam Rail," U.S. Fish & Wildlife Service, Pacific Islands Fish and Wildlife Office, www.fws.gov/pacificislands/fauna/guamrail.html
[60] Leon van Eck, "The Kerguelen Cabbage," *Genetic Jungle*, May 25, 2009, www.geneticjungle.com/2009/05/kerguelen-cabbage.html
[61] ibid.
[62] Dominique Pontier, Ludovic Say, François Debis, et al., "The diet of feral cats (Felis catus L.) at five sites on the Grande Terre, Kerguelen archipelago," *Polar Biology* 25 (2002): 833~837.
[63] Mark Twain, *Mark Twain's Letters from Hawaii*, ed. A. Grove Day (Honolulu: University of Hawaii Press, 1975), 30, 31.
[64] Seth Judge, "Crouching Kittens, Hidden Petrels," pacificislandparks.com, Oct. 23, 2010, pacificislandparks.com/2010/10/23/crouching-kitten-hidden-petrels/
[65] Ted Williams, "Felines Fatales," *Audubon* magazine, Sept./Oct. 2009.
[66] Elizabeth Kolbert, "The Big Kill," *New Yorker*, Dec. 22, 2014.
[67] Atticus Fleming, "Chief executive's letter," *Wildlife Matters* (Summer 2012~13): 2.
[68] Abbott, "Origin and spread of the cat."
[69] Elizabeth A. Denny and Christopher R. Dickman, *Review of cat ecology and management strategies in Australia: A report for the Invasive Animals Cooperative Research Centre* (Sydney: University of Sydney, 2010), www.pestsmart.org.au/wp-content/uploads/2010/03/CatReport_web.pdf
[70] "The Feral Cat (Felis catus)," Australian Government, Department of Sustainability, Environment, Water, Population and Communities, www.environment.gov.au/system/files/resources/34ae02f7-9571-4223-beb013547688b07b/files/cat.pdf
[71] Denny, *Review of cat ecology.*
[72] "Stopping the Slaughter: fighting back against feral cats."
[73] 전문은 John C. Z. Woinarski, Andrew A. Burbidge, and Peter L. Harrison, *The Action Plan for Australian Mammals 2012* (Collingwood, Victoria, Australia: CSIRO Publishing, 2014) 참조.

[74] 존 워이나스키와의 이메일 인터뷰에서.
[75] Duffy and Capece, "Biology and Impacts of Pacific Island Invasive Species."
[76] "Restoring mammal populations in northern Australia: confronting the feral cat challenge," *Wildlife Matters* (Winter 2014): 10, 11.
[77] "Easter Bilby," en.wikipedia.org/wiki/Easter_Bilby
[78] Brian Williams, "Feral cats wreak havoc in raid on 'enclosed' refuge for endangered bilbies," *Courier-Mail*, July 19, 2012; John R. Platt, "3,000 Feral Cats Killed to Protect Rare Australian Bilbies," ScientificAmerican.com, Mar. 28, 2013.
[79] 구체적인 사례는 Colin Bonnington, Kevin J. Gaston, and Karl L. Evans, "Fearing the feline: domestic cats reduce avian fecundity through trait-mediated indirect effects that increase nest predation by other species," *Journal of Applied Ecology* 50 (Feb. 2013): 15~24 참조.
[80] Félix M. Medina, Elsa Bonnaud, Eric Fidal, and Manuel Nogales, "Underlying impacts of invasive cats on islands: not only a question of predation," *Biodiversity and Conservation* 23 (Feb. 2014): 327~342.
[81] Nico Dauphiné and Robert J. Cooper, "Impacts of Free-ranging Domestic Cats (Felis catus) on Birds in the United States: A Review of Recent Research with Conservation and Management Recommendations," *Proceedings of the Fourth International Partners in Flight Conference: Tundra to Tropics* (2009): 205~219.
[82] R. Scott Nolen, "Feline leukemia virus threatens endangered panthers," *JAVMA News*, May 15, 2004.

[83] Medina et al., "Underlying impacts."
[84] Williams, "Feral cats wreak havoc."
[85] Natalie Angier, "That Cuddly Kitty is Deadlier Than You Think," *New York Times*, Jan. 29, 2013.
[86] 마이클 허친스와의 인터뷰에서.
[87] D. Algar, N. Hamilton, M. Onus, S. Hilmer et al., "Field trial to compare baiting efficacy of Eradicat and Curiosity baits," (2011), Australian Government, Department of the Environment,

www.environment.gov.au/system/files/resources/d242c6f1-d2ab-43de-a552-61aaaf79c92c/files/cat-bait-wa.pdf

[88] Government of South Australia, Kangaroo Island Natural Resources Management Board, "Case Study: Feral cat spray tunnels trials on Kangaroo Island," www.pestsmart.org.au/wp-content/uploads/2013/11/FCCS2_cat-tunnel-trials.pdf

[89] Ginny Stein, "Tasmanian farmers and environmentalists team up to eradicate feral cat threat," abc.net.au, Nov. 2, 2014.

[90] Manuel Nogales, Eric Vidal, Félix M. Medina, Elas Bonnaud, et al., "Feral Cats and Biodiversity Conservation: The Urgent Prioritization of Island Management," *BioScience* 63, no. 10 (2013): 804~810.

[91] John P. Parkes, Penny Mary Fisher, Sue Robinson, and Alfonso Aguirre-Muñoz, "Eradication of feral cats from large islands: an assessment of the effort required for success," *New Zealand Journal of Ecology* 38, no. 2 (2014): 307~314.

[92] Steve Chawkins, "Complex effort to rid San Nicolas Island of cats declared a success," *Los Angeles Times*, Feb. 26, 2012.

[93] Nogales et al., "Feral Cats and Biodiversity Conservation."

[94] Dana M. Bergstrom, Arko Lucieer, Kate Kiefer, Jane Wasley, et al., "Indirect effects of invasive species removal devastate World Heritage Island," *Journal of Applied Ecology* 46 (2009): 73~81.

[95] Elizabeth Svoboda, "The unintended consequences of changing nature's balance," *New York Times*, Nov. 7, 2009.

[96] Steffen Oppel, Brent M. Beaven, Mark Bolton, Juliet Vickery, and Thomas W. Bodey, "Eradication of Invasive Mammals on Islands Inhabited by Humans and Domestic Animals," *Conservation Biology* 25, no. 2 (2011): 232~240.

5장 고양이 로비스트

[1] 특히 인도의 상황과 비교한 내용은 Brian Palmer, "Are No-Kill Shelters Good for Cats and Dogs?" Slate.com, May 19, 2014 참조.

[2] ASPCA, "Shelter Intake and Surrender: Pet Statistics," www.aspca.org/animal-homelessness/shelter-intake-and-surrender/pet-statistics
[3] "Cat Fatalities and Secrecy in U.S. Pounds and Shelters," Alley Cat Allies, www.alleycat.org/page.aspx?pid=396
[4] "Save The Birds," Alley Cat Allies, www.alleycat.org page.aspx?pid=1595
[5] Elizabeth Holtz, "Trap-Neuter-Return Ordinances and Policies in the United States: The Future of Animal Control," Law&Policy Brief (Bethesda, MD: Alley Cat Allies, 2004).
[6] "A Quarter Century of Cat Advocacy," *Alley Cat Action* 25, no. 2 (Winter 2015).
[7] 이탈리아의 고양이 연구자 에우제니아 나톨리와 주고받은 이메일에서.
[8] Katherine C. Grier, *Pets in America: A History* (2006; repr., Orlando: Harcourt, 2006), 160~233.
[9] ibid., 197.
[10] ibid., 184.
[11] ibid., 30.
[12] ibid., 45.
[13] ibid., 335, 336.
[14] ibid., 87.
[15] 1930년 무렵 미국은 매해 새 80만 마리를 수입하고 있었다(ibid., 318, 334). 그리어의 NPR 인터뷰도 참조. Vikki Valentine, "From Canaries to Rocks: A Hardy Pet Is a Good Pet," NPR.org, May 16, 2007, www.npr.org/templates/story/story.php?storyId=10216089
[16] Grier, *Pets in America*, 279.
[17] ibid., 277.
[18] ibid., 380.
[19] ibid., 133.
[20] ibid., 282.
[21] Katherine T. Kinkead, "A Cat in Every Home," in *The Big New Yorker Book of Cats* (New York: Random House, 2013), 91.
[22] Ellen Perry Berkeley, *Maverick Cats: Encounters with Feral Cats* (Shelburne, VT: New England Press, 2001), 16, 17.

[23] Paul Ford, "The Birth of Kitty Litter," Bloomberg.com, Dec. 4, 2014.

[24] 유로모니터 인터내셔널의 애완동물 관리·연구팀 총책임자 파울라 플로레스와의 인터뷰에서.

[25] "Outdoor Cats: Frequently Asked Questions: Why Do People Consider Outdoor Cats a Problem?" Humane Society of the United States, www.humanesociety.org/issues/feral_cats/qa/feral_cat_FAQs.html.

[26] ibid.

[27] Wayne Pacelle, "A Blueprint for Ending Euthanasia of Healthy Companion Animals," Humane Society of the United States, blog.humanesociety.org/wayne/2013/09/ending-euthanasia-healthy-pets-california.html

[28] Grier, *Pets in America*, 277~279.

[29] Kate Hurley, "Making the Case for a Paradigm Shift in Community Cat Management, Part One", Maddie's Fund, www.maddiesfund.org/making-the-case-for-community-cats-part-one.htm

[30] Lisa Grace Lednicer, "Is it more humane to kill stray cats, or let them fend alone?" *Washington Post Magazine*, Feb. 6, 2014.

[31] Nancy Barber, "Calif. Woman Fixes and Feeds 24 Cat Colonies," Pawnation.com, Jan. 22, 2014.

[32] "Coyotes, Pets, and Community Cats: Protecting feral cat colonies," Humane Society of the United States, www.humanesociety.org/animals/coyotes/tips/coyotes_pets.html 참조.

[33] "Be Prepared for Disasters," Alley Cat Allies, www.alleycat.org/disastertips

[34] Grier, *Pets in America*, 294, 295.

[35] Melissa Milgrom, "The Birding Effect," *Nature Conservancy*, May/June 2013.

[36] American Bird Conservancy, "Cats, Birds and You," abcbirds.org/program/cats-indoors/

[37] American Bird Conservancy, "Trap, Neuter, Release (TNR): Bad for Birds, Bad for Cats."

[38] Benjamin R. Freed, "Nico Dauphine Sentenced for Attempting to Kill Feral Cats," DCist.com, Dec. 15, 2011; Bruce Barcott, "Kill the Cat That

Kills the Bird?" *New York Times Magazine*, Dec. 2, 2007.
[39] Christine Haughney, "Writer, and Bird Lover, at Center of a Dispute About Cats Is Reinstated," *New York Times*, Mar. 26, 2013.
[40] Christopher A. Lepczyk, Nico Dauphine, David M. Bird et al., "What Conservation Biologists Can Do to Counter Trap-Neuter-Return: Response to Longcore et al.," *Conservation Biology* 24, no. 2 (2010): 627~629.
[41] Travis Longcore, Catherine Rich, and Lauren M. Sullivan, "Critical Assessment of Claims Regarding Management of Feral Cats by Trap-Neuter-Return," *Conservation Biology* 23, no. 4 (2009): 887~894.
[42] Robert J. McCarthy, Stephen H. Levine, and J. Michael Reed, "Estimation of effectiveness of three methods of feral cat population control by use of a simulation model," *Journal of the American Veterinary Medical Association* 243, no. 4 (2013): 502~511.
[43] Sue Manning, "AP-Petside.com Poll: 7 in 10 pet owners: Shelters should kill only animals too sick or aggressive for adoption," *Associated Press*, Jan. 5, 2012.
[44] National Pet Owners Survey, 2013~2014, 6.
[45] Annie Gowen, "Wild Cats at Chantilly Trailer Park To Be Trapped, Probably Killed," Breaking News (blog), *Washington Post*, Mar. 12, 2008.
[46] Annie Gowen, "Deal Reached to Keep Feral Cats," Breaking News (blog), *Washington Post*, Mar. 15, 2008.
[47] Alley Cat Allies, Advocacy Toolkit, www.alleycat.org/sslpage.aspx?pid =1552
[48] "Laureen Harper interrupted by Toronto activist at cat video festival," CBC News, Apr. 18, 2004, www.cbc.ca/news/canada/toronto/laureen-harper-interrupted-by-toronto-activist-at-cat-video-festival-1.2614936
[49] 다음에서 논쟁의 일부를 볼 수 있다. Christie Keith, "Michigan Mayor Taunts Cat Lovers on Twitter," Petconnection.com, Feb. 13, 2014.
[50] Hurley, "Making the Case for a Paradigm Shift."
[51] Philip H. Kass, "Cat Overpopulation in the United States," in *The Welfare of Cats*, ed. Irene Rochlitz (Dodrecht, the Netherlands:

Springer, 2007), 119.
[52] McCarthy et al., "Estimation of effectiveness of three methods of feral cat population control."
[53] Andrew Giambrone, "District May Target Feral Cats as Part of Wildlife Action Plan," *Washington City Paper*, Sept. 1, 2015.
[54] McCarthy et al., "Estimation of effectiveness of three methods of feral cat population control."

6장 톡소플라스마 조종 가설

[1] Centers for Disease Control and Prevention, "Parasites—Toxoplasmosis (Toxoplasma infection)," www.cdc.gov/parasites/toxoplasmosis/
[2] Jaroslav Flegr, Joseph Prandota, Michaela Sovičková, and Zafar H. Isarili, "Toxoplasmosis—A Global Threat. Correlation of Latent Toxoplasmosis with Specific Disease Burden in a Set of 88 Countries," *PLOS ONE* (Mar. 2014).
[3] Carl Zimmer, *Parasite Rex: Inside the Bizarre World of Nature's Most Dangerous Creatures* (New York: Atria, 2000), 195.
[4] Holly Yan, "Brain-eating amoeba kills 14-year-old star athlete," CNN.com, Aug. 31, 2015.
[5] Dolores E. Hill, J. P. Dubey, Rachel C. Abbott, Charles van Riper III, and Elizabeth A. Enright, *Toxoplasmosis,* Circular 1389 (Reston: U.S. Geological Survey, 2014), 10.
[6] João M. Furtado, Justine R. Smith, Rebens Belfort, Jr., and Kevin L. Winthrop, "Toxoplasmosis: A Global Threat," *Journal of Global Infectious Diseases* 3, no. 3 (2011): 281~284.
[7] J. P. Dubey, "History of the discovery of the life cycle of Toxoplasma gondii," *International Journal for Parasitology* 39, no. 8 (2009): 877~882; J. P. Dubey, "Transmission of Toxoplasma gondii—From land to sea, a personal perspective," in *A Century of Parasitology: Discoveries, Ideas and Lessons Learned by Scientists Who Published in The Journal of Parasitology, 1914~2014*, ed. John Janovy, Jr., and

Gerald W. Esch (Chichester, UK: Wiley-Blackwell 2016), 148.
[8] Marion Vittecoq, Kevin D. Lafferty, Eric Elguero, et al., "Cat ownership is neither a strong predictor of Toxoplasma gondii infection, nor a risk factor for brain cancer," *Biology Letters* 8, no. 6 (2012): 1042.
[9] Hill et al., *Toxoplasmosis*, 56.
[10] Dubey, "Transmission of Toxoplasma gondii," 154.
[11] Nancy Briscoe, J. G. Humphreys, and J. P. Dubey, "Prevalence of Toxoplasma gondii Infections in Pennsylvania Black Bears, Ursus americanus," *Journal of Wildlife Diseases* 29, no. 4 (1993): 599~601.
[12] S. C. Crist, R. L. Stewart, J. P. Rinehart, and G. R. Needham, "Surveillance for Toxoplasma gondii in the white-tailed deer (Odocoileus virginianus) in Ohio," *Ohio Journal of Science* 99, no. 3 (1999): 34~37.
[13] Dubey, "History of the Discovery."
[14] Judith Isaac-Renton, William R. Bowie, Arlene King, et al., "Detection of Toxoplasma gondii Oocysts in Drinking Water," *Applied and Environmental Microbiology* 64, no. 6 (1998): 2278~2280.
[15] J. P. Dubey and J. L. Jones, "Toxoplasma gondii infection in humans and animals in the United States," *International Journal for Parasitology* 38, no. 11 (2008): 1257~1278.
[16] Ian Sample, "Public health warning as cat parasite spreads to Arctic beluga whales," *Guardian*, Feb. 14, 2014.
[17] Tovi Lehmann, Paula L. Marcet, Doug H. Graham, Erica R. Dahl, and J. P. Dubey, "Globalization and the population structure of Toxoplasma gondii," *Proceedings of the National Academy of Sciences* 103, no. 30 (2006): 11423~11428.
[18] 인간 몸 안에서의 톡소플라스마의 활동을 설명해준 미시간대학교의 번 캐러더스, 존스홉킨스대학교의 미하일 플레트니코프, 캘리포니아대학교의 버클리캠퍼스의 웬디 잉그럼에게 깊은 감사를 표한다.
[19] M. Berdoy, J. P. Webster, and D. W. Macdonald, "Fatal Attraction in rats infected with Toxoplasma gondii," *Proceedings of the Royal Society B* 267, no. 1452 (2000): 1591~1594; Zimmer, *Parasite Rex*, 92~94.
[20] Clémence Poirotte, Peter M. Kappeler, Barthelemy Ngoubangoye,

Stéphanie Bourgeois, Maick Moussodji, and Marie J. E. Charpentier, "Morbid attraction to leopard urine in Toxoplasma-infected chimpanzees," *Current Biology* 26, no. 3 (2016), R98~R99.
[21] Vinita J. Ling, David Lester, Preben Bo Mortensen et al., "Toxoplasma gondii Seropositivity and Suicide rates in Women," *The Journal of Nervous and Mental Disease* 199, no. 7 (2011): 440~444.
[22] David Lester, "Toxoplasma gondii and Homicide," *Psychological Reports* 111, no. 1 (2012): 196, 197.

[23] Jaroslav Flegr, "Effects of Toxoplasma on Human Behavior," *Schizophrenia Bulletin* 33, no. 3 (2007): 757~760.
[24] "Toxo: A Conversation with Robert Sapolsky," Edge, Dec. 2, 2009, edge.org/conversation/robert_sapolsky-toxo
[25] C. Kreuder, M. A. Miller, D. A. Jessup, et al.,"Patterns of Mortality in Southern Sea Otters (Enhydra lutris nereis) from 1998~2001," *Journal of Wildlife Diseases* 39, no. 3 (2003): 495~509.
[26] Hill et al., *Toxoplasmosis*, 23.
[27] Kathleen McAuliffe, "How Your Cat is Making You Crazy," *Atlantic*, Mar. 2012.
[28] Jaroslav Flegr, Pavlina Lenochová, Zdeněk Hodný, and Marta Vondrová, "Fatal Attraction Phenomenon in Humans—Cat Odour Attractiveness Increased for Toxplasma-Infected Men While Decreased for Infected Women," *PLOS Neglected Tropical Diseases* (Nov. 2011).
[29] Patrick House, "The Scent of a Cat Woman," Slate.com, July 3, 2012.
[30] Karla Adam, "Cat wars break out in New Zealand," *Guardian*, May 21, 2013.
[31] Matthew Theunissen, "Disease carried by cats not so 'trivial' —researchers," *New Zealand Herald*, Jan. 29, 2013.
[32] E. Fuller Torrey and Robert H. Yolken, "Toxoplasma oocysts as a public health problem," *Trends in Parasitology* 29, no. 8 (2013): 380~384.
[33] E. Fuller Torrey and Judy Miller, *The Invisible Plague: The Rise of Mental Illness from 1750 to the Present* (New Brunswick, NJ: Rutgers University Press, 2007), 332, 333.

[34] E. Fuller Torrey and Robert H. Yolken, "Could Schizophrenia Be a Viral Zoonosis Transmitted From House Cats?" *Schizophrenia Bulletin* 21, no. 2 (1995): 167~171.
[35] R. H. Yolken, F. B. Dickerson, and E. Fuller Torrey, "Toxoplasma and schizophrenia," *Parasite Immunology* 31, no. 11 (2009): 706~715.
[36] "Schizophrenia—Fact Sheet," Treatment Advocacy Center, "Eliminating Barriers to the Treatment of Mental Illness," www.treatmentadvocacycenter.org/problem/consequences-of-non-treatment/schizophrenia
[37] 관련 문헌 검토는 "Toxoplasma-Schizophrenia Research," Stanley Medical Research Institute, www.stanleyresearch.org/patient-and-provider-resources/toxoplasmosis-schizophrenia-research/ 참조.
[38] Kevin D. Lafferty, "Look what the cat dragged in: do parasites contribute to human cultural diversity?" *Behavioural Processes* 68 (2005): 279~282; Patrick House, "Landon Donovan Needs a Cat," Slate.com, July 1, 2010.
[39] Y. M. Al-Kappany, C. Rajendran, L. R. Ferreira, et al., "High Prevalence of Toxoplasmosis in Cats from Egypt: Isolation of Viable Toxoplasma gondii, Tissue Distribution, and Isolate Designation," *Journal of Parasitology* 96, no. 6 (2010): 1115~1118.
[40] Rabat Khairat, Markus Ball, Chun-Chi Hsieh Chang, et al., "First insights into the metagenome of Egyptian mummies using next-generation sequencing," *Journal of Applied Genetics* 54, no. 3 (2013): 309~325.

7장 고양이를 미치게 하는 것

[1] "Pet Industry Market Size & Ownership Statistics," American Pet Products Association, www.americanpetproducts.org/press_industrytrends.asp
[2] Katherine C. Grier, *Pets in America: A History* (2006; repr., Orlando: Harcourt, 2006), 22, 102, 122, 377.

[3] Kathleen Szasz, *Petishism? Pets and their People in the Western World* (New York: Holt, Rhinehart and Winston, 1968), 193.

[4] 2012년 유로모니터 데이터.

[5] Carl Van Vechten, *The Tiger in the House: A Cultural History of the Cat* (1920; repr., New York: New York Review of Books, 2007), 14.

[6] APPA Survey, 174.

[7] Jennifer L. McDonald, Mairead Maclean, Matthew R. Evans, and Dave J. Hodgson, "Reconciling actual and perceived rates of predation by domestic cats," *Ecology and Evolution* 5, no. 14 (July 2015): 2745~2753; Natalie Angier, "That Cuddly Kitty is Deadlier Than You Think," *New York Times*, Jan. 29, 2013.

[8] Manuela Wedl, Barbara Bauer, Dorothy Gracey, et al., "Factors influencing the temporal patterns of dyadic behaviours and interactions between domestic cats and their owners," *Behavioural Processes* 86, no. 1 (2011): 58~67.

[9] Erika Friedmann, Aaron Honori Katcher, James L. Lynch, and Sue Ann Thomas, "Animal Companions and One-Year Survival of Patients After Discharge From a Coronary Care Unit," *Public Health Reports* 95, no. 4 (1980): 307~312.

[10] Marty Becker, *The Healing Power of Pets: Harnessing the Amazing Ability of Pets to Make and Keep People Happy and Healthy* (New York: Hyperion, 2002), 64.

[11] James A. Serpell, "Domestication and History of the Cat," in *The Domestic Cat: The Biology of Its Behaviour*, 2nd ed., ed. Dennis C. Turner and Patrick Bateson (Cambridge: Cambridge University Press, 2000). 반면 개를 싫어한다고 답한 응답자는 3퍼센트 이하였다.

[12] John Bradshaw, *Cat Sense: How the New Feline Science Can Make You a Better Friend to Your Pet* (New York: Basic Books, 2013), 235.

[13] Erika Friedmann and Sue A. Thomas, "Pet Ownership, Social Support, and One-Year Survival After Acute Myocardial Infarction in the Cardiac Arrhythmia Suppression Trial (CAST)," *American Journal of Cardiology* 15 (Dec. 1995): 1213~1217. 핼 허조그와 앨런 벡이 인터뷰에서 몹시 흥미로운 이 연구 결과에 대해 알려주었다.

[14] G. B. Parker, Aimee Gayed, C. A. Owen, and Gabriella A. Heruc, "Survival following an acute coronary syndrome: A pet theory put to the test," *Acta Psychiatrica Scandinavica* 121, no. 1 (2010): 65~70.
[15] Judith M. Siegel, "Stressful Life Events and Use of Physician Services among the Elderly: The Moderating Role of Pet Ownership," *Journal of Personality and Social Psychology* 58, no. 6 (1990): 1081~1086.
[16] Mieke Rijken and Sandra van Beek, "About Cats and Dogs … Reconsidering the Relationship Between Pet Ownership and Health Related Outcomes in Community-Dwelling Elderly," *Social Indicators Research* 102 (July 2011): 373~388.
[17] Erika Friedmann, Sue A. Thomas, Heesook Son, Deborah Chapa, and Sandra McCune, "Pet's Presence and Owner's Blood Pressures during the Daily Lives of Pet Owners with Pre- to Mild Hypertension," *Anthrozoös* 26 (Dec. 2013): 535~550.
[18] Ingela Enmarker, Ove Hellzén, Knut Ekker, and Ann-Grethe Berg, "Health in older cat and dog owners: The Nord-Trondelag Health Study (HUNT)-3 study," *Scandinavian Journal of Public Health* 40 (Dec. 2012): 718~724.
[19] K. Robin Yabroff, Richard P. Troiano, and David Berrigan, "Walking the Dog: Is Pet Ownership Associated with Physical Activity in California?" *Journal of Physical Activity and Health* 5 (Mar. 2008): 216~228.
[20] Penny L. Berstein and Erika Friedmann, "Social behaviour of domestic cats in the human home," in *The Domestic Cat: The Biology of its Behaviour*, 73.
[21] Atusko Saito and Kazutaka Shinozuka, "Vocal recognition of owners by domestic cats (Felis catus)," *Animal Cognition* 16, no. 4 (2013): 685~690.
[22] Jan Hoffman, "The Look of Love Is in the Dog's Eyes," *New York Times*, Apr. 16, 2015.
[23] Bradshaw, *Cat Sense*, 132.
[24] ibid., 199.
[25] N. Courtney and Deborah Wells, "The discrimination of cat odours by humans," *Perception* 31 (2002): 511, 512.
[26] Bradshaw, *Cat Sense*, xiv.

[27] Janet Alger and Steven Alger, *Cat Culture: The Social World of a Cat Shelter* (Philadelphia: Temple University Press, 2002), 17.
[28] "Cats Do Control Humans, Study Finds," LiveScience.com, July 13, 2009.
[29] Sarah Ellis, "Human classification of context-related vocalisations emitted by known and unknown domestic cats (Felis catus)" (from The Arts&Sciences of Human-Animal Interaction Conference 2012 literature).
[30] Bernstein and Friedmann, "Social behaviour of domestic cats in the human home," 78.
[31] Giupseppe Piccione, Simona Marafioti, Claudia Giannetto, Michele Panzera, and Francesco Fazio, "Daily rhythm of total activity pattern in domestic cats (Felis silvestris catus) maintained in two different housing conditions," *Journal of Veterinary Behavior* 8, no. 4 (2013): 189~194.
[32] Melissa R. Shyan-Norwalt, "Caregiver Perceptions of What Indoor Cats Do 'For Fun,'" *Journal of Applied Animal Welfare Science* 8, no. 3 (2005): 199~209.
[33] APPA Survey, 169. 가구당 평균 고양이 수는 2.11마리였다.
[34] J. L. Stella and C. A. T. Buffington, "Individual and environmental effects on health and welfare," in *The Domestic Cat*, 196.
[35] Maryann Mott, "Coughing Cats May Be Allergic to People, Vets Say," *National Geographic News*, Oct. 25, 2005.
[36] Stella and Buffington, "Individual and environmental effects on health and welfare," 197.
[37] "Stroking could stress out your cat," University of Lincoln, Oct. 7, 2013, www.lincoln.ac.uk/news/2013/10/772.asp
[38] "Understanding Cat Aggression Toward People," SPCA of Texas, www.spca.org/document.doc?id=38
[39] Stuart Tomlinson, "Aggravated cat is subdued by Portland police after terrorizing family," *Oregonian*, Mar. 10, 2014.
[40] James Vlahos, "Pill-Popping Pets," *New York Times Magazine*, July 13, 2008.

[41] D. Ramos and D. S. Mills, "Human directed aggression in Brazilian domestic cats: owner reported prevalence, contexts and risk factors," *Journal of Feline Medicine and Surgery* 11, no. 10 (2009): 835~841.
[42] Jasper Copping, "Cats suffering from 'Tom and Jerry' syndrome," *Telegraph*, Dec. 1, 2013.
[43] Stella and Buffington, "Individual and environmental effects on health and welfare," 188.
[44] ibid., 198.
[45] "New Furniture," Feliway, www.feliway.com/uk/What-causes-cat-stress-or-anxiety/New-Furniture-and-redecorating
[46] "Preparing Your Pet For Baby's Arrival," www.oregonhumanesociety.org/resources-publications/resource-library/
[47] "The Indoor Cat Initiative," www.vet.ohio-state.edu/assets/pdf/education/courses/vm720/topic/indoorcatmanual.pdf
[48] Jackson Galaxy and Kate Benjamin, *Catification: Designing a Happy and Stylish Home for Your Cat (and You!)* (New York: Jeremy P. Tarcher/Penguin, 2014), 2, 3.
[49] ibid., 42.
[50] ibid., 175.
[51] ibid., 171.
[52] ibid., 208, 209
[53] Lorraine Plourde, "Cat Cafés, Affective Labor, and the Healing Boom in Japan," *Japanese Studies* 34, no. 2 (2014): 115~133.
[54] ibid.
[55] ibid.
[56] "The Sunshine Home Frequently Asked Questions," www.thesunshinehome.com/faq.html#question08

8장 사자와 토이거와 라이코이

[1] Ryan Garza, "Big cat has northeast Detroit neighborhood on edge," Detroit Free Press video, www.youtube.com/watch?v=ciY29m9ZaWw

[2] Katherine C. Grier, *Pets in America: A History* (2006; repr., Orlando: Harcourt, 2006), 33.

[3] Harriet Ritvo, *The Animal Estate: The English and Other Creatures in the Victorian Age* (Cambridge, MA: Harvard University Press, 1989), 116.

[4] Charles Darwin, *The Variation of Animals and Plants Under Domestication*, vol. 1 (Teddington: Echo Library, 2007), 33, 34.

[5] Frances Simpson, *The Book of the Cat* (London: Cassell, 1903), viii, online at: archive.org/stream/bookofcatsimpson00simprich/bookofcatsimpson00simprich_djvu.txt

[6] Harrison Weir, *Our Cats and All About Them* (Turnbridge Wells: R. Clements, 1889), 3.

[7] ibid., 5.

[8] Simpson, *The Book of the Cat*, 58.

[9] Sarah Hartwell, "A History of Cat Shows in Britain," messybeast.com/showing.htm

[10] Ritvo, *The Animal Estate*, 120.

[11] Grier, *Pets in America*, 49.

[12] John Jennings, *Domestic and Fancy Cats: A Practical Treatise on Their Varieties, Breeding, Management, and Disease* (London: L.U. Gill, 1901), 10.

[13] Simpson, *The Book of the Cat*, 98.

[14] Hartwell, messybeast.com.

[15] Carlos A. Driscoll, Juliet Clutton-Brock, Andrew C. Kitchener, and Stephen J. O'Brien, "The Taming of the Cat," *Scientific American*, June 2009.

[16] APPA Survey, 62.

[17] Philip J. Baker Carl D. Soulsbury, Graziella Iossa, and Stephen Harris, "Domestic Cat (Felis catus) and Domestic Dog (Canis familiaris)," in *Urban Carnivores: Ecology, Conflict, and Conservation*, ed. Stanley D. Gehrt, Seth P. D. Riley, and Brian L. Cypher (Baltimore: Johns Hopkins University Press, 2010), 158; J. D. Kurushima, M. J. Lipinski, B. Gandolfi, et al., "Variation of cats under domestication: genetic

assignment of domestic cats to breeds and worldwide random-bred populations," *Animal Genetics* 44, no. 3 (2013): 311~324.

[18] Sarah Hartwell, "Breeds and Mutations Timeline," Messybeast.com/breeddates.htm

[19] "A Cat Fight Breaks Out Over a Breed," *New York Times*, July 23, 1995.

[20] "Thrill-seeking Savannahs Threaten Owner's Skydiving Gear," AnimalPlanet.com, www.animalplanet.com/tv-shows/my-cat-from-hell/videos/thrill-seeking-savannahs-threaten-owners-skydiving-gear/

[21] Sarah Hartwell, "Domestic X Wild Hybrids," Messybeast.com.

[22] Joan Miller, "Wild Cat-Domestic Cat Hybrids—Legislative and Ethical Issues" (a white paper), Jan. 24, 2013, cfa.org/Portals/0/documents/minutes/20130628-transcript.pdf

[23] "What Is a Hybrid Cat: Domestic Bengal Policy," Wildcat Sanctuary, www.wildcatsanctuary.org/education/species/hybrid-domestic/ what-is-a-hybrid-domestic/

[24] Ben Baugh, "Cat Sanctuary home to a variety of hybrids," *Aiken Standard*, Jan. 12, 2014.

[25] Kelly Bayliss, "Boo is Back! Missing African Savannah Cat Found Safe," NBCPhiladelphia.com, Oct. 30, 2014.

[26] John C. Z. Woinarski, Andrew A. Burbidge, and Peter L. Harrison, *The Action Plan for Australian Mammals 2012* (Collingwood, Victoria, Australia: CSIRO Publishing, 2014).

[27] Diane K. Brockman, Laurie R. Godfrey, Luke J. Dollar, and Joelisoa Ratsirarson, "Evidence of Invasive Felis silvestris Predation on Propithecus verreauxi at Beza Mahafaly Special Reserve, Madagascar," *International Journal of Primatology* 29 (Feb. 2008): 135~152.

[28] Ian Abbott, "Origin and spread of the cat, Felis catus, on mainland Australia, with a discussion of the magnitude of its early impact on native fauna," *Wildlife Research* 29, no. 1 (2002): 51~74.

[29] Brian Switek, "How evolution could bring back the sabercat," io9, Oct. 4, 2013, io9.gizmodo.com/how-evolution-could-bring-back-the-sabercat-1441270558

[30] Michael Mendl and Robert Harcourt, "Individuality in the domestic cat: origins, development and stability," in *The Domestic Cat: The biology of its behaviour* 2nd. ed, ed. Dennis C. Turner and Patrick Bateson (Cambridge: Cambridge University Press, 2000), 53.
[31] "2013 Pet Obesity Statistics," Association for Pet Obesity Prevention, www.petobesityprevention.org/2013-pet-obesity-statistics/
[32] Alla Katsnelson, "Lab animals and pets face obesity epidemic," Nature.com, Nov. 24, 2010.
[33] Ellen Kienzle and Reinhold Bergler, "Human-Animal Relationship of Owners of Normal and Overweight Cats," *Journal of Nutrition* 136, no. 7 (2006): 1947S~1950S.
[34] Dennis Turner, "The human-cat relationship," in *The Domestic Cat: The Biology of Its Behaviour*, 196~197.
[35] Hal Herzog, *Some We Love, Some We Hate, Some We Eat: Why It's So Hard to Think Straight About Animals* (New York: Harper Perennial, 2010), 6.

9장 고양이의 목숨은 '좋아요' 개수만큼

[1] Katie Van Syckle, "Grumpy Cat," *New York*, Sept. 29, 2013.
[2] Liat Clark, "Google's Artificial Brain Learns to Find Cat Videos," WiredUK, Wired.com, June 26, 2012.
[3] Rhiannon Williams, "Cat photos more popular than the selfie," *Telegraph*, Feb. 19, 2014.
[4] "Feral cat phone app launch," abc.net.au, Dec. 1, 2013; "Feral Cat Hunter," Download.com, download.cnet.com/Feral-Cat-Hunter/3000-20416_4-76034817.html
[5] Nidhi Subbaraman, "Inventor of World Wide Wide Web Surprised To Find Kittens Took It Over," nbcnews.com, March 12, 2014.
[6] Leah Shafer, "I Can Haz an Internet Aesthetic?!? LOLCats and the Digital Marketplace," Northeast Popular Culture Association Conference (2012).

[7] Radha O'Meara, "Do Cats Know They Rule YouTube? Surveillance and the Pleasures of Cat Videos," *M/C Journal* 17, no. 2 (2014).
[8] Lauren Gawne and Jill Vaughan, "I Can Haz Language Play: The Construction of Language and Identity in LOLspeak," in *Proceedings of the 42nd Australian Linguistic Society Conference* (2011).
[9] Clay Shirky, "How cognitive surplus will change the world," Ted Talk transcript, June 2010, www.ted.com/talks/clay_shirky_how_cognitive_surplus_will_change_the_world/transcript?language=en
[10] Suzanne Choney, "Why are cats better than dogs (according to the Internet)?" Today.com, Apr. 28, 2012.
[11] Kate M. Miltner, "Srsly Phenomenal: An Investigation into the Appeal of LOLCats," London School of Economic master's dissertation, 2011; dl.dropboxusercontent.com/u/37681185/MILTNER%20 DISSERTATION.pdf
[12] Josh Constine, "Facebook Data Scientists Prove Memes Mutate and Adapt Like DNA," techcrunch.com, Jan. 8, 2014.
[13] Tom Chatfield, "Cute cats, memes and understanding the internet," BBC.com, Feb. 23, 2012.
[14] Katie Rogers, "Twitter Cats to the Rescue in Brussels Lockdown," *New York Times*, Nov. 23, 2015.
[15] O'Meara, "Do Cats Know They Rule YouTube?"
[16] "LOLCats," KnowYourMeme.com, knowyourmeme.com/memes/lolcats
[17] Lily Hay Newman, "If You're a Wanted Cybercriminal, Maybe Don't Make Your Cat's Name Your Password," Slate.com, Nov. 13, 2014.
[18] Adrian Chen, "Unmasking Reddit's Violentacrez, The Biggest Troll on the Web," Gawker.com, Oct. 12, 2012.
[19] Kate M. Miltner, "'There's no place for lulz on LOLCats': The role of genre, gender, and group identity in the interpretation and enjoyment of an Internet meme," *First Monday* 19, no. 8 (2014).
[20] John Tozzi, "Bloggers Bring in the Big Bucks," Bloomberg.com, July 13, 2007.
[21] "Happy Cat," Know Your Meme, knowyourmeme.com/memes/happy-cat
[22] Barbara Herman, "Ben Huh Interview: Meet the Cat Philosopher

Behind 'I Can Has Cheezburger?'" *International Business Times*, Nov. 3, 2014.

[23] Jenna Wortham, "Once Just a Site With Funny Cat Pictures, and Now a Web Empire," *New York Times*, June 13, 2010.

[24] Lilian Weng, Filippo Menczer, and Yong-Yeol Ahn, "Virality Prediction and Community Structure in Social Networks," *Nature Scientific Report*(Aug. 2013).

[25] Arnold Arluke and Lauren Rolfe, *The Photographed Cat: Picturing Human-Feline Ties, 1890~1940* (Syracuse: Syracuse University, 2013), 2.

[26] Daniel Engber, "The Curious Incidence of Dogs in Publishing," Slate.com, Apr. 5, 2013.

[27] O'Meara, "Do Cats Know They Rule YouTube?"

[28] Will Oremus, "Finally, a Browser Extension That Turns Your Friends' Babies into Cats," *Future Tense* blog, Slate.com, Aug. 3, 2012.

[29] Herman, "Ben Huh Interview."

[30] Cyriaque Lamar, "Even in the 1870s, humans were obsessed with ridiculous photos of cats," io9.com, Apr. 9, 2012.

[31] Derek Foster, B. Kirman, C. Lineh, et al., "'I Can Haz Emoshuns?'—Understanding Anthropomorphosis of Cats Among Internet Users," *IEEE International Conference on Social Computing* (2011): 712~715.

[32] 데릭 포스터와 주고받은 이메일에서.

[33] Sameer Hosany, Girish Prayag, Drew Martin, and Wai-Yee Lee, "Theory and strategies of anthropomorphic brand characters from Peter Rabbit, Mickey Mouse and Ronald McDonald, to Hello Kitty," *Journal of Marketing Management* 29, no. 1~2 (2013): 48~68.

[34] Audrey Akcasu, "Hello Kitty now makes 90% of her money abroad," en.rocketnews24.com, Jan. 3, 2014.

[35] Hosany et al., "Theory and strategies of anthropomorphic brand characters."

[36] Christine R. Yano, *Pink Globalization: Hello Kitty's Trek Across the Pacific* (Durham: Duke University Press, 2013), 79.

[37] Jessica Goldstein, "Why We Care So Much If Hello Kitty Is or Is

Not a Cat," Think Progress, Aug. 31, 2014, thinkprogress.org/culture/2014/08/31/3477683/hello-kitty-interview/

[38] Yano, *Pink Globalization,* 119.

[39] Peter Larsen, "Hello Kitty, You're 30!" *St. Petersburg Times*, Nov. 15, 2004.

[40] Camille Paglia, *Sexual Personae: Art and Decadence from Nefertiti to Emily Dickinson* (1990; repr. New York: Vintage Books, 1990), 66.

[41] Jaromir Malek, *The Cat in Ancient Egypt* (Philadelphia: University of Pennsylvania Press, 1993), 22.

[42] Patrick F. Houlihan, *The Animal World of the Pharaohs* (London: Thames & Hudson, 1996), 72, 73, 94.

[43] Malek, *The Cat in Ancient Egypt*, 49, 50.

[44] ibid., 51.

[45] ibid., 59.

[46] Houlihan, *The Animal World of the Pharaohs*, 44, 45.

[47] Malek, *The Cat in Ancient Egypt*, 95, 96.

[48] ibid., 73.

[49] ibid., 98.

[50] ibid.

[51] Salima Ikram, "Divine Creatures: Animal Mummies," in *Divine Creatures: Animal Mummies in Ancient Egypt*, ed. Salima Ikram (Cairo: American University in Cairo Press, 2005), 8.

[52] Malek, *The Cat in Ancient Egypt*, 124.

[53] Alain Zivie and Roger Lichtenberg, "The Cats of the Goddess Bastet," in *Divine Creatures*, 117, 118.

[54] Malek, *The Cat in Ancient Egypt*, 133.

[55] William Smith, *Dictionary of Greek and Roman Geography*, Perseus Digital Library, www.perseus.tufts.edu/hopper/text?doc=Perseus:text:1999.04.0064:entry=bubastis-geo&highlight=bubastis

[56] Carl Van Vechten, *The Tiger in the House: A Cultural History of the Cat* (1920; repr., New York: New York Review of Books, 2007), 363.

찾아보기

[ㄱ]

갈라파고스제도 122, 123, 137

개 12, 21, 22, 31, 36, 54, 59, 71, 78~81, 95, 96, 107, 113, 115, 116, 120, 136, 149, 150, 211, 213, 214, 217, 222~227, 233, 234, 236, 265~270, 276, 300, 303, 305, 310, 312

갤럭시, 잭슨(Jackson Galaxy) 246~248

거트, 스탠리(Stanley Gehrt) 134

검치호랑이 26~28, 30, 36, 38, 288

게이지, 케네스(Kenneth Gage) 91

고기잡이살쾡이(Asian fishing cats) 282

고도 육식동물(hypercarnivores) 31, 34, 53, 75, 105, 232, 291, 292

고비용 조직 가설(expensive tissue hypothesis) 39

고소추락증후군(high-rise syndrome) 237

고양이 공포증 221

고양이 치료 222

고양잇과 10, 19, 20, 22, 25~38, 41~49, 53, 55~66, 70, 75, 79, 93, 96, 106, 122, 125, 134, 180, 181, 183, 191~194, 197, 199, 200, 201, 205, 215, 227, 231, 232, 258, 278, 279, 281, 282, 284, 285, 293, 304, 320, 334, 335

곰 30, 31, 33, 34, 190, 232

곰쥐 87, 89~91

과잉 포식(hyperpredation) 124

구달, 제인(Jane Goodall) 102, 111

국립자연사박물관(National Museum of Natural History) 38

국제자연보전연맹(IUCN) 281, 282

굴드, 스티븐 제이(Stephen Jay Gould) 95

그럼피캣(Grumpy Cat / 고양이 이름) 298, 315, 322

그레고리우스 교황 89

그리어, 캐서린(Katherine Grier) 148, 149, 260

그림, 데이비드(David Grimm) 80, 81
⇒ 『시티즌 케이나인』(*Citizen Canine*) 80

글로벌펫엑스포(Global Pet Expo)

212, 216, 233

[ㄴ]
나무늘보 26
나카가와, 에릭(Eric Nakagawa) 306
네덜란드 222
놀람 반응(startle response) 73
눈표범 33, 47
뉴질랜드 10, 61, 113, 127, 128, 138, 139, 201
늑대 30, 59, 121, 226, 267, 274, 276
늘보로리스(loris) 302

[ㄷ]
다윈, 찰스(Charles Darwin) 59, 71, 123, 260, 301
단백질 19, 20, 30, 31, 33, 34, 75, 213, 226, 228
데번렉스(Devon Rex / 고양이 품종) 270
데시(Desi / 고양이 이름) 253, 256~259
도시화 21, 152, 215, 240
'동물과 동물의 세상을 위한 희망'(Hope for Animal and Their World) 111
동물권 151
동물복지 운동 142, 148, 149, 151, 174, 177, 235, 244, 260
'동물을 인도적으로 사랑하는 사람들'(People for the Treatment of Animals: PETA) 156
두베이, J. P.(J. P. Dubey) 183, 184~190, 208
듀이, 폴(Paul Dewey) 251, 252
드라이먼, 캐럴(Carol Drymon) 279, 281
드리스컬, 칼로스(Carlos Driscoll) 60, 61, 65~67, 72, 264, 289
들쥐 16, 88
디오도로스(Diodorus) 323
디즈니 애니멀킹덤(Disney's Animal Kingdom) 110
딕슨, 제러미(Jeremy Dixon) 102~104, 111, 112

[ㄹ]
「라따뚜이」(Ratatouille) 111
「라마의 소리」(Vox in Rama) 89
라브레아 타르 피츠(La Brea Tar Pits) 27, 36, 46, 288, 317
라슨, 그레거(Greger Larson) 93
라이언스, 레슬리(Leslie Lyons) 264, 268, 274, 277
라이코이(Lykoi) 271, 274~277
라이하우젠, 파울(Paul Leyhausen) 33
라펌(LaPerm / 고양이 품종) 270
래그돌(Ragdoll / 고양이 품종) 268
랠프, 드게이너(DeGayner Ralph) 102, 104, 110, 111
러시아 여우 농장 실험 69
럭스(Luxe / 고양이 이름) 235, 236

럴러바이 아브라카다브라(Lullaby Abracadabra / 고양이 이름) 268
레비, 줄리(Julie Levy) 160, 161, 165, 177
레프치크, 크리스토퍼(Christopher Lepczyk) 140
로렌츠, 콘라트(Konrad Lorenz) 94
로빈슨, 베키(Becky Robinson) 147, 148, 166, 167, 172~176
로시, 포샤 드(Portia de Rossi) 144
롤스피크(LOLSpeak) 298, 299 312
롤캣(LOLCats) 304~307, 312, 318
롤프, 로런(Rolfe, Lauren) 309
루스벨트, 시어도어(Theodore Roosevelt) 46
릴법(Lil Bub / 고양이 이름) 293~296, 314, 315, 319, 328
릿보, 해리엇(Harriet Ritvo) 260, 262
⇒ 『동물 계급』(*The Animal Estate*) 260

[ㅁ]

마게이(margay) 32, 37, 281
마다가스카르(Madagascar) 106, 285~287
마루(Maru / 고양이 이름) 296
마티, 베커(Marty Becker) 220, 223
⇒ 『애완동물의 치유력』(*The Healing Power of Pets*) 220
마틴, 데니즈(Denise Martin) 9, 13
마틴, 밥(Bob Martin) 9
말레크, 야로미르(Jaromir Malek) 321~323
매디펀드(Maddie's Fund) 166
매리언, 커티스(Curtis Marean) 38
매리언섬(Marion Island) 121, 136
매카시, 로버트(Robert McCarthy) 159, 162, 177
매쿼리섬(Macquarie Island) 138
매클라우드, 스콧(Scott McCloud) 318
머메이드호(HMS Mermaid) 119
먼치킨(Munchkin / 고양이 품종) 270, 271, 277
메트로골드윈메이어(Metro-Goldwyn-Mayer) 328
멜로디, 로울크파커(Roelke-Parker Melody) 66, 280
멸종 19, 25, 30, 46, 48, 96, 104, 110, 124, 132, 134, 137, 288
멸종 위기 102, 103, 107, 113, 123, 125, 127, 131, 135, 279
멸종위기종보호법(Endangered Species Act) 104, 110
모건, 게러스(Gareth Morgan) 139
모래고양이(sand cats) 33, 281
몬토크 괴물(Montauk Monster) 302
'무한 고양이' 프로젝트(Infinite Cat Project) 303
미국고양이협회(American Feline Society) 151
미국동물학대방지협회(American Society for the Prevention of Cruelty to Animals) 150
미국수의사협회(American Veter-

inary Association) 156
미국애완동물용품협회(American Pet Products Association) 217
미국조류보호협회(American Bird Conservancy) 157, 172
미야우 대령(Colonel Meow / 고양이 이름) 315, 324
미어캣(Meerkat / 이종교배 품종) 277
밀크먼, 캐서린(Milkman, Katherine) 299
밈(meme) 300~308, 314, 316, 319, 324
바스테트(Bastet) 320, 321, 322, 325, 326
바우카게, 크리스티안(Christian Bauckhage) 301

[ㅂ]
밥(Bob / 고양이 이름) 29, 30
밴 벡턴, 칼(Carl Van Vachten) 214, 328
⇒ 『집 안의 호랑이』(*The Tiger in the House*) 214
버너스리, 팀(Tim Berners-Lee) 298
버먼(Birman / 고양이 품종) 264
버즈피드(Buzzfeed) 300, 301
버핑턴, 토니(Tony Buffington) 238~245
범백혈구감소증(panleukopenia) 136, 138
베델리아, 아멜리아(Amelia Bedelia / 고양이 이름) 157
벡, 앨런(Alan Beck) 220, 221, 224
벵갈고양이(Bengals / 고양이 품종) 279, 280, 281, 283
보스턴뮤직홀(Boston Music Hall) 262
부스로이드, 존(John Boothroyd) 191, 193, 194
부츠(Boots / 고양이 이름) 93
분재 고양이(Bonsai Kittens) 303
브라질 12, 185, 192, 207, 209
브래드쇼, 존(John Bradshaw) 228, 229, 232
⇒ 『캣 센스』(*Cat Sense*) 228
브리대브스키, 마이크(Mike Bridavsky) 293~296
비스트마스터(Beastmaster) 301
빅캣이니셔티브(Big Cats Initiative) 285
빅토리아시대 41, 130, 148, 260~262, 265, 267, 319, 327
빙하기 25, 30, 54

[ㅅ]
「사랑할 수밖에 없는 고양이」(Must Love Cats) 145
사바나(Sabannahs / 고양이 품종) 258, 281, 283
사이즈모어, 그랜트(Grant Sizemore) 157, 158, 172
사이프러스(Cyprus / 고양이 이름) 69
사자 10, 11, 12, 17, 22, 29~34, 36, 38, 40~45, 48, 49, 58, 62, 65, 66, 74,

105, 115, 124, 179, 180, 181, 198, 200, 202, 208, 218, 219, 247, 267, 289, 320
『사진에 담긴 고양이』(*The Photographed Cat*) 309
사파리고양이(Safaris / 고양이 하이브리드 품종) 281
새비지, 앤(Anne Savage) 112
새폴스키, 로버트(Robert Sapolsky) 198
색스, 올리버(Oliver Sacks) 239
샌니컬러스섬(San Nicolas Island) 137
샌더스, 버니(Bernie Sanders) 298
샌타모니카산맥(Santa Monica Mountains) 29
생쥐 88, 89, 124, 132, 190, 193, 194, 198, 200, 208
샴고양이(Siamese cats / 고양이 품종) 33, 60, 74, 162, 211, 264, 281
섀클턴, 어니스트(Ernest Shackleton) 117
서벌(serval) 258, 281
서스먼, 로버트(Robert Sussman) 35
⇒ 『사냥당한 인간』(*Man the Hunted*) 35
서식지 12, 14, 29, 33, 35, 44, 45, 104, 106, 107, 131, 132, 135, 138, 243, 281, 301
서펠, 제임스(James Serpell) 91
석기시대 53, 93, 98, 319
선샤인홈(Sunshine Home) 252
설치류 84, 87, 88, 92, 102, 121, 181, 196, 245
섬 생물 특유의 온순함(island tameness) 125
세계자연기금(World Wildlife Fund) 132
세렝게티 사자 프로젝트(Serengeti Lion Project) 179
세실(Cecil / 사자 이름) 11
셀커크렉스(Selkirk Rex / 고양이 품종) 270
셔키, 클레이(Clay Shirky) 299
소코케(Sokoke / 고양이 품종) 269
쇼, 크리스토퍼(Christopher Shaw) 288
쇼베동굴(Chauvet Cave) 40
수스와산 용암 동굴(Mount Suswa lava caves) 36
슈거베어(Sugar Bear / 고양이 이름) 147
스노위치(Snow Witch / 고양이 이름)
스라소니 29, 56
스밀로돈(Smilodon) 25, 27, 28
스위프트, 테일러(Taylor Swift) 270
스컹크 183, 56
스코티시폴드(Scottish Fold / 고양이 품종) 270, 296
스터핑턴 경(Sir Stuffington / 고양이 이름) 315
스토, 해리엇 비처(Harriet Beecher Stowe) 151
스튜어트, 코니(Connie Stewart) 257
스페인스라소니(Iberian lynx) 47
스핑크스(Sphynx / 고양이 품종)

254, 270, 273
시미즈 유코(清水侑子) 318
시베리아호랑이 31, 44, 46
식육목(Carnivora) 30
신경능선세포 73, 74
신석기 혁명 40
실내 고양이 19, 232, 234, 237
실내 고양이를 위한 계획(Indoor Cat Initiative) 242

[ㅇ]

아기 해발인(baby releasers) 94, 95, 97
아메리칸컬(American Curl / 고양이 품종) 270, 277
아바나브라운(Habana browns / 고양이 품종) 264
아프리카황금고양이(African golden cat) 43
애벌로농장(Avalo Farm) 283
애벗, 이언(Ian Abbott) 129
앤절라, 킨지(Kinsey Angela) 144
앨리캣앨라이(Alley Cat Allics) 143, 144, 147, 152, 155, 162, 166~172, 174~176, 178, 215
야생고양이 12, 60, 61, 112, 146, 162, 167, 297
어쿠스틱 키티(Acoustic Kitty) 83
엑서터(Exeter) 성당 116
엘리엇, T. S.(T. S. Eliot) 311
엘프캣(Elf Cat / 고양이 품종) 277
엥겔스, 도널드(Donald Engels) 83
⇒ 『고대의 고양이: 신성한 고양이의 흥망성쇠』(*Classical Cats: The Rise and Fall of the Sacred Cat*) 83
엥버, 대니얼(Daniel Engber) 310, 311
'여러 품종을 만나봐요'(Meet the Breeds) 78
여우 86, 128
여우원숭이 286
'오 리얼리'(O Rly) 흰올빼미 302
오브라이언, 스티브(Steve O'Brien) 42
오소리 55~57, 65
오스트레일리아 10, 14, 50, 63, 106, 107, 109, 118, 120, 128, 129, 131~133, 135, 139, 140, 192, 268, 275, 286, 287, 297, 304
오스트레일리안미스트(Australian Mist) 268
옥시토신 95, 97
온라인 고양이 294, 304
욜컨, 로버트(Robert Yolken) 203~208
워이나스키, 존(John Woinarski) 139
월드캣쇼(World Cat Show) 253, 258, 277
웨스트민스터케널클럽(Westminster Kennel Club) 265, 269
웨인, 밥(Bob Wayne) 267
웹스터, 조앤(Joanne Webster) 196
위어, 해리슨(Harrison Weir) 261
위츨, 앤절라(Angela Witzel) 292

위크, 에바리스트(Évariste Huc) 81
윌리엄스, 테드(Ted Williams) 167
유니아크, 존(John Uniacke) 119
유령 짐승(Phantom Cat) 10, 11
의사친족(fictive kin) 98
이모티콘 314
이집트 42, 61, 72, 73, 80, 93, 115, 209, 210, 259, 319~325, 328
인데버호(HMS Endeavor) 118
인터넷 22, 170, 226, 235, 292, 293, 296~299, 301~305, 307~316, 323, 324, 328,
일본 81, 124, 126, 177, 225, 226, 296, 316~319

[ㅈ]
재규어 19, 29, 33, 44, 105, 180, 192, 198, 279
저커먼, 이선(Ethan Zuckermann) 304
절취기생생물 38, 43
제더, 멀린다(Melinda Zeder) 54, 55
제섭, 데이비드(David Jessup) 108
조류 관찰 156
조류방어군(Army of Bird-Defenders) 156
조지 5세 41
조프루아고양이(Geoffroy's cats / 고양이 하이브리드 품종) 281
족제비 55, 56
중성화 139, 146, 147, 152~154, 157, 159~162, 165, 169, 176, 177, 215, 236, 272, 274, 284, 291
중왕국(Middle Kingdom) 320
『지구의 생명체』(*Life on Earth*) 293
진화 12, 23, 34~37, 39, 40, 55, 59, 71, 79, 88, 95, 97~99, 191, 192, 210, 212, 226, 227, 247, 267, 288, 300, 310, 334
집고양이 43, 108, 214, 232, 236

[ㅊ]
차일즈, 제이미(Jamie Childs) 84~86, 89, 92, 93
체셔캣(Cheshire Cat) 110, 311, 328
체지방 지수표 291
초승달 지대(Fertile Crescent) 53, 105
치타 27, 32, 34, 35, 62, 66, 293
치토(Cheetoh / 고양이 하이브리드 품종) 259, 278, 279
치피 여사(Ms. Chippy / 고양이 이름) 117
침입종 바로 알기의 날(Invasive Species Awareness Day) 157

[ㅋ]
카라칼(caracal) 34
칸, 라지브(Razib Khan) 268
캐럴, 루이스(Lewis Carroll) 318
⇒ 『이상한 나라의 앨리스』(*Alice's Adventures in Wonderland*) 130, 318

⇒ 『거울 나라의 앨리스』(*Through the Looking Class*) 138
캐터데이(Caturday) 304, 305
캐티피케이션(Catification) 246~248
캣쇼 78, 98, 254, 255, 261~263, 279
캣어새신(Cat Assassin) 136
캣카페(cat cafe) 13, 249, 250
캣팬시어협회(Cat Fancier's Association) 253, 263, 269, 271
켄델, 로버트(Robert, Kendell) 151
코니시렉스(Cornish Rex / 고양이 품종) 254, 270
코라트(Korats / 고양이 품종) 264
코브, 마이크(Mike Cove) 102, 105
코시, 애니타(Anita, Koshy) 209
코시아, 미셸(Michele Coscia) 302
코요테 134, 135, 155
콘라이시, 브루스(Bruce Korneich) 156, 159
쿡, 제임스(James Cook) 118, 119, 126
크로커다일레이크 국립야생보호구역(Crocodile Lake National Wildlife Refuge) 101
크리스틴, 야노(Yano Christine) 318
클레이, 드게이너(DeGayner Clay) 110
키라고숲쥐(Key Largo wood rats) 111, 112, 131
키플링, 러디어드(Rudyard Kipling) 79

[ㅌ]

태그퍼스(Tagpuss) 313, 314
터너, 데니스(Dennis Turner) 218, 219
토끼 32, 64, 71, 121, 122, 124, 126, 130~132, 138, 154, 155, 158, 260, 313
토끼억제법(Rabbit Suppression Act) 130
토리, E. 풀러(E. Fuller Torrey) 202, 209
⇒ 『보이지 않는 역병』(*The Invisible Plague*) 204
토머스, 엘리자베스 마셜(Elizabeth Marshall Thomas) 32, 122
⇒ 『호랑이 종족』(*The Tribe of the Tiger*) 32
톡소플라스마(Toxoplasmosis) 134, 181~210, 216
톰과 제리 증후군(Tom and Jerry Syndrome) 237
투쟁-도피 반응(fight-or-flight response) 73
트로우브리지의 야수(Beast of Trowbridge) 10
트위스트 캣(Twist Cat / 고양이 품종) 277
⇒ 스퀴튼(squitten) 277

[ㅍ]

판다 96, 132, 308
판도라 증후군(Pandora Syndrome) 237, 238

팔리아, 커밀(Camille Paglia) 319
패뷸러스 필라인(Fabulous Filines) 16
패터슨, 존 헨리(John Henry Patterson) 41
⇒ 『사람을 잡아먹는 차보의 사자들』(*The Man-Eaters of Tsavo*) 41
페니키아인 115
페도베어(Pedobear) 304
페로몬(pheromone) 228
페르시안(Persian / 고양이 품종) 254, 255, 262, 263, 268, 277, 281
펠리스 실베스트리스 리비카(Felis silvestris lybica) 62, 63, 64, 319
펠리스 실베스트리스(Felis silvestris) 55, 60, 61, 264
펠리스 카투스(Felis catus) 48
펫스마트자선기금(PetSmart Charities) 166
포비너, 브리애나(Briana Pobiner) 38
포사(fossa) 284
포식동물 43, 65, 97, 105, 123, 125, 129, 132~134
포식자 20, 28, 35, 36, 43, 45, 56, 57, 97, 99, 108, 113, 122, 124, 125, 134, 158, 182, 184, 198, 199, 212, 216, 234, 240, 241, 257, 317
포챈(4chan) 304, 306, 307
표범 11, 34, 35, 36, 37, 38, 40, 44, 56, 63, 191, 198, 248, 258, 286
표범살쾡이(Asian leopard cats) 66, 67, 279
풀턴, 존(John Foulton) 145
퓨마 11, 25, 29, 32, 44, 47, 66, 192, 235
프리드먼, 에리카(Erika Friedman) 222
플레그르, 야로슬라프(Jaroslav Flegr) 201, 208
플린더스, 매슈(Matthew Flinders) 118

[ㅎ]

하우스, 패트릭(Patrick House) 209, 210
하이에나 30, 33
하트, 도나(Donna Hart) 35
하트, 리넷과 벤(Lynnette and Ben Hart) 280
하퍼, 스티븐(Stephen Harper) 168
할란체미(Hallan Çemi) 53~57, 61, 65, 86, 87
해리스, 존(John Harris) 26~28
해파리 18, 304
해피캣(Happy Cat) 300, 306, 324
허, 벤(Ben Huh) 306, 308, 312
허처슨, 앤서니(Anthony Hutcher-son) 279, 282
허친스, 마이클(Michael Hutchins) 122, 123
헐리, 케이트(Kate Hurley) 154, 155
헛간 고양이(barn cats) 83, 190, 270
헤드런, 티피(Tippi Hedren) 144
헤로도토스(Herodotus) 321, 327

헬링버리 퓨마(Halingbury Panther) 10
헬겐, 크리스(Kris Helgen) 46~48
헬로키티(Hello Kitty) 316~318
호랑고양이(oncilla) 281
호랑이 12, 17, 32, 41~43, 45, 48, 58, 105, 111, 121, 148, 183, 259, 279, 285, 288, 289, 294
호모사피엔스(Homo sapiens) 39, 40
후커, 조지프(Joseph Hooker) 126
휴메인소사이어티(Humane Society) 156
히틀러, 아돌프(Adolf Hitler) 298
힙스터 고양이 해밀턴(Hamilton the Hipster Cat) 315

[기타]

ABC(Alien Big Cat) 10
TNR 146, 147, 153, 154, 156, 159, 160, 162, 165~167, 169, 174, 176, 177, 178

애비게일 터커(Abigail Tucker) 지음

애비게일 터커는 자연과학 잡지 『스미스소니언』에 뱀파이어 인류학과 생체발광 해양생물, 고대 맥주 고고학에 이르기까지 폭넓은 주제에 관한 글을 기고했다. 터커의 글은 '과학 및 자연 분야 미국 최고의 글'(Best American Science and Nature Writing)에 선정된 바 있다. 평생 고양이와 함께해온 터커는 무자비하고 이기적인 육식동물인 고양이에게 헌신하는 자신의 행위에 의문을 품고 인간과 고양이 간의 신비로운 관계에 관해 탐구하기 시작했다. 이 책은 그 결과물이다.

이다희 옮김

펜실베이니아주립대학교에서 철학을, 서울대학교 대학원에서 서양고전학을 공부했다. 주요 역서로는 『플루타르코스 영웅전』, 『신화의 역사』, 『HOW TO READ 셰익스피어』 등이 있다. 고양이 집사 경력은 만 13년, 번역을 해온 세월과 같다.

거실의 사자

고양이는 어떻게 인간을 길들이고 세계를 정복했을까

애비게일 터커 지음
이다희 옮김

초판 1쇄 발행 2018년 1월 23일
초판 4쇄 발행 2022년 5월 20일

발행처 도서출판 마티
출판등록 2005년 4월 13일
등록번호 제2005-22호
발행인 정희경
편집장 박정현
편집 서성진, 정은주, 전은재
디자인 오새날, 조정은

주소 서울시 마포구 잔다리로 127-1, 레이즈빌딩 8층 (03997)
전화 02. 333. 3110
팩스 02. 333. 3169
이메일 matibook@naver.com
홈페이지 matibooks.com
인스타그램 matibooks
트위터 twitter.com/matibook
페이스북 facebook.com/matibooks

ISBN 979-11-86000-56-4 (03490)